大气环保产业园创新创业政策研究

逯元堂　赵云皓　刘　平　董　宏　等/编著

中国环境出版集团·北京

图书在版编目（CIP）数据

大气环保产业园创新创业政策研究 / 逯元堂等编著.
—北京：中国环境出版集团，2023.12
ISBN 978-7-5111-5690-7

Ⅰ. ①大… Ⅱ. ①逯… Ⅲ. ①空气污染—污染防
治—环境保护政策—研究—中国 Ⅳ. ①X51

中国国家版本馆 CIP 数据核字（2023）第 226292 号

出 版 人	武德凯
责任编辑	丁莞歆
封面设计	岳 帅

出版发行	中国环境出版集团
	（100062 北京市东城区广渠门内大街 16 号）
	网　　　址：http://www.cesp.com.cn
	电子邮箱：bjgl@cesp.com.cn
	联系电话：010-67112765（编辑管理部）
	010-67147349（第四分社）
	发行热线：010-67125803，010-67113405（传真）
印　　刷	北京中科印刷有限公司
经　　销	各地新华书店
版　　次	2023 年 12 月第 1 版
印　　次	2023 年 12 月第 1 次印刷
开　　本	787×1092　1/16
印　　张	18.75
字　　数	400 千字
定　　价	99.00 元

编著委员会

前　言

环境污染防治是生态文明建设的重要内容。习近平总书记指出，生态文明建设是关系中华民族永续发展的根本大计。2018 年 5 月，党中央召开全国生态环境保护大会，正式提出习近平生态文明思想，为推进生态文明建设和加强生态环境保护提供了科学指引和根本遵循。随着污染防治攻坚战的持续推进，全国生态环境质量状况总体保持稳中向好。

环保产业是环保技术产业化应用的主体，是环境污染防治的重要支撑。环保产业园是我国环保产业集聚发展的空间载体，对推进环保产业发展和创新创业起到了重要的推动作用。与此同时，基于我国环境治理科技成果转化能力不高、园区发展缺乏宏观规划和引导、创新活力不强、创新链与产业链脱节等现状，环保产业园发展亟须创新创业政策机制的支撑。创新驱动是促进环保产业园创新创业发展的重要驱动力。我国的环保产业正在向高质量发展新阶段迈进，迫切需要依靠创新培育发展新动力，提升发展新动能，化解环保产业和园区发展面临的困境。在我国经济由高速增长转向高质量发展的过程中，只有依靠环境科技、产业技术、发展模式的创新，才能真正统筹处理好经济发展与生态环境保护的关系。

本书以提高我国大气环保产业园创新创业能力，提升技术研发及产业化水平为总体目标，围绕大气环保产业园创新创业的技术、模式、政策三大创新驱动力，研究建立适用于不同技术发展阶段的大气污染防治技术评价方法体系，开展大气污染防治先进技术筛选与评估，打通大气环保产业创新链，确定适用于不同需求和技术特点的大气污染防治技术的商业化模式，构建具有区域特色和产业聚集特点的大气环保科技创新服务平台与政策高地，探索并总结适用于环保产业园发展的创新创业共性政策机制，为打造具有技术优势、服务优势、政策优势的大气环保产业园提供支撑。

本书是笔者参与国家重点研发计划"大气污染成因与控制技术研究"重点专项（以下简称大气专项）与"大气环保产业园创新创业政策机制试点研究"（2016YFC0209100）的研究成果，既是近年来研究团队共同积累的结果，也是团队集体智慧的结晶。全书包含 10 个章节：第 1 章由逯元堂、赵云皓执笔；第 2 章由赵云皓、逯元堂执笔；第 3 章由韩佳慧、刘平、童亚莉执笔；第 4 章由吴卫红、周志颖、董宏执笔；第 5 章由王志凯、徐志杰、赵云皓执笔；第 6 章由卢静、赵云皓、徐志杰执笔；第 7 章由徐志杰、辛璐、赵云皓执笔；第 8 章由陈金顺、庄庆伟、谢东哲执笔；第 9 章由辛璐、徐志杰执笔；第 10 章由逯元堂、辛璐、赵云皓执笔。全书由逯元堂、赵云皓统稿。

本书的编写和出版得到了国家重点研发计划大气专项的资助，在写作的过程中得到了生态环境部科技与财务司有关领导和专家的大力支持，在此表示诚挚的感谢。笔者深知自身研究力量有限，书中难免存在不当之处，希望各位同人和读者不吝赐教。谨以此书与各位读者共勉。

作　者

2023 年 9 月

目 录

1.1 问题的由来

1.1.1 环保产业园发展的现状与问题

环境污染防治是生态文明建设的重要内容。党的十八大以来,党中央把生态文明建设作为统筹推进"五位一体"总体布局和协调推进"四个全面"战略布局的重要内容,开展了一系列具有根本性、长远性、开创性的工作,提出了一系列新理念、新思想、新战略,形成了习近平生态文明思想,推动我国生态环境保护事业发生了历史性、转折性、全局性的变化。坚决打好污染防治攻坚战是环境污染防治的重中之重。党中央、国务院以改善生态环境质量为核心,持续推动污染防治攻坚战取得积极进展,生态环境质量稳中向好。

环保产业是环境技术产业化应用的主体,是环境污染防治的重要支撑,环保产业发展和创新创业受到国家和地方的高度重视。环保产业是推动生态文明建设和打好污染防治攻坚战的生力军,为着力解决突出环境问题、实现绿色转型发展提供了重要的产业技术支撑。党的十九大对生态文明建设提出了一系列新理念、新要求、新目标、新部署,明确要求推进绿色发展、着力解决突出环境问题、加大生态系统保护力度、改革生态环境监管体制,并把壮大环保产业作为推进绿色发展的重要抓手。同时,在党中央、国务院的高度重视和大力支持下,近年来我国创新创业生态体系不断优化,创新创业观念与时俱进,出现了大众创业、草根创业的"众创"现象,使创新创业愈加活跃、规模不断增大、效率显著提高。

党中央、国务院高度重视培育和发展环保产业,相关部委落实《中共中央 国务院关于全面加强生态环境保护 坚决打好污染防治攻坚战的意见》,先后出台并积极落实多项政策措施,多措并举,引导环保产业围绕污染防治攻坚战实现高质量发展,协调推进经济高质量发展和生态环境高水平保护。在党中央的大力倡导下,环保产业是新兴战略性产业已经成为全社会的共识,引起各级政府的高度重视。2009 年以来,全国各省(自治区、直辖市）纷纷出台未来几年的环保产业发展指导意见、发展规划和政策措施，环保产业迎来了重要的发展机会。

环保产业园是环保产业发展和创新创业的重要载体，对推进环保产业发展起到了重要的推动作用。产业集聚是指同一产业在某个特定地理区域内高度集中，产业资本要素在空间范围内不断汇聚的过程。当大量企业集聚在某一空间共同发展时便可共享基础设施，获得规模经济带来的好处。环保产业聚集地是指大量环保企业汇聚的区域，在形式上可以包括产业园、产业基地、工业区、开发区等多种类型。在我国，环保产业聚集地主要是以园区的形式存在。环保产业园是环保产业集聚的空间载体，为环保产业集聚发展提供了政策环境、公共服务平台及基础设施支撑。各地政府高度重视产业园区建设，积极出台扶持环保企业发展的政策措施，为环保产业发展营造了良好的外部环境和政策条件，推进环保产业集聚发展。目前，与我国环境保护相关的产业园区数量众多，其中由生态环境部批准的国家环保科技产业园区有 9 家、国家级环保产业基地有 3 家、其他环保产业集聚区有 5 家，由各省级行政区批准建设的省级园区有 28 家。

环保产业园经历了不同的发展阶段（图 1-1）。一是起步阶段，企业以自发的小规模集聚为主，通常伴随一两家企业首先在一个地区开展业务，企业与产业之间相互独立或者联系松散，缺乏政策引导，园区服务体系不健全，处于"前集聚"阶段，表现为无序发展。二是成长阶段，最显著的特征是高增长率和规模迅速扩大，一些行业龙头企业逐步出现，企业在政府的引导下形成一定规模的物理集聚，园区公共服务体系逐步建立，产业发展由无序向有序过渡。三是成熟阶段，产业集聚的规模和产值较为稳定，企业间建立起竞争与合作的关系，园区呈现自我有序发展的态势，政府以提供服务为主，园区公共服务体系健全，园区内企业的创新能力和对外服务能力显著增强。四是转型阶段，园区内的企业失去竞争优势并开始在销售、利润和就业方面出现下滑的现象，其中最显著的标志是失去对市场的灵活反应，缺少应变的内部原动力，园区内的企业开始转型发展。

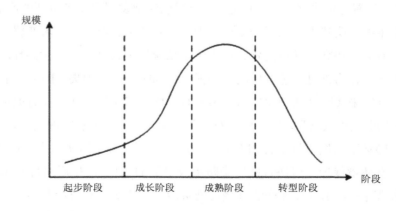

图 1-1 环保产业园发展阶段划分

当前，我国环保产业园的发展阶段和开发模式各不相同，发展情况参差不齐，存在的问题也各种各样。一是有些环保产业园名不副实。一些园区虽然挂着环保产业园的招牌，但入驻的环境企业比例很小，与普通的工业区或开发区没有太大区别。更有甚者，虽已挂牌，但园区实体并不存在，成为"空中楼阁"，环保产业园成了一些开发商圈地的幌子。二是环保产业园以起步阶段和成长阶段为主，环保企业活力不强。我国环保产业园大多处于起步阶段，少数园区进入成长阶段，园区创新创业体系和公共服务能力不强，环境产业对于支撑污染防治攻坚战仍存在明显短板，如科技创新不够、产业技术储备不足、商业化模式缺乏、融资环境困难等。三是大量环保产业园缺乏吸引力。现有的环保产业园普遍存在凝聚力和吸引力不强的问题，缺乏有针对性的政策设计和政府引导，使集聚效应难以形成，对产业的促进作用微弱。园区政策体系的作用力不强，园区内的企业缺乏关联配套和分工协作，产业链较短，产业基础的优势无法发挥。四是环保产业园缺乏宏观规划和引导。对于环保产业聚集地建设，国家在政策方向上不明确；对于是否要大力发展环保产业聚集地，国家在政策方向上并不明朗。政策大方向的不明确使环保产业聚集地发展所需的一系列配套工作，如各项优惠政策与发展规划的制定、相关管理部门的权责分配等难有大的推进。获批建设的环保产业园在缺乏政策支持的情况下处于踯躅状态。在具体政策的出台上，没有直接针对环保产业聚集地的具体政策，即使是更宽泛的与环保产业相关的鼓励政策也大多停留在原则性层面，可操作性不强，难以在实际中有效落实，园区和企业很少获得环保产业政策方面的切实帮助。由于政策上的不到位，环保产业园相较于高新技术园区等其他类型的园区，缺乏特色和竞争优势，其自身的经营和对外部企业的吸引力都会受到影响。普遍发展缓慢的状况又进一步增加了国家建设环保产业园的疑虑。

1.1.2　环保产业园发展的驱动力分析

环保产业园是环保产业集聚发展的表现形式。依照产业经济学理论和产业发展规律，依托人才、技术、管理、资本、市场和生产六大要素的互动与集成，以集聚模式发展环保产业，将环保产业发展与区域经济有效结合，最终形成环保产业集群经济是我国环保产业发展的重要路径。环保产业集聚发展必将提高环保产品的规模化、集约化程度，提升环境服务的专业化水平，加速技术溢出推动技术创新，形成分工细化的组织协作网络，极大地推动环保产业结构的优化与升级，增强国内外的市场竞争能力，扩大环保产业外部规模经济。2011 年 4 月 5 日发布的《环境保护部关于环保系统进一步推动环保产业发展的指导意见》（环发〔2011〕36 号）明确指出，鼓励环保产业联盟和区域产业集群建设。依托国家生态工业园、环保产业园等平台，统筹规划、强化评估，在特色环保产业相对集中的区域重点培育建设一批环保产业集聚示范区和试点基地。

产业集聚需要一定的社会、区位、经济等条件，并要经历不同的发展阶段，是一系列复杂过程。我国的江苏宜兴、广东南海等地已经形成了环保产业集聚。无论是发达国家还是发展中国家的实践经验均表明，产业集聚发展的模式能够加强企业间的竞争合作、提高劳动生产效率，其带来的规模经济效益能够更加有效地推动产业的进步和经济的发展，对于我国仍处于发展阶段却颇具战略意义的环保产业来说，集聚发展无疑是一条捷径，我国政府已将环保产业集聚发展作为加快环保产业进步的主要策略。通过对国内外产业集聚发展相关理论的研究，产业集聚机制表现在规模经济效益、地理性优势、群内组织的关联与合作及集聚可催生的竞争与创新等方面，而自然资源和历史文化、交通运输和基础设施、知识和劳动力、市场和政策制度、创新能力和竞争合作5个方面是影响产业集聚的主要因素。区位优势和资源优势等是难以通过主观努力而改变的客观条件，但创新能力则是可以通过努力而改变的主观因素，是环保产业园发展的内生动力，也是大气环保产业园创新创业政策机制试点研究所关注的重点。

创新驱动是促进大气环保产业园创新创业发展的重要驱动力。中国环保产业正在向高质量发展新阶段迈进，迫切需要依靠创新培育发展新动力，提升环保产业和园区创新发展的新动能，化解环保产业和园区发展面临的困境。在我国经济由高速增长转向高质量发展的过程中，只有依靠环境科技、产业技术、发展模式的创新，才能真正统筹处理好经济发展与生态环境保护的关系。就推进环保产业园创新创业发展、促进环保产业集聚而言，创新驱动主要体现在3个方面。

一是以环境技术创新提升环保产业园的技术优势。近年来，随着我国环境治理需求的持续增长，环保产业规模也不断增长，环境污染治理领域不断拓宽，对环境污染治理技术创新提出了更高的要求。开发适应当前环境治理要求的环境技术，实现关键技术突破，是推进环保产业园升级发展的关键，是实现环保产业发展上层次、上水平的重要途径，也是推动环保产业园创新创业的重点。

二是以模式创新提升环保产业园服务与成果的转化优势。模式创新是实现环境技术成果转化的重要手段，也是实现环保产业园内的企业对外服务的重要途径。创新环境技术成果转化的商业化模式和环境污染治理模式，能够有效提升环保产业园内环保企业的市场竞争力，提高环保企业产品和服务的市场占有率，是推动环保产业园创新创业的重要驱动力。

三是以政策创新打造环保产业园的政策高地，推进其集聚发展。环保产业是典型的政策导向型产业，政策和机制对其发展具有重要的影响，对推动环保产业集聚发展具有重要的意义。各地在建设环保产业园的同时，制定和实施促进园区发展和园区内企业发展的政策措施，对促进园区招商引资、企业发展、对外服务等起到了重要的作用。支持性政策机制创新是促进环保产业园创新创业不可或缺的重要手段。

1.1.3　三大创新驱动亟须突破的关键问题识别

目前，我国大气环保产业园创新创业在技术、模式和政策三大创新驱动力中，存在一些需要解决的突出关键问题。

一是以需求为导向的环境污染治理关键技术创新。当前，我国环境污染治理技术的研发推进机制已基本建立，以高校、科研院所和企业为主的创新主体较为活跃，但在技术创新中还存在几个关键问题。①环境技术评价体系缺乏针对性，难以对市场上纷繁芜杂的技术进行准确的评价和识别，导致很多先进技术难以成功转化；②缺乏以需求为导向的适用技术和先进技术的市场化引导，政府与企业因缺乏对技术的了解而难以找到合适的环境污染治理技术；③关键零部件和核心技术缺乏技术突破，自主创新能力不足，在一些领域存在"卡脖子"问题。

二是以市场为导向的环境治理与技术转化商业化模式创新。技术商业化模式创新是加速环保技术研发和成果转化的重要途径。目前，我国环保产业整体存在过度依赖财政投入、市场化不够、持续发展动力不足等问题，其很重要的原因是缺乏适宜的环境治理商业化模式。环境技术转化路径和模式大同小异，缺乏针对其技术特点等的模式创新，导致环境治理技术成果转化应用难、产业发展层次不高，同时也制约了创新主体的积极性。在我国经济由高速增长转向高质量发展的过程中，只有依靠环保产业技术和发展模式的同步创新，才能真正统筹处理好经济发展与生态环境保护的关系，有效提高环境治理的水平和效果。

三是以精准性和差异性为导向的政策机制创新。目前，在促进环保产业发展和建设环保产业园的过程中，各类政策机制较为宽泛，缺乏针对当前环保产业发展实际和园区发展阶段的适用性政策，政策的精准性不够、作用力不强。环保产业园发展的政策创新要以精准性和差异化为导向，针对环保产业与园区发展所处的阶段和当前实际，有针对性地制定有效的政策，并提高政策的实施效益。

基于当前大气环保产业园创新创业在技术、模式和政策三大创新驱动力中存在的主要问题，表 1-1 进一步梳理和识别了大气环保产业园创新创业的关键问题，并作为本书研究的重点和拟突破的关键问题。

表 1-1　大气环保产业园创新创业关键问题识别与研究重点

大气环保产业园发展驱动力	存在的重点问题	本研究拟突破的关键问题
技术创新	• 环境技术评价体系缺乏针对性； • 缺乏以需求为导向的适用技术和先进技术的市场化引导	• 适用于不同技术发展阶段的评价体系； • 建立先进技术清单； • 关键配套技术研发与试点园区技术平台构建
模式创新	• 以市场为导向的环保技术转化机制不健全	• 创新适用于不同特点的大气污染防治技术商业化模式与路径； • 在试点园区进行典型商业化模式试点应用； • 技术创新链布局优化路径
政策创新	• 缺乏与环保产业园发展联动的针对性政策机制； • 缺乏因地制宜的环保产业园发展政策机制	• 建立不同发展阶段的政策作用力分析模型； • 建立不同发展阶段的政策作用力强弱识别矩阵； • 识别试点园区所处发展阶段及关键政策需求与政策建议

面对新时代、新需求，环保产业要抓住打好污染防治这场攻坚战的"牛鼻子"，在环境科技、产业技术、发展模式等方面加快培育创新发展新动能，以需求为导向推进生态环境治理的关键技术创新，以技术转化商业化模式为重点加快探索环境治理和产业发展模式创新，以园区为平台建立健全环保产业园创新创业政策创新，提升环保产业的整体能力，引领环保产业向高质量发展的新阶段迈进。

1.2 研究目标

1.2.1 总体目标

本书以促进环保产业园集聚创新发展为主线，以制约大气环保产业园创新创业的技术、模式和政策三大创新驱动力的关键问题为突破口，兼顾大气环保产业园创新创业的普适性和差异性两个方面，建立适用于不同技术发展阶段的大气污染防治技术评价方法体系，开展大气污染防治先进技术筛选与评估，打通大气环保产业创新链，确定适用于不同需求和技术特点的大气污染防治技术的商业化模式，构建具有区域特色和产业聚集特点的大气环保科技创新服务平台与政策高地，通过典型模式与政策机制创新试点，探索总结适用于环保产业园发展的创新创业共性政策机制，培育大气环保产业园发展新动能，为打造具有技术优势、服务优势、政策优势的大气环保产业园提供支撑。

1.2.2 具体目标

一是建立适用于不同技术发展阶段的环保技术评价体系和先进技术清单。针对我国技术成果转化导向的大气污染防治技术评价机制缺失的问题，开展兼顾不同技术发展阶段的环保技术评价方法、标准研究，综合考虑技术研发阶段和产业转化阶段两个发展维度，构建社会化、市场化技术评价服务模式，开展大气污染防治技术评价实践工作，筛选大气污染防治先进技术。

二是建立适用于不同技术特点的环保技术商业化模式与产业链布局优化。结合大气污染防治重点领域、实用技术及典型企业，深入剖析相应的商业化模式，明确模式的分类、路径、重点环节和评估体系，推动大气领域技术商业化创新示范。提出大气环保产业园技术创新链布局评估，研究提出大气环保产业园创新链布局优化路径与建议，打通大气环保产业园创意设计—关键材料—核心组件—集成技术—智能控制—专业装备贯通式的研发路径。

三是建立不同发展阶段的政策作用力评价模式与政策机制创新。研究建立针对环保产业园不同发展阶段政策作用力定量评价模型，建立不同发展阶段政策作用力识别矩阵。提出市场机制下园区促进创新创业的关键政策与联动实施机制，实现创新链与产业链有机协同的"双链"融合，提高创新创业效率。依托京东（香河）环保产业园、国家环境服务业华南集聚区等处于不同发展阶段的环保产业园，打造以政策创新为特点的大气环保产业创新创业基地。

　　本书的逻辑构架如图 1-2 所示。

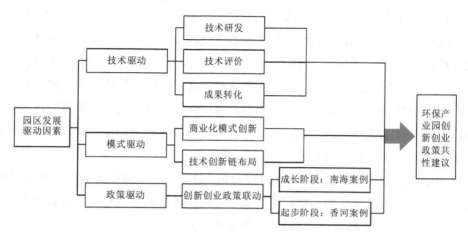

图 1-2　逻辑构架

1.3　主要创新

　　一是建立适用于不同技术发展阶段的大气污染防治技术评价体系，打通技术评价理论与实践的壁垒。通过识别大气污染防治技术成果转化不同阶段的评价需求，构建评价指标与技术研发阶段、产业化阶段的矩阵关系，开展不同阶段技术评价指标重要性分析，识别技术研发阶段与产业化阶段的评价指标，建立一套适用于技术研发阶段和产业化阶段这两个维度，包含技术、经济、环境、社会指标的评价指标体系。在对不同方法开展适应性分析的基础上，研究提出同行评价、多指标综合评价和验证评价方法模块，基于大气环保产业园大气污染防治技术评价需求和大气污染防治技术特征，综合科学性、经济性、客观性和可操作性，优化不同评价方法的评价程序，打通技术评价理论与实践壁垒，为大气环保产业园技术创新和成果转化提供支撑。

　　二是建立适用于不同技术特征的环保技术商业化模式矩阵，提出供给导向型与需求导向型的商业化模式创新路径。结合不同大气污染防治技术产品应用行业集中度高、运营维护专业性强、可实现资源化回收利用等方面的特点，充分考虑大气污染防治技术商业化模式需求，明确大气污染防治技术特征分类。按照商业化模式构成的维度将技术商业化模式分为融资模式、营销模式、盈利模式、服务模式等。针对不同类型大气污染防治技术特征与商业化模式构成，构建适用于不同技术特征的大气污染防治技术商业化模式应用矩阵。

结合案例实践，研究提出政府主导的供给导向型与产业主导的需求导向型商业化模式创新路径。

三是构建环保产业园发展不同阶段的政策促进作用力矩阵与定量评价模型，识别环保产业园不同阶段的政策促进作用力强度。基于 Tichy 产业集群生命周期理论研究，针对环保产业园发展的 4 个阶段（起步阶段、成长阶段、成熟阶段、转型阶段），构建环境政策/制度与环保产业发展不同阶段的矩阵关系，将大气环保产业园发展各阶段作为评价因素，构建大气环保产业园发展不同阶段的环保产业政策促进作用力矩阵。构建模糊评价数学模型，依据环保产业园发展不同阶段的环保产业政策促进作用力矩阵，得到园区发展全过程中环保产业政策促进作用力定量评价结果，识别环保产业园发展不同阶段的政策促进作用力强弱，明确不同发展阶段的关键政策机制，为环保产业园不同发展阶段有针对性地制定并出台相关促进政策提供有力参考。

四是实现创新链与产业链有机协同的"双链"融合与创新创业关键政策联动实施机制。基于典型行业技术创新链结构剖析，结合大气环保技术创新主要任务，设计以大气环保技术创新上下游关系为轴线，以创新链环节为重要节点，以实现重要节点技术创新在政策、资金、人才、信息等方面的必要条件为基础支撑的我国大气环保产业技术创新链结构模型。以创新主体、科技研发、技术转化、产业化为重点，分析我国大气污染防治技术创新链主体要素和客体要素的布局情况，综合大气环保产业技术创新能力评价与创新创业政策制度链评价结果，研究提出技术创新链主体要素和客体要素均衡发展、推动集聚区协同发展的政策建议。

第2章 国内外研究与实践

国内外学者以推动环保产业创新创业和集聚发展为重点，围绕环保产业园发展的技术创新、模式创新和政策创新三大驱动力，为着力突破环保产业园集聚发展的"瓶颈"开展了大量的研究与实践，对推进环保产业创新创业和集聚发展起到了重要的作用。

2.1 环保产业集聚

2.1.1 产业集聚类型划分

产业集聚是指同属于或相关于某一产业领域的企业和机构因共性和互补性而连接在一起，在某个特定地理区域内高度集中，其资本要素在空间范围内汇聚的现象。形成产业集聚的区域称为该产业的集聚区，就环保产业而言，大多表现为空间范围相对集中的环保产业园区。

简单地说，产业集聚的形成是企业为改善以交易成本、内部化成本和外部化价格为主的生存环境而构建的"区域联盟"，以实现规模经济效益。产业集聚的形成以企业对自身利益最大化追求的自发性为主，即内部性原因是产业集聚形成的主要驱动因素。虽然政府政策的引导、区域宏观发展的需求等外部性原因也对产业集聚的形成有着不可忽视的影响，但从大多数产业集聚来看，相较于内部性原因，外部性原因不是产业集聚形成的主导因素。只有市场主导型的产业集聚，外部性原因才是促成产业集聚的主要因素。从产业集聚的形成原因分析，可将产业集聚模式划分为市场主导型、政府扶持型、外资引入型和内源品牌型4类（表2-1）。

表 2-1 产业集聚类型对比

集聚类型	形成条件	特点
市场主导型	源自企业对集聚利益的追求,依赖市场机制自发形成	以中小规模企业为主,集聚形成模式"自下而上",企业自主性强、竞争激烈,受政府干预及政策制度变化的影响小
政府扶持型	以政府的政策扶持和有选择性的适当干预为主导,配合一定的市场机制	形成地的市场机制不够成熟,集聚形成模式"自上而下",政府干预及政策制度的作用强
外资引入型	由跨国企业的进驻带动产业集聚的形成并吸引更多外商	产业链具有"复制性",本地企业参与度低且处于价值链底端,外资企业根植性差
内源品牌型	由本地品牌企业催生出围绕其发展的企业共同构成集聚	根植性强,政府作用较大

目前,我国环保产业集聚以市场主导型和政府扶持型为主。在市场主导型产业集聚中,专业化市场在区域经济范围内占据主导地位的地区,其集聚的形成往往是"自下而上"的,即集聚最初的成形是基于企业对集聚利益的追逐过程,它是一种依赖市场机制而自发形成的产业集聚。该类型的产业集聚相较于其他类型而言,受到的政府干预最少,受政策制度作用的影响最弱,对该类集聚来说,外部政策等政府因素通常对集聚起间接作用,且其调节相对滞后。在政府扶持型产业集聚中,国家或地区政府"自上而下"的政策干预扶持等因素成为产业集聚赖以形成的关键。通过政府的政策扶持和有选择性的适当干预,加上与市场机制的相互配合,往往能够形成对区域发展具有积极作用的关键性、主导性产业集聚,从而更有助于区域竞争力的提升。

2.1.2 产业集聚形成机理

产业集聚是一个开放系统,它拥有一种较为特殊的组织形态,这种组织形态与产业集聚的形成和发展密不可分。具体来说,这种组织形态的形成是基于自身具备的规模经济效益、地理性优势、群内组织关联与合作、竞争与创新等组织特点,由其相互作用促成的产业集聚。

首先,规模经济效益是企业加入产业集聚的根本目的和原动力。企业对低成本、高回报的追逐形成了空间集聚,是集聚形成和发展的重要原因之一。韦伯(Alfred Webber)在 1909 年出版的 *Uber den Standort der Industrien*(《论工业区位》)中,从工业区位理论的角度对产业集聚形成机理进行了深入剖析。韦伯通过理论分析指出,产业集聚是企业对规模经济效益的追逐,集聚是企业为增加效率、节约成本而自发地"自下而上"形成的。勒施(Losch)指出,大量生产和联合生产的形成给企业带来利益,产业集聚给市场带来的扩大效应创造了外部经济,外部经济带来的企业生产成本下降为企业节约了生产费用。

其次,地理性优势包括企业间地理空间上的邻近及区位的资源优势,能够使企业更容易获得优质的生产和管理人才及更加廉价的劳动力。勒施在 1940 年出版的《经济的空间秩序》（英译本名为《区位经济学》）中指出，同类企业集聚的原因之一就是关键供应源，即除了技术、原料、重要中间产品等重要来源可以促成产业集聚，拥有大量消费者也是促使企业向区域集聚的重要区位因素。

再次，群内组织的关联与合作降低了企业交易成本。由于集聚内的企业相互之间存在共同的业务行为及资源共享，因此比单一企业拥有更强的盈利能力，这种效应称为外部协同效应。主导行业和辅助行业的共生关系和良性反馈循环改善了集聚区的产业环境，提升了企业行业间的协作能力。

最后，集聚加强了竞争，竞争催生了创新，竞争与创新是企业成长和成本节约的关键因素。集聚区内的激烈竞争营造了优胜劣汰的严苛市场环境，迫使集聚企业提高劳动生产率、降低成本，同时成本的降低增加了市场需求，进一步刺激了生产集中进而加速集聚。区域经济发展所依靠的根本动力是技术，技术的改革创新直接影响成本和产品价格，新产品和新工艺及技术的改革创新能否在区域内产生取决于该区域内企业的创新能力。要在变动程度相对较大的市场环境下提高企业的创新能力，增强企业的适应性。由 W. 皮艾尔（Robert W. Pierre）在《技术极的出现》一书中首先提出、其后得到发展的技术极理论从知识和技能层面衡量了产业集聚。该理论认为，技术极是能够使经济活动通过知识技术的产出和商品化得到可持续发展的区域。同时，知识制造创新并带动企业发展，有利于促成集聚。

2.1.3　我国环保产业园发展实践

我国环保产业聚集地主要以园区的形式存在，目前与环境相关的产业园区数量众多，其中由生态环境部批准创建的国家环保科技产业园有 9 家、国家级环保产业基地有 3 家，由国家批复的其他环保产业集聚区有 5 家，由各省批准建设的省级环保产业园有 28 家（表 2-2）。

表 2-2　环保产业园建设情况汇总

园区类型	批复年份	园区名称	所在城市	发展重点
国家环保科技产业园	2001 年	苏州国家环保高新技术产业园	江苏省苏州市	水污染治理设备、空气污染治理设备、固体废物处理设备、风能设备与技术、太阳能技术与设备、电池修复
	2001 年	常州国家环保产业园	江苏省常州市	节水和水处理技术、大气污染治理技术、环境监测技术、节能和绿色能源技术、资源综合利用技术、清洁生产技术
	2001 年	南海国家生态工业建设示范园区暨华南环保科技产业园	广东省南海区	集环保科技产业研发、孵化、生产、教育等于一体

园区类型	批复年份	园区名称	所在城市	发展重点
国家环保科技产业园	2001 年	西安国家环保科技产业园	陕西省西安市	以科技服务产业为核心，发展环境友好型产品和环保设备
	2002 年	大连国家环保产业园	辽宁省大连市	以"三废"及噪声治理设备及产品、监测设备及产品、节能与可再生能源利用设备及产品、资源综合利用与清洁生产设备、环保材料与药剂、环保咨询服务业为主导产业
	2003 年	济南国家环保科技产业园	山东省济南市	环保、治水、冶气、节能、新材料、新能源等高新技术产品的研发和产业化基地
	2005 年	哈尔滨国家环保科技产业园	黑龙江省哈尔滨市	清洁燃烧及烟气污染物控制技术与装备、典型重污染行业废水处理技术与装备、城镇污水资源再生利用核心技术与装备
	2005 年	青岛国际环保产业园	山东省青岛市	以企业为主导、以循环经济概念为开发理念的环保产业园，定位为中外产业合作的主体平台
	2014 年	贵州节能环保产业园	贵州省贵阳市	节能环保装备制造、资源综合利用和洁净产品制造、环境服务业，产学研为一体（中节能）
国家级环保产业基地	1997 年	沈阳环保产业基地	辽宁省沈阳市	现代装备制造业基地，发展再生资源产业，打造规模化、现代化环保产业示范基地，涉及大气污染治理设备、水污染治理设备、固体废物治理设备、噪声控制设备、专用监测仪器仪表及环保材料药剂六大类
	2000 年	国家环保产业发展重庆基地	重庆市	以烟气脱硫技术开发和成套设备生产为重点，逐步开发适合西部发展需求的生活垃圾处理、城市污水处理及天然气汽车的相关技术和设备
	2002 年	武汉青山国家环保产业基地	湖北省武汉市	固体废物资源综合利用和脱硫成套技术与设备
国家批复的其他环保产业集聚区	1992 年	中国宜兴环保科技工业园	江苏省宜兴市	环保（除尘脱硫技术）、电子、机械、生物医药、纺织化纤
	2000 年	北方环保产业基地	天津市	水处理技术与装备、脱硫除尘设备、固体废物处理处置、膜技术与应用产品
	2002 年	北京环保产业基地	北京市	重点发展能源环保专业服务业、能源环保制造业核心生产和总装环节，积极发展与能源环保产业和基地发展相配套的金融、会计、咨询、会展等商务服务业
	2008 年	中新天津生态城	天津市	广泛使用环保技术和设计，优化能源和资源使用，构建绿色智慧城市经济
	2009 年	江苏盐城环保产业园	江苏省盐城市	环保装备制造、节能设备、水处理、大气污染防治、固体废物利用
	2011 年	国家环境服务业华南集聚区	广东省佛山市	污染治理设施社会化运营管理服务、环保技术服务、环境金融与环境贸易服务

园区类型	批复年份	园区名称	所在城市	发展重点
省级环保产业园	2011 年	京东（香河）环保产业园	河北省廊坊市	节能环保
	2006 年	中关村科技园区通州园金桥科技产业基地（前身为北京国家环保产业园）	北京市	能源环保产业
	2007 年	上海国际节能环保园	上海市	节能产业（照明节能、建筑节能）、环保产业（空气污染治理、节能与可再生能源利用）
	2009 年	上海花园坊节能环保产业园	上海市	节能环保产业和技术（间接节能、智控节能、建筑节能）
	2014 年	邯郸节能环保产业园	河北省邯郸市	节能环保设备制造、节能新材料研发生产、资源综合利用、节能环保技术服务与研发、脱硫脱硝除尘设备
	1998 年	九龙节能环保产业园	重庆市	节能环保产业
	—	长江节能科技产业园	江苏省苏州市	围绕节能新技术研发与产业化主题创建节约型社会的示范窗口
	2001 年	天津子牙环保产业园	天津市	第七类废旧物拆除（人工拆解，大气环境友好）
	2017 年	烟台国际节能环保科技园	山东省烟台市	高端节能产业
	2017 年	佛山市顺德环保科技产业园	广东省佛山市	环境监测设备（水、气、土壤）、固体废物处理设备及系统集成新建项目
	2009 年	天津宝坻节能环保工业区	天津市	高附加值的脱硫除尘、海水淡化和污水处理设备、稀土节能灯具、LED 发光产品和工业用高效节能电器、金属航空新材料、热固塑料复合材料
	2013 年	中节能（三明）环保产业园	福建省三明市	节能环保产业运营平台
	2008 年	鄂州经济开发区	湖北省鄂州市	大气污染防治、水污染防治、城乡生态环境治理、资源回收利用
	2014 年	石家庄节能环保产业园	河北省石家庄市	大气污染防治、水污染防治、固体废物处理等技术和设备产业化
	2015 年	扬州环保科技产业园	江苏省扬州市	城市生活垃圾及工业废物处理与利用、城市建筑垃圾再生利用、电子废弃物资源化利用，以及污水处理、空气治理等环保装备
	2016 年	瑞金台商创业园	江西省瑞金市	节能环保、新材料
	2010 年	泰兴环保科技产业园	江苏省泰兴市	环保设备、节能电器、绿色家私、高端装备、环境服务

我国环保产业园的开发模式各不相同，发展情况参差不齐，存在的问题也各种各样。

1. 制造业聚集模式

制造业聚集模式的环保产业园中，环境企业多以环保装备制造为主业，多处于环保产业链的下游，其形成和发展在一定程度上源于当地的环保产业特色，如中国宜兴环保科技工业园。由于环保设备制造多处于产业链末端，市场竞争激烈，随着环保产业由基础建设阶段向现代服务业阶段过渡，设备制造市场随之出现的萎缩可能对此类园区的可持续发展产生影响。

2．商业服务模式

商业服务模式的环保产业园致力于成为环境产品的交易平台，或是以提供商业服务作为主要亮点，吸引产业链上下游企业入驻，如上海花园坊节能环保产业园就引入了上海环境能源交易所。商业服务模式是现阶段最接近环境综合服务业发展大趋势的一类园区，其环境商品交易平台及与之相关的金融服务、物流服务、展示服务等都是环保产业园发展过程中有价值的借鉴。不过，相较于真正意义的环保产业聚集及其立体化网络所提供的现代环境综合服务解决方案，商业服务模式园区的服务范围仍显单薄，其所能吸引的企业类型将可能受限于交易平台的商品门类，进而令园区整体的发展方向局限于某类细分市场内。

3．城市建设模式

在环保产业园中，制造业聚集模式和商业服务模式都是以环保产业作为园区发展主线的，而以中新天津生态城为代表的城市建设模式园区，则以"资源节约型、环境友好型"生态宜居城市为基本定位。中新天津生态城把发展重心定位在建设具有生态环保概念的"小型卫星城"，其内的产业用地仅占总面积的1/10。来自新加坡的先进环境管理经验、良好的生态示范作用是其积极的一面。然而，因滨海新区非环保类制造业为主的产业背景及生态城内产业基础的欠缺，其在产业导入、产业发展和产业拉动城市就业方面受到限制。

4．循环经济模式

循环经济是指在资源投入、企业生产、产品消费及其废弃的全过程中，把传统的依赖资源消耗的线性增长经济转变为依靠生态型资源循环发展的经济，它是把清洁生产和废弃物的综合利用融为一体的经济，目前多以循环经济园区（静脉类环保产业园）的形式存在。不过在现阶段，我国循环经济园区基本以废弃物拆解加工为主，其中最为典型的是天津子牙环保产业园。该园区由政府主导，成员单位涵盖天津市发展改革委、商务委员会、财政局、土地局、环境局、规划局等相关部门。在土地规划、资金扶持、产业布局、招商引资、农民安置等各个方面，政府都发挥了强有力的推动作用，这是其相较于市场主导型园区的一个突出优势。但是此类园区也存在政策依赖性强、原料来源受限、市场竞争激烈、科技含量不高等问题。如何延长产业链、保障园区的可持续发展是循环经济模式园区普遍存在和需要解决的难题。

2.1.4 国际环保产业园发展实践

1．加拿大

环保产业是加拿大的第四大产业，拥有约 8 000 家企业、约 25 万名员工，总产值近

300 亿加拿大元，每年生产超过 14 亿加拿大元的出口产品。1994 年，加拿大就开始施行环保产业战略，该战略为加拿大环保产业的发展起到了巨大的促进作用。经过长期的发展，加拿大的环保产业趋于高度集中，在布局上逐渐形成了多个具有特色的环保产业带，主要集中在加拿大南部与美国交界处宽 30 km 的狭长地带，这一区域同时也是加拿大工农业最重要的分布区。随着加拿大经济向知识经济和现代服务业转型，环保产业带既为所在区域的绿色生产和环境保护发挥了重要作用，也为加拿大经济结构的转型做出了巨大贡献（图 2-1）。

图 2-1 加拿大环保产业带分布

多伦多-西南安大略环境科技产业带：该产业带在水净化、废水处理系统和技术方面拥有雄厚实力，其他强项还包括大气排放监测和控制，以及针对该地区大型工业基地的工业及危险废物的处理技术。

大西洋加拿大风能开发产业带：该产业带是加拿大风能研究所的家园，主要从事推进风能技术的开发、配置及商业化研究。该产业带与当地的自然资源联系紧密，包括海洋石油和天然气，以及纸浆和纸业。

温尼伯环保产业带：该产业带位于马尼托巴省，是拥有 350 多家公司和约 5 400 名员工的发达环境产业带，主要从事水和废水处理、混合动力客车的制造、高效能的建筑产品和可更新能源技术的研究。

卡尔加里-埃德蒙顿环保技术产业带：该产业带位于阿尔伯达省，代表着加拿大最先进的环保技术群，主要优势在于水处理、废弃物管理、环境保持、土壤修复，尤其是满足石油和燃气业的需求服务方面。除了当地的消费者，该产业带还将产品出口到美国、墨西哥和中国。

温哥华-维多利亚可替代能源和绿色建筑产业带: 该产业带主要聚焦于可替代能源和大容量的绿色设计和建筑。氢燃料电池 Ballard 电力系统坐落于该产业带。不列颠哥伦比亚省的公司使用太阳能、地热、波、小水电、生物燃料能源,以及相关硬件和技术来开发项目和产品。

蒙特利尔环境产业带: 该产业带位于魁北克省,是加拿大的第二大基于总体税收和公司的环境产业带,共占加拿大环境收入和公司数量的 20%。

萨斯卡通生态系统和环境修复产业带: 该产业带位于萨斯喀彻温省,专门研究生态系统管理和环境修复,尤其是水供给、废水处理和地下水方面。

2. 日本

日本是较早明确提出产业集群政策的国家之一。其国家层面的产业集群计划包括 2001 年经济产业省(METI)提出的"产业集群计划"和 2002 年文部科学省(MEXT)制订的"知识集群计划"。这两个计划分别于 2006 年、2007 年进入第二阶段。

日本产业集群政策的意图是使本国工业能够在日益激烈的国际竞争中生存,使地方经济自主发展,提高创新能力,推动全国各区域利用本区域产业资源发展新产业和创建新企业。为此,日本产业集群政策着力于营建企业的网络环境,其目的是不仅要增强企业间的横向和纵向网络联系,还要形成产业、学术、政府跨产业合作的网络关系,从而促进区域创新,形成产业集群,以及创建新产业和新企业。

日本促进产业集群发展的措施如下:①通过举办研讨会、交流会和报告会形成产业、学术和政府交流互动的网络;②对具有区域特点的技术开发给予资助,利用各大学的技术种子和知识,以产学官联合的方式从事研究与开发(R&D);③增强孵化功能,在各个区域建设大学联合孵化设施,资助培训孵化管理人员的计划;④与贸易公司等合作支持市场培育,召开相关贸易公司、金融机构和中小企业之间的会议,以支持市场的培育;⑤与金融机构合作融资,通过在各区域建立产业集群支持金融协商会来促进各方的合作,建立对技术开发进行补助、由私有金融机构提供的应急贷款体系等,并通过某些项目创建用地方风险资本建立的基金;⑥促进人力资源开发,包括高级专门人才培养,培养相关技术人才、培训财务审查人员,以及组织企业家的研讨会。

3. 德国

德国的环境科技产业集群是由各州政府进行区域规划的,主要集聚于巴登-符腾堡州、巴伐利亚州、北莱茵-威斯特法伦州和奥斯纳布吕克市。据统计,德国超过 80%的环保产品出自巴登-符腾堡州的中小型环保企业,该州的环境工程指挥部、德国费劳恩霍费尔化学工艺研究所(ICT)、孵化器均以企业化运作方式对本州的环保产业集群进行指导和扶持,推动区域环保产业发展。该州共有 1 000 多家企业可提供先进的环保设备、技术和服务,空气净化、水源保护、废物处理及无公害生产和能源节约等方面的技术都处于领先水平。

4．阿联酋-马斯达尔环保城

马斯达尔是阿拉伯联合酋长国拟在首都阿布扎比郊区兴建的一座环保城市，建成后将成为全球首个无车、无高楼的零碳城市。这一计划酝酿多年，马斯达尔于 2008 年 1 月开建，城内可容纳 1 500 家企业和 5 万名居民，成为可持续能源和替代能源的国际研发交易中心之一。

马斯达尔占地 6.4 km²，总投资 220 亿元。根据规划，这是一座完全依靠太阳能和风能实现能源自给自足，污水、汽车尾气和 CO_2 零排放的"环保城"。

马斯达尔要达到的环保目标非常明确：零碳、零废物和可持续发展。城市大部分建筑的屋顶都将用于收集太阳能；99%的垃圾不得使用掩埋法处理，将尽可能回收、重复使用或用作肥料；城市内的树木和城外种植的农作物将使用经过处理的废水灌溉，达到比一般城市节约用水 50%的目标；城市内的出行依靠人性化的快速公共汽车，从市内任何地点出发到达最近的交通网点和便利设施的距离都将不超过 200 m，市民无须驾驶汽车出行。马斯达尔的环保措施总结如下：

- 电力：利用沙漠的烈日和波斯湾的海风建设风力发电厂和光电发电厂。
- 能源：利用大量种植的棕榈树和红树制造生物能源。
- 节水：污水循环再利用，海水脱盐淡化，中水灌溉花园、农场。
- 建筑：限高 5 层。
- 交通：公共电车取代汽车，到达最近的交通网点和便利设施的距离不超过 200 m。
- 环境：运河环绕，林荫步道纵横交错，淙淙流水为居民带来清凉的感觉。
- 城市规划：12 m 的高墙护城，以传统阿拉伯露天市集为蓝本，街道安装太阳能收集板以广吸太阳能。

5．丹麦卡伦堡工业园

该园区的具体措施如下：

- 政府在制度安排上对污染排放实行高收费政策，并对减排给予利益激励；
- 企业出于经济效益和长期发展的博弈，构建了以 5 家企业为核心的良性共生网络；
- 通过贸易的方式将各个工厂联结起来，形成共享资源和互换副产品的产业共生组合，使一家工厂的废气、废热、废水、废渣等成为另一家工厂的原料和能源，从而减少废物的产生量和处理费用，并获得经济效益。

2.2　环保技术评价

2.2.1　科技评价体系

在我国，科技界习惯把"科学与技术"（science and technology）称为"科学技术"

或"科技"，忽视了科学研究与技术开发在研究方面的主要差别，而把科学技术活动看作一个有机整体。同样，在科技评价活动方面，我国科技界把技术评价视作科技评价的一个有机组成部分，而不强调技术评价是一个独立的体系。科技评价是对科技成果的创新质量、学术水平、使用价值和成熟度等做出客观、具体、恰当结论的过程。

我国的科技评价起步于 20 世纪 90 年代初，经过 30 多年的发展取得了较大的进展。一方面，我国各级政府及部门通过颁布相关法律法规和政策明确了科技评价的基本要求，为我国科技评价的开展提供了依据；另一方面，我国科技评价机构不断发展壮大，科技评价活动体系也不断完善。

我国科技评价活动的分类通常以评价对象为基础，同时考虑评价的阶段性，主要有两大类：研究与开发评价、科技成果评价（图 2-2）。由政府实施的科技评价活动主要集中在研究与开发评价上，且主要集中在科技计划和科技项目的立项评价、中期评价、验收评价及重大项目的绩效评价，机构与人员评价一般包含在计划和项目评价过程中。研究与开发产出的结果即我国习惯上所称的科技成果，主要交由科技共同体开展同行评价、社会价值评价和市场评价。

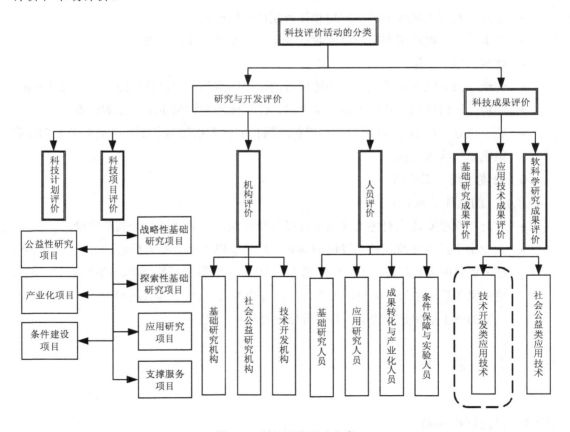

图 2-2　科技评价活动分类

科技成果评价既可看作对研究与开发活动产出结果的评价，也可看作科技成果进入应用、市场之前的绩效评价。根据其对象进行分类，科技成果评价主要包括基础研究成果评价、应用技术成果评价和软科学研究成果评价，其评价重点、评价指标等见表 2-3。

表 2-3　科技成果评价的对象、重点、指标及主体

分类	评价对象	评价重点	评价指标	评价主体
基础研究成果评价	在基础研究和应用基础研究领域阐明自然现象、特征和规律，在学术上提出创新性的新发现、新理论、新知识、新方法，并对相关学科领域的发展和新兴学科领域的形成产生重要影响的成果	成果的科学性、创造性、先进性、可行性和应用前景	成果在阐明自然现象、特征和规律，重大发现和创新及新发现、新理论等方面的科学水平、科学价值，以及代表性学术论文及被引用的情况	评价机构或评价机构聘请的同行专家
应用技术成果评价	在应用研究、试验发展和技术开发、应用推广过程中取得的新技术、新工艺、新产品、新材料、新设计及技术标准等，包括可以独立应用的阶段性研究成果和引进技术、设备的消化、吸收再创新的成果。应用技术成果通常有论文、著作、专利、标准、软件、样机、样品、产品等形式，可细分为技术开发类应用技术成果和社会公益类应用技术成果	技术创新程度、技术指标先进程度、技术难度和复杂程度、重现性和成熟程度、应用价值与效果、取得的经济效益与社会效益，进一步推广的条件和前景，存在的问题及改进意见	技术开发类：创新程度、技术经济指标的先进性、难度和复杂程度、重现性和成熟程度、推动科技进步和提高市场竞争能力的作用、经济效益或社会效益	评价机构或评价机构聘请的同行专家
			社会公益类：技术创新程度，技术指标的先进程度，技术难度和复杂程度，应用推广程度，对相关领域科技进步的推动作用，已获社会、生态、环境效益	
软科学研究成果评价	为决策科学化和管理现代化而进行的有关发展战略、政策、规划、评价、预测、科技立法及管理科学与政策科学的研究成果，主要包括软科学研究报告、著作、论文、建议书、方案、数据库、软件等形式		创新程度，研究难度与复杂程度，科学价值与学术水平，对决策科学化和管理现代化的影响，经济效益和社会效益，与经济、社会、科技发展的紧密程度	

现阶段，科技部是我国科技评价活动的行业主管部门，负责对全国的科技评价活动进行总的组织、管理、指导、协调和监督。1997 年，科技部正式批准成立国家科技评估中心。2004 年，由中央机构编制委员会办公室批准成为具有独立法人资格的国家级专业化科技评估机构，其主要业务范围包括科技政策评估，科技计划、项目评估，科研机构、人才评估及评估研究、管理咨询、国际合作、能力建设。地方科技评估中心主要在科技厅、科技局的指导下，负责开展地方科技评估活动。地方科技评估中心有的是单独的业务单位，有的

则将科技评估工作纳入相关单位。

科技评价活动在欧洲、美国等发达国家已经呈现系统化、制度化和常规化的发展趋势，形成了较为完善的评价程序和评价方法，并用法规的形式确定了其在决策过程中的地位和作用。

美国：最早开展科技成果评价工作的国家之一。1993年，美国第103届国会颁布了《政府绩效与结果法案》，以立法的形式规范了政府部门的绩效评价活动，要求所有联邦机构包括政府资助的科技机构和科技活动都应发展与使用绩效评价技术，并向公众通报各自的绩效状况。美国的科技评价已呈现制度化、经常化的特点，科技评价组织机构的设置相对健全，政府与社会、联邦与地方评价机构并存。按评价机构层次分类，美国的科技评价机构可以分为3类：国会和联邦政府科技评价机构、州政府科技评价机构、综合性学术型非政府组织。比较著名的科技评价机构有美国国会技术评估办公室（OTA）、美国国会研究服务部（CRS）、国会预算局（CBO）、美国管理科学开发咨询公司（MSD）、世界技术评估中心（WTEC）等。按项目资金的来源分类，美国的科技评价可以分为两类：对由联邦政府提供资助的科技研究项目的评价与对由私有部门提供资助的科技研究项目的评价。在实际工作中，各个领域、各种类型的科技评价开展得较为广泛，但由美国联邦或州政府机构直接主持的评价活动较少。一般是由美国政府出资，委托科研机构代理进行评价，而联邦机构依据相关法案履行评价职责，政府委托一大批高水平、相对稳定的社会咨询评价性机构（包括企业和非营利性机构）承担具体的评价活动。这种出资人和评价执行者相分离的制度，保证了评价活动的公平、公正。

日本：其科技评价可追溯到20世纪40年代科技审议会制度。该制度对科技方面的重大战略和决策问题进行审议，随后逐步建立了技术评价体系和支持系统。1995年，日本政府颁布了《科学技术基本法》，明确了科技评价的地位。为了配合科学技术基本计划的实施，1997年8月日本内阁批准实施了《国家研究开发评价实施办法大纲指针》，2001年11月批准了修改后的评价指南。为了突出评价的重要性，日本政府在综合科学技术会议成立初期设立的5个"专门调查会"（后扩展为7个）中，就有一个是"评价专门调查会"，其职责是对日本政府的研究与发展（R&D）资源实行有效配置，制定科技评价准则，对重要的R&D活动开展评价等。各相关部门在国家R&D评价指南的指导下开展评价活动，一些部门还依据评价指南结合本部门的实际情况针对R&D的性质和领域灵活地制定评价标准，如"环境省研究开发评价指南""经济产业省基于技术评价项目与基准的规范"等。科技活动评价体系的建立与完善及评价结果的合理使用在日本科研资源配置、科技政策的制定、科研机构改革和人事制度改革等方面发挥了重要的促进作用。

英国：该国政府已将科技评价工作作为科技宏观管理、制订和实施科技计划的过程中不可缺少的内容。科技评价主要是指对科技计划或项目的效果进行检查和评价，尤其是对国家重大计划、重要学校机构和关系国计民生重点项目的评价。1977年，英国苏塞克斯大学科学政策研究所（SPRU）曾对政府资助的 6 家研究机构进行评价。20 世纪 80 年代以来，英国政府在科技评价方面历经一系列变革，大大促进了中央和地方的科技评价工作。在评价机构方面，大体上可以分为 3 类：政府设立的科技评价机构、研究机构和科技中介机构（专业科技评价公司）。政府设立的科技评价机构有三级系统：①中央政府；②议会、议会委员会和国家审计署；③地方政府评价机构。英国中央政府机构主要对国家的一些科学研究计划及科技政策进行评价。地方政府也承担一些评价职能，通常针对的是地方性的科学研究计划和科研政策。英国国立研究机构、高校和非营利性研究机构及非政府基金组织都承担评价的职能，主要集中在基础研究领域，并形成了其独特的评价体系。20 世纪 80 年代，与英国国立研究机构的社会化趋势相对应，英国的科技评价也逐步社会化，涌现出一批独立的科技中介机构，包括一些独立的专业性评价公司和评价机构，如科研政策研究所、科技管理研究中心及英国评价系统有限公司等。科技中介机构分为公益性和营利性两类，其中以营利性机构为主体。中介性评价机构采用合同委托的方式，聘请本领域的专家组成评价小组对委托者的项目或机构做出评价，委托者一般为政府机构、学会、高校等，他们根据评价公司的评价结果决定是否给予申请人经费资助。

法国：其科技评价制度规定了评价框架的特有形态，即评价活动的机构化。20 世纪 50 年代，法国国家顾问委员会开始负责对研究计划和政策的评价。20 世纪 80 年代初，法国又规定评价工作主要由国会科技选择评价局和法国国家科学评价委员会这两个独立的机构进行。1982 年 7 月出台的法国第一部科技法《科技方针与规划法》被视为公共研究机构的根本大法，其影响深远。1985 年，法国颁布法令《科技规划与指导法》（第 85-1376 号），从法律上确立了科技评价的地位，其中明确规定评价机构必须对其所进行的评价活动负法律责任，若存在违法行为将受到法律的制裁。1999 年 7 月颁布的《技术创新与科研法》规定，所有公共研究机构（含高等院校的研究部分）应与政府签订涉及整个研究活动的合同，该合同应确定研究机构的目标和双方相互的承诺，其实施应接受评价。

德国：其科技评价活动起源于原联邦德国政府提交议会讨论的科学议案。政府性质的科技评价活动开始于 1957 年科学委员会的成立，而且德国政府一直把科技评价作为德国科学、教育和研究事业的重要管理手段，成为建立科学机构、教育机构、制订科研计划和项目的决策基础，成为保障科研和教育质量、提高效率的重要措施，成为检查国家公共基金使用效益必不可少的方法和程序。德国目前已经建立了比较完整的科技评价组织体系，大致上可以分为 3 个层次：①科学委员会，该机构由高层次的科技界和政府界人士组成，联邦政府实施任命派遣制，既是由联邦和州两级政府共同支持和承担费用的咨询机构，又是政府组织开展调查研究和科技评价的执行机构；②科研教育资助组织，如德意志研究联合会（DFG）、马普学会（MPG）、弗朗霍夫学会（FHG）、赫尔姆霍兹协会（HFG）、莱布尼茨协会（WGL）等，分别对本组织资助的项目及本系统的研究单位进行评价；③大学和研究院所，对各自的研究机构和课题组进行评价。德国针对不同研究项目采用不同的评价标准。在遵循学术影响的评价原则下，基础研究项目参考发表的学术著作与论文的质量和数量、引起同行学者的关注程度、被同行学者研究引用的次数、被国际认同的权威性文摘摘录与否及被邀参加学术活动的次数，获得多少荣誉称号、奖金（尤其是诺贝尔奖）等标准实行延时验收，通过学术界的评议获取真实评价，进而判断其是否通过验收。应用研究项目和开发研究项目的评价主要遵循市场的价值规律，向专利管理靠拢，与市场经济直接挂钩；同时，广泛吸收国外专家的参与。德国虽未制定一部科技评价的法律，但已经形成了严格的评价制度。

2.2.2　国内外科技评价体系比较分析

评价目的：从宏观角度来看，国内外科技评价的目的都是对科学技术活动及其产出和影响的价值进行判断，在评价目的方面并没有显著差异；从微观角度来看，国外科技评价的目标既有政府对财政支持科技项目的效果评价，其目标是完善政府科技管理，对政府科技支出进行监督，并为科研资源配置科技政策的制定提供基础资料，又有社会资金对社会组织和个人自主研发技术的科技评价，其目标是使新研发技术得到认可，推动技术的产业化。我国目前科技评价的主要目的是满足政府科技管理的需求，由于缺乏规范标准的支撑，我国第三方技术评价市场还有待完善，因此基于促进技术成果转化目标的技术评价还处于起步试点阶段。

评价制度：如前所述，科技评价活动在欧洲、美国等发达国家已经呈现出系统化、制度化、社会化、市场化和常规化的发展趋势，基本建立了适合自身的完善的科技评价体系。与欧洲、美国等发达国家和地区相比，我国开展科技评价工作的时间不长，科技评价制度还处在不断改进与完善中。我国科技评价的法制化需进一步加强，在具体措施的落实上还需进一步完善，没有法律强有力的保障，评价仍可能流于形式。

评价主体：国外评价的主体呈现明显的社会化发展趋势，由政府出资，但并不直接评价。以美国为例，在科学研究领域，美国联邦政府提供了超过半数的经费支持，但政府并没有分管评价科技成果的机构，而是委托一大批高水平、相对稳定的社会咨询评价机构（包括企业和非营利性机构）承担具体的评价活动。发达国家在政府科技评价过程中非常注重评价机构的独立性，评价机构与管理执行机构大多也是分开运行的，评价机构向管理部门提交评价报告，管理部门依据评价报告进行决策，因此提高了评价的专业性和科学性。目前，中国科技评价管理系统的评价主体仍主要是由国家和各级行政管理部门组成，以国家为主，实行统一领导、分级管理的原则。评价机构主要设在科技管理部门所属的有关单位。虽然有了原则性的规定并开展了试点，但由于各方面的监督制度没有完全跟上，社会化的评价机构并没有真正发挥作用，评价主体的第三方立场难以得到有效保证。

评价监督：国外一般有两种监督机制。对于由财政资助的科研项目，主要建立法律和公众监督机制，如美国法律详细规定了政府拨款项目的预算审核、运行监督和事后评价程序，其中《政府绩效与结果法案》的出台使美国科技评价监督有了法律保障。对于由企业委托、出资的技术评价活动，主要通过法律和市场信誉进行监督。除了政府用法律明确评价机构的职责和义务，由于主持评价活动的中介机构一般为市场主体，评价效果和结果直接关乎其市场信誉和市场地位，在客观上保障了技术评价活动的公正性。

2.3　商业化模式

2.3.1　环保技术成果转化的商业化模式

我国对技术成果转化的管理十分重视。2002 年，科技部和财政部共同制定了《关于国家科研计划项目研究成果知识产权管理的若干规定》（国办发〔2002〕30 号）。彭学龙等结合中国的实际情况提出，必须通过合理的制度安排，加强产学研政多方合作，从而为新技术商业化提供有效的制度激励。关晓岗等提出，科技商业化是发挥科学技术生产力的重要途径。

许多学者就技术商业化过程中可能遇到的问题做了较为细致的研究。赵旭提出，影响新技术商业化成功的关键因素包括技术特性、技术发明人、知识产权、市场、企业经营管理模式、生产环节、管理团队和融资。张中华则提出，正确处理政府、企业、技术发明者与大学的权利、责任、利益之间的关系，是实现科研成果顺利转化的前提和提高科技成果转化率的着力点。在深入生产一线调研后，仝允桓等总结得出约 70%的企业存在项目实施结果与预期相背离情况的结论。项目成败与企业的内部管控、投资资金链条的连续稳定性等关键影响因素相关，但若缺乏对项目前期评价过程的控制，就会造成项目潜在风险被忽视、前期评价结果不可靠，这些都为项目后期的风险埋下了伏笔。

技术商业化要经历从构想、研发、孵化到示范、推广、改进的全过程。最初，有国外学者将技术商业化界定为孵化、示范和推广 3 个过程。1970 年，Bright 将商业化的步骤界定为科学提议、设计概念、设计实现、实验室应用、中试、首台套（示范）、扩散和大规模推广 8 个步骤。20 世纪 90 年代，这些步骤逐渐被整合，Cooper 提出了包括产生新思想、初步评定、概念设计、发展、实验、试制、投产 7 个步骤的商业化模式。在长期生产实践过程中，如美国杜邦公司等大企业也形成了自主创新模式。无论是阶段的划分还是内涵的对应性，与学界形成的观点都非常类似。

根据技术商业化过程中各主体分工的差异，Andrew 和 Sirkin 认为技术商业化的途径分为 3 种：一体化商业化、整合化商业化和特许经营授权。在具体商业合作中，Hameri 和 Nordberg 提出了一种新兴技术产品的投标和签订合同的模式，这种模式采取"双盲通信"

的方式,以期减少政治因素干扰。Kelly 和 Spinelli 研究了企业在技术商业化中的决策过程,尤其是决策如何受到组织信息获取能力的影响。

技术商业化模式评价不同于技术商业化评价和技术商业化项目评价。技术商业化模式评价是在拟商业化的技术本身已确定的基础上,评价、判断、选择不同的模式路径,重点评价技术商业化模式使用的条件、核心要素和关键环节,主要用于判断选择哪种模式可以加快技术商业化进程或者扩大商业化的收益,是战略层面的研究与应用,其本质是对商业模式的评价。技术商业化评价多指技术商业化潜力评价,评价的是技术本身是否具备商业化的条件及商业化过程中的关键影响因素、可能的风险与收益等。技术商业化项目评价是在技术商业化评价和技术商业化模式评价的基础上开展的具体、微观、项目层面的评价,侧重于项目的必要性与可行性、项目目标的可达性、技术与模式的方案比选、投入产出的财务与经济分析等。

商业模式评价是一个较为复杂的问题,也是迄今为止商业模式研究中相对不成熟的领域。一方面是因为商业模式研究还处于发展阶段,理论体系不是很成熟,更没有达成一致;另一方面是因为商业模式存在于各行各业,很难确立统一的评价体系。

早期的学者更关注商业模式对当前或潜在盈利能力影响的探讨。Hamel、Afush 等学者都是从企业盈利能力的视角出发评价商业模式的。他们更多关注的是商业模式为企业带来的盈利能力,因此对商业模式的评价主要聚焦于盈利能力、效率等。部分学者引入了价值链理论,围绕价值,从价值链、价值活动、价值主张等角度来评价商业模式。Gordijin 等的研究聚焦于电子商务中的商业模式评价,编制了利润/效用表来分析不同主体间的价值流动。Mutaz 针对移动通信的研究更看重一个商业模式关于价值的主张、网络、体系和创造这 4 个方面。另外一些学者主要从企业的角度出发,尝试运用各类评价企业其他方面的工具来评价商业模式。例如,Dubosson-Torbay 和 Osterwalder、Pigneur 运用平衡计分卡对商业模式进行评价;李曼为了考察商业模式创新,也采用了平衡计分卡,但不再局限于平衡计分卡理论中传统的财务、顾客、流程、学习与成长这 4 个方面,而是从商业模式创新与战略目标的吻合程度、商业模式的运营效率、产品与服务的客户价值及商业模式的财务价值创造这 4 个方面建立商业模式创新的评价指标体系;刘卫星在评价商业模式时将平衡计分卡进行了扩展,形成了 6 个维度(财务层面、伙伴层面、内部流程层面、客户层面、社会层面、学习与成长层面);李付林等运用平衡计分卡评价商业模式的研究则结合了万科企业股份有限公司的实际案例。

近年来,态势分析法(SWOT)在商业模式评价中也得到了广泛应用,如王秀杰采用 SWOT 分析对我国电动汽车的商业模式创新进行了研究,李苏苏、施丽雅的评价对象为我国婚恋网站,冯雨则研究 O2O(online to offline)离线商务模式;喻文斗虽然并没有直接采用 SWOT 分析研究商业模式,但以 SWOT 分析的结果作为商业模式研究的支撑。还有些学者对商业模式评价提出了更加全面但通常也更加复杂的研究理论,Weill 和 Vitale 对商业模式的评价不仅仅看重盈利能力，同时兼顾可行性。王艳从商业模式的有效性、效率性、不可复制性、适应性、持续和发展性这 5 个维度评价商业模式。陈文基采用经典扎根理论对商业模式进行了分析，进而认为商业模式需要企业获取价值和创造价值。常明秀认为，优秀的商业模式应具备高盈利能力与可持续性，继而提出了盈利能力、可持续性和匹配性3 个维度的评价体系。安欣欣主要考察了商业模式针对环境不确定性的作用机制和商业模式的动态调整。李永发、李东采用规则视角评价商业模式的合用性，认为应该以一致性、约束性和适应性为核心原则，科学分析基于规则的商业模式评价。这些评价不仅涉及企业自身或商业模式自身，还经常包括对外部环境的探讨，所采用的评价模型建模理论也涵盖了扎根理论等，降低了商业模式评价模型的易用性。商业模式的研究和评价直接涉及商业模式的开发与创新，但复杂的方式方法很可能使其在实际应用中成为商业模式创新发展的桎梏。为此，Katja Laurischkat 认为，"这些商业模式创新的研究常常让人感觉它们实在太复杂了，以至于在实践中很难去应用。"

除了对整体商业模式的评价，近年来，许多学者专注于某领域甚至某特定商业模式，运用商业模式画布、模糊综合评价等多种方法进行研究。桑晓蕾的研究对象是我国房地产上市公司。Kurt Matzler 从价值创造和价值获取的角度针对胶囊咖啡机的商业模式进行了研究。刘卉青针对我国 4 座城市的电动公交车的商业模式进行了比较分析。张晨结合"芳可思"比萨店在合肥市场的实际运营情况，分析了该比萨店通过商业模式创新摆脱运营困境的过程。Scott P. Burger 则结合电力行业转型的特殊意义，对分布式能源的商业模式进行了探讨。近年来，互联网进一步普及，大量学者对网络相关商业模式进行了评价研究，如王成立针对 273 二手车交易网、葛璇针对虎扑体育 App、Roberto 针对物联网及个人互联网的研究等。

综上所述，由于学界对于商业模式的认识不统一、评价角度各异，加上商业模式自身具有复杂多变的特性，导致目前学界并没有统一的商业模式评价体系。

2.3.2　环保技术创新链

科学技术从起源到应用要经历"基础研究—应用研究—开发研究—技术成果转化—社会生产"等诸多环节。技术创新链是围绕核心技术、基于技术配套的技术创新体系，是由核心企业和具有技术配套功能的上下游组织构成的合作伙伴关系，是实现协同创新的重要途径。技术创新的最终发展形态是形成了完整的技术创新链条，包含从创意到生产的全部环节，尤其注重技术研发阶段。创新链通过技术成果转化发挥作用，科技成果高效转化是构建国家或区域创新体系的战略目标，也是各国提高创新能力、增强核心竞争力的必然趋势。

技术创新链的思想起源于创新理论的奠基人——熊彼特，他认为创新不是单纯的技术范畴，它不仅是指产品技术上的发明创造，更是指把已发明的产品技术引入企业的生产中，形成一种新的生产能力。熊彼特的观点显示，科学技术与商业化生产之间存在差距，这意味着技术创新与商业化生产之间需要通过一个过程来衔接。事实上，在科学技术知识经过技术创新实现商业化的过程中，每个环节都十分重要。在创新活动中，企业在重视产品创新环节的同时，不能忽视基础性知识的研究与创新，必须把各阶段的创新活动整合于一个系统内。熊彼特在 1912 年的《经济发展理论》中首次提出了旨在解释经济发展和技术创新的演化分析框架，将康德拉捷夫提出的 50 年经济长波的诱因归结为技术创新，当一组创新集群出现时，经济繁荣的高潮会随之而来，反之亦然。熊彼特之后的一批西方经济学家——以施穆克勒、罗森伯格和弗里曼为代表，侧重于研究技术创新与经济增长结合的方式、途径、机制及影响因素，他们认为技术创新是形成经济转换格局的基本动力。科技成果的市场化、产业化是技术创新影响经济发展的具体表现，是企业快速运用新技术并投入生产占领市场、获得超额利润的能力。L. Matin Cloutier 等认为，加强产业技术创新链内部环节之间的合作和商业环境各因素之间的反馈，可以促进企业自主创新，提高企业自主创新能力。S. W. F. Omta 等认为，自主创新与产业技术创新链密切相关，技术创新链能提供市场信息，减少自主创新的不确定性，市场与创新主体的紧密结合及链条各环节的有效交流对创新非常重要，并且企业参与产业技术创新链条中的活动越多，就越容易获得成功。

随着科学技术对经济促进作用的日益凸显，我国学者也在各专业技术领域开展了关于技术创新链的研究。张正良从企业创新的角度开展研究，认为创新链是一个以创新主体为核心，通过创新活动将其他主体连接成链，并优化创新链中各节点功能以满足市场需求的系统。创新链最终要进行集成以发挥其本来的功效，即在各个环节中通过知识、信息、人才、资金等要素集成，为实现降低创新的不确定性和交易成本，提升创新链整体绩效的目标，形成链式集合体。在科技成果转化的过程中，创新链集成可以促进隐性知识的流动和转化，实现技术成倍增值，促进科技与经济一体化发展，提高国家和地区的核心竞争力。白硕提出产业链、技术链与创新链联动的自主创新模式，认为产业链、技术链与创新链的联动是实现自主创新的保障。常向阳、赵明提出将整个技术扩散体系（包括政府的技术推广部门和高等院校的科研机构）纳入产业技术创新链。王凯较为系统地研究了产业技术创新链的组织形式，指出该组织形式主要有市场联系、战略联盟和垂直整合。辜胜阻、黄永明认为，产业链、技术链与创新链的脱节制约了企业的自主创新活动。简言之，技术创新的过程包括从基础研究到产品创新的各个环节，技术创新链则是由技术链、产业链和创新链组成的能够动态协调三者之间的关系、使技术创新链和产业发展处于相对平衡状态的活动链，是一个系统的整合行为。

除此之外，随着产品的复杂程度日益提高，产品生产的社会分工越来越精细，在从新产品概念的提供、技术研发、产品设计到生产等各个技术创新环节中，很难找到一个产品是完全由一家公司提供的。绝大多数产品的创新过程都需要企业与其他企业、大学、科研院所合作，组成技术创新链，共同实现新产品的开发。技术创新链除了在环节上呈链式结构，在参与主体方面也构成了上下游的链式关系，主要原因有三：一是技术创新链的形成源于企业所拥有和能够开发的技术知识的有限性。对于企业而言，随着社会经济的发展和分工的细化，企业组织不可能精通各个领域的技术知识，因此单独依靠企业自身的力量很难实现产品全过程的创新。企业必须专注于技术创新链上的某一环节，通过彼此的分工合作实现产品创新。二是技术创新链的形成源于现代产品的互补性、功能多样性及产品之间的兼容互通性。随着现代相关产品技术的关联性和配套性不断增强，企业在为用户提供技术解决方案时可仅仅专注于某一环节的技术，通过上下游环节及互补产品技术的衔接与整合把相关技术纳入同一技术体系中，从而为技术创新链的形成提供可能。三是企业组织通过加入技术创新链可以获得技术创新的速度经济效应，并因此获得竞争优势。美国哈佛大学著名管理学家小艾尔弗雷德·钱德勒在 1987 年提出了速度经济的概念，他表示，"速度经济是企业为了追求从生产到流通的速度而带来的经济性，即因快速满足客户的消费需求而带来超额利润的经济性，也即对市场反应最快的企业能够占据最有利的位置，从而能够抢先获得市场机会，进而取得超额利润。"在竞争日益激烈的今天，消费者越来越重视商品的时间因素，快速地满足消费者的需求能够提高其满意度，因此快速满足消费者的需求也成为速度经济的本质。企业组织通过加入技术创新链能有效利用企业外部创新资源，减少创新的试错时间，降低创新过程的不确定性，促进企业组织相互学习，从而加快技术创新的速度，获得创新的速度经济收益。

综上所述，技术创新链是一项贯穿于产品制造各个环节，涵盖产品研发、材料供应、零部件加工、产品集成等过程的系统性工程，并由此形成了跨越客户、协作厂商和制造企业等的合作关系，包含产品需求、材料技术、设计技术、制造技术、检测技术、使用技术等的创新链（图 2-3）。技术创新链反映了行业内相关企业围绕某项技术创新工程紧密联系，进行专业化分工协作的过程，体现了企业在产业层面的业务合作关系。因此，在技术创新链的基础上，行业技术创新平台可以凝聚创新资源，扩大行业内企业的参与面，使行业技术创新平台能够与行业紧密联系，担当起创新资源整合、创新项目协调的角色，从而真正成为行业公共的技术创新平台。

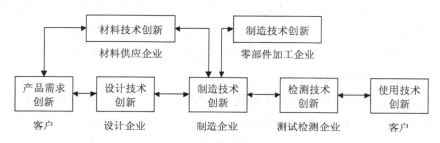

图 2-3　技术创新链各技术创新环节

2.4 政策创新

2.4.1 我国环保产业园发展与创新创业政策实践

1. 理论研究

新技术商业化在微观层面依靠社会组织的生产实践活动来实现，在宏观层面则是依靠一系列相关政策来推动。国家或地区科技创新体系的顶层设计按照内部逻辑连接成链，包含了政策在设计过程中对促进机制、规范机制、保障机制等的考虑，形成了机制政策链。"机制政策链"的概念是基于"链"理论、系统学理论、政策科学理论提出来的。它与"供应链""价值链""产业链"等链理论有着密切的联系。目前，机制政策链还没有形成统一的概念，相关研究甚少。国内一些学者在低碳经济、汽车工业、城市设计等领域进行了一些探索。蒋海勇认为，政策链是公共权力机关或社团组织为了解决公共问题、达成公共目标，选择（或制定）各种方案按照彼此之间的政策关联性构成相互促进、协调统一的链状系统。李武军等认为，政策链是以政策的整体性为出发点，在政策制定时就综合权衡各项政策的纵向与横向关系，在纵向结构上使各子系统的政策相互衔接，在横向结构上使各分系统的政策相互协调，有效克服了单项政策的孤立性与局限性，形成了各项政策在时序上相互衔接、层次上相互配套、内容上相互补充的政策链系统。蒋海勇等根据发展低碳经济所采取的财政政策情况构建了低碳经济的财政政策链状结构，并提出了制定发展低碳经济的财政总体规划、充实具体政策、加强政策横向协同等建议。李武军等根据政策链的基本理论范式和我国低碳经济发展的实际及政策实施经验设计了低碳经济发展政策链，提出了政策链优化建议。宋丹妮等运用解释结构模型构建了汽车工业系统的政策链，分层次找出影响政府对汽车产业管理绩效的政策链。

2. 政策实践

在我国，早在 1997 年中央政府就已经表示"重点扶植一批环保骨干企业，组建环保产业集团和环保高科技基地"。从 20 世纪 90 年代开始，我国陆续批准了一批环保产业园，然而多年以来却未在总体上形成规模。环境保护更多的是作为一种概念或标准出现在高新技术园区、生态工业园区、文化产业园区或其他类型的园区中，环境领域自身的产业化并未在园区中得到充分体现。环保产业园的发展缓慢使其难以形成应有的集聚效应和影响力，也没能得到足够多的政策支持。

2016 年，国家发展改革委等四部委联合发布的《"十三五"节能环保产业发展规划》提出，形成 20 个产业配套能力强、辐射带动作用大、服务保障水平高的节能环保产业集聚区，布局培育一批创新优势突出、区域特色明显、规模效益显著的产业集聚区，整合集聚区内的创新资源，推动创新资源和成果开放共享，提升集聚区整体创新能力，使集聚区成为产业创新的新载体。

　　当前，我国环保产业园缺少专门的政策法规对其进行扶持和约束，多数园区只能套用其他园区的相关政策。政策的缺乏又进一步使环保产业园的发展更加缓慢，环保产业集群的形成也变得越发困难。与环保产业集群相关的国家政策见表 2-4。

表 2-4　与环保产业集群相关的国家政策

《关于环境科学技术和环保产业若干问题的决定》　　　　　　　　　　环科〔1997〕209 号
引导环保企业集约化经营，扩大环保产业规模……重点扶植一批环保骨干企业，组建环保产业集团和环保高科技基地……
《国家发展改革委办公厅关于当前推进高技术服务业发展有关工作的通知》 　　　　　　　　　　　　　　　　　　　　　　　　　　发改办高技〔2010〕1093 号
着力加强政府引导，促进产业集聚，创新服务模式。 　　视情况对有典型示范作用的高技术服务产业基地重点项目，采取后补助方式给予一定资金支持。 　　推进高技术服务业发展的工作思路，促进高技术服务业集聚化。
《国家发展改革委关于推进国家创新型城市试点工作的通知》　　发改高技〔2010〕30 号
发展高技术产业和现代服务业，促进产业创新集群发展。
《国家发展改革委关于印发促进产业集群发展的若干意见的通知》　发改企业〔2007〕2897 号
合理规划土地使用方向，优先满足环保型科技型企业小规模用地需求，为企业集聚发展提供必要空间。 　　推动高消耗高污染型产业集群向资源节约和生态环保型转变。 　　加强资源节约和环境保护，培育和发展一批特色明显、结构优化、体系完整、环境友好和市场竞争力强的产业集群，切实推动产业集群转入科学发展轨道。
《关于增强环境科技创新能力的若干意见》　　　　　　　　　　　　环发〔2006〕97 号
集中力量创建一批富有活力的环保产业化示范基地和体现循环经济理念的生态工业示范基地。
《关于促进战略性新兴产业国际化发展的指导意见》　　　　　　　商产发〔2011〕310 号
培育节能环保产业国际化基地，鼓励节能环保产品开拓国际市场，提高出口产品附加值，推动出口产品由以单机出口为主向以成套供货为主转变；建立进口再生资源监管区，鼓励有条件的再生资源回收利用企业实施"走出去"战略，开展对外工程承包和劳务输出，促进国际大循环；鼓励符合条件的企业到境外为我国投资项目和技术援助项目提供配套的环境技术服务；加强节能环保领域国际合作，推动国际环境合作项目国内配套资金的落实，加强国际环境技术转让，加大对我国参与环境服务贸易领域国际谈判的支持力度。
《环境保护部关于环保系统进一步推动环保产业发展的指导意见》　环发〔2011〕36 号
鼓励环保产业联盟和区域产业集群建设。支持企业以优势互补为基础组建环保产业联盟，以多种方式逐步形成上下游产业链较为完整、产业结构比较健全的环保产业集群。依托国家生态工业园、环保产业园等平台，统筹规划、强化评估，在特色环保产业相对集中的区域，重点培育建设一批集技术研发、产品生产、工程建设和运营服务等功能于一体的环保产业集聚示范区和试点基地。
2011 年批准设立华南环境服务业集聚区建设
原环境保护部下发《关于同意在广东佛山南海区开展国家环境服务业集聚区建设试点工作的函》（环办函〔2011〕637 号），国家环境服务业华南集聚区建设正式获批，南海区成为全国首个以发展环境服务业为核心的环保产业集聚建设区。

《"十二五"国家战略性新兴产业发展规划》	国发〔2012〕28号
培育发展产业示范基地。依托现有优势产业集聚区，充分利用现有资源，促进技术、人才、资金等要素向具有技术创新优势的企业和产业集聚，建设一批体制机制健全、市场活力大、产业链完善、辐射带动强、具有国际竞争力的战略性新兴产业示范基地，培育战略性新兴产业增长极。发挥创新资源密集、创新环境良好区域的比较优势，完善创新创业体系，推进先行先试，培育若干全国战略性新兴产业的策源地。	
《国务院关于印发"十三五"生态环境保护规划的通知》	国发〔2016〕65号
依托国家"城市矿产"示范基地，培育一批回收和综合利用骨干企业、再生资源利用产业基地和园区。	
《"十三五"节能环保产业发展规划》	发改环资〔2016〕2686号
产业集中度提高，竞争能力增强。到2020年，培育一批具有国际竞争力的大型节能环保企业集团，在节能环保产业重点领域培育骨干企业100家以上。形成20个产业配套能力强、辐射带动作用大、服务保障水平高的节能环保产业集聚区。 加快产业集聚区提质增效。优化升级现有节能环保产业园区和集聚区，创新政府引导产业集聚方式，由招商引资向引资、引智、引技转变，以管理体制机制改革激发市场活力。在充分考虑地方资源特点和产业发展的基础上，布局培育一批创新优势突出、区域特色明显、规模效益显著的产业集聚区，创建以节能环保产业为主导的国家基础创新中心。整合集聚区内创新资源，推动创新资源和成果开放共享，提升集聚区整体创新能力，使集聚区成为产业创新的新载体。促进集聚区内产业链关联企业的协同发展，通过深化分工降低生产和交易成本，发挥集聚效应和带动作用，提高整体竞争优势。避免对市场行为的过度干预，防止园区重复建设。	
《"十三五"环境领域科技创新专项规划》	国科发社〔2017〕119号
加强打造环保技术创新产业示范基地建设。依托开发区、高新区、新型工业化产业集聚区，支持节能环保产业技术创新，推动产业集聚集约发展，形成具有推广价值、示范效应的"环境医院""环境绩效合同"等创新发展模式，集中问题诊断、技术方案、工艺设计、产品设备、工程建设、投融资服务等优势，为环境治理提供整体技术解决方案和全过程服务；推进环保装备标准化工厂建设，完善环保产业技术标准体系，研究符合国际规则的支持政策，促进环保创新产品的研发和规模化应用。	
《国务院关于印发"十三五"国家战略性新兴产业发展规划的通知》	国发〔2016〕67号
培育战略性新兴产业特色集群。充分发挥现有产业集聚区作用，通过体制机制创新激发市场活力，采用市场化方式促进产业集聚，完善扶持政策，加大扶持力度，培育百余个特色鲜明、大中小企业协同发展的优势产业集群和特色产业链。完善政府引导产业集聚方式，由招商引资向引资、引智、引技并举转变，打造以人才和科技投入为主的新经济；由"引进来"向"引进来""走出去"并重转变，充分整合利用全球创新资源和市场资源；由注重产业链发展向产业链、创新链协同转变，聚焦重点产业领域，依托科研机构和企业研发基础，提升产业创新能力；由产城分离向产城融合转变，推动研究机构、创新人才与企业相对集中，促进不同创新主体良性互动。避免对市场行为的过度干预，防止园区重复建设。鼓励战略性新兴产业向国家级新区等重点功能平台集聚。	
《工业和信息化部关于加快推进环保装备制造业发展的指导意见》	工信部节〔2017〕250号
引导行业差异化集聚化融合发展。鼓励环保装备龙头企业向系统设计、设备制造、工程施工、调试维护、运营管理一体化的综合服务商发展，中小企业向产品专一化、研发精深化、服务特色化、业态新型化的"专精特新"方向发展，形成一批由龙头企业引领、中小型企业配套、产业链协同发展的聚集区。引导环保装备制造与互联网、服务业融合发展，积极探索新模式、新业态，加快提升制造型企业服务能力和投融资能力。推进军民融合，促进军民两用装备在环境污染治理领域的应用推广。鼓励传统制造企业利用自身技术优势向环保装备制造业拓展，延伸产业链条的深度和广度。	

《中共中央　国务院关于全面加强生态环境保护　坚决打好污染防治攻坚战的意见》

　　大力发展节能环保产业、清洁生产产业、清洁能源产业，加强科技创新引领，着力引导绿色消费，大力提高节能、环保、资源循环利用等绿色产业技术装备水平，培育发展一批骨干企业。大力发展节能和环境服务业，推行合同能源管理、合同节水管理，积极探索区域环境托管服务等新模式。鼓励新业态发展和模式创新。在能源、冶金、建材、有色、化工、电镀、造纸、印染、农副食品加工等行业，全面推进清洁生产改造或清洁化改造。

　　近年来，地方政府充分意识到产业集群对环保产业的促进作用，并纷纷将之列为现阶段推进环保产业发展的工作重点（表2-5）。在地方政策中关于发展环保产业集群的表述不仅相当明确，甚至在一些地区的环保产业规划中已经有了比较具体的工作目标，如《江苏省节能环保产业发展规划纲要（2009—2012 年）》指出，要"重点发展六大产品集群，加强节能和环保服务支撑体系建设"；《湖南省环境保护产业发展规划（2009—2015 年）》指出，"到 2015 年，重点发展 6 个产业集聚度高、辐射作用强的环保产业园区，其中，3个园区年产值过 200 亿元，3 个园区年产值过 100 亿元。"地方政府对环保产业集群持明确而具体的支持态度，对环保产业集群化的渴望也随着各地对环保产业的日益重视而变得愈加强烈。但由于缺乏对口的政策支持，目前环保产业园能够享受或给予入驻企业的优惠政策十分有限，且不得不套用高新技术、服务业、中小企业等其他方面的政策，在运营过程中难以发挥环保产业优势。目前，相关政策大多集中在土地、财政、税收、人才等方面。

表 2-5　部分省（区、市）关于环保产业园的相关鼓励政策

《浙江省人民政府关于加快推进环保产业发展的意见》（2009 年）

　　着力形成一批环保产业集聚区和基地，在现有特色环保产业相对集中的区域，重点培育建设杭州环保服务等一批集技术研发和集成、装备和产品生产、工程建设和运营服务等功能于一体的环保产业集聚区和基地。

《浙江省产业集聚区发展总体规划（2011—2020 年）》（2010 年）

　　强化产业集聚区的规划建设与各类相关规划的统筹协调，确保产业集聚区建设有支撑、有保障；强化相邻产业集聚区以及各产业集聚区内部的产业融合、开发联合、机制整合，形成合力，加快发展；强化产业集聚区与现有城市或开发区的衔接联系，推动城市或开发区基础设施和生活配套设施向产业集聚区延伸，推进各类设施共建共享，实现协调、合力发展。

《浙江省产业集聚区提升发展方案》（2014 年）

　　以国家、省相关产业规划和产业政策为指导，加快调整优化产业结构，进一步强化"优新高特"产业导向，集中力量培育发展新一代信息技术、智能制造装备、先进交通运输设备、节能环保、生物医药、新材料、新能源、现代服务业等主导产业，着力打造一批千亿级的产业集群。按照错位发展的原则，将全省产业发展战略具体落实到有基础、有条件的产业集聚区，形成分工明确、各具特色的发展格局。围绕主导产业发展，加强关联产业培育，加快推进产业集群化步伐。进一步细化集约、环保、节能、安全等方面的控制性指标，高标准设定并严格落实产业项目准入标准。

《安徽省人民政府关于加快新能源和节能环保产业发展的意见》（2009年）

打造优势企业和产业园区，鼓励和引导新能源和节能环保企业向经济开发区、高新技术园区集聚。建设一批有特色的新能源产业园区和节能环保产业园区，以园区建设促进产业发展，以基地建设带动产业集聚。

《安徽省节能环保产业发展规划》（2013年）

促进节能环保企业和资金、技术、人才等要素向优势地区集中，培育节能环保产业园区，形成若干各具特色、以大企业集团为核心、专业化中小企业协作配套的产业基地，打造产业集群，发挥规模效应。

《湖南省环境保护产业发展规划（2009—2015年）》（2009年）

到2015年，重点发展6个产业集聚度高、辐射作用强的环保产业园区，其中，3个园区年产值过200亿元，3个园区年产值过100亿元。

《湖南省节能环保产业发展规划（2009—2015年）》（2009年）

着力建设一批节能环保产业基地和集聚区。充分发挥节能环保产业集聚区在实现节能环保企业集中布局、产业集群发展、资源集约利用、功能集合构建中的作用，重点培育6个基地、2个循环经济工业园……进一步提高产业的集聚度。

《湖南省人民政府关于加快环保产业发展的意见》（2015年）

支持有条件的地区建设环保产业集聚区，引导环保产业集聚发展。支持集聚区建设和完善公共服务平台，对平台建设费用给予贴息支持，优化和改善服务，为环保企业打造优良发展环境。支持环保产业集聚区相关重大基础设施和产业项目建设，优先保障用地并给予适当的资金扶持。支持长株潭等有条件的地区整合产业链资源，打造集研发、设计、生产、运营于一体的环境治理装备制造、环境监测仪器制造和环境服务产业集聚区。依托国家级园区循环化改造试点、再制造示范基地、"城市矿产"示范基地和资源综合利用"双百工程"等示范试点，建设再生资源回收网络和交易市场，围绕废旧汽车拆解、工程机械再制造和稀贵金属、废旧电池、废旧家电回收利用等优势领域，构建资源循环利用产业链条，打造中南地区最具影响力的再生资源和再制造产业集群。

《山东省人民政府关于加快我省新能源和节能环保产业发展的意见》（2009年）

打造优势企业和产业园区，一是加快建设特色产业园区。以园区建设促进产业发展，充分发挥园区聚集带动作用，推进和带动优势产业、优势企业和优势产品向园区集中。积极引导和鼓励园区围绕主导产业向集约化、规模化方向发展，尽快形成优势产业集群和优势产品集群，成为特色鲜明、具有较强竞争力的产业基地。

《山东省人民政府办公厅关于加快发展节能环保产业的实施意见》（2013年）

建设一批产业集聚、优势突出、产学研有机结合的示范基地，推进节能环保成套设备、配套设备的生产制造和推广应用。到2015年，重点培育30个节能环保产业基地和200家节能环保示范企业。

《山东省节能环保产业发展规划（2016—2020年）》（2016年）

加强统筹规划，整合优势资源，优化产业布局，培育特色基地和龙头企业，发挥辐射带动作用，引导关联企业向重点区域集中，加快完善产业体系和产业链条，促进产业集群化、规模化发展。

《陕西省产业集群发展规划纲要（2009—2015年）》（2009年）

加大产业集群培育和推进力度，使龙头企业实力进一步增强，产业链不断完善，园区承载力和园区化水平提高，集群整体实力和竞争力大幅提高，成为工业经济发展的主体形态，石化、汽车、航空、输变电设备和煤及煤化工5个产业集群成为国内一流、国际知名的产业集群，特色鲜明、优势突出的块状工业经济格局基本形成。

《广西节能产业与环保产业振兴规划》（2009年）

依托我区优势资源，以市场为导向，以自主创新为动力，以工业园区为载体，以资源能源综合利用、再生循环利用和环保服务业为发展方向和重点，大力发展产业集群，着力培育节能环保服务市场，建成一批拥有自主知识产权、核心竞争力强、市场占有率高的优势企业和企业集团，全面提高产业的整体实力和市场竞争能力，促使节能产业与环保产业发展成为具有良好经济效益、社会效益的重要产业和新的经济增长点。

《中共宜兴市委　宜兴市人民政府关于加快环保产业发展的意见》（2010 年）

进一步加大对我市环保产业在鼓励产业集聚、做大做强、自主创新、设备更新、主辅分设等方面的扶持力度，尤其要鼓励支持国内外著名环保企业在环科园设立研发、设计机构、发展总部经济等，不断优化加快发展环保产业的政策环境。鼓励产业集聚，鼓励重大公共服务平台、创新载体、研发机构、创新人才以及总部经济、总承包企业向环科园集聚。

《江苏省节能环保产业发展规划纲要（2009—2012 年）》（2010 年）

园区由企业集中向创新集群转变、产业由以传统制造业为主向先进制造业与节能和环保服务业互动并进转变，把节能环保产业培育成新兴的支柱产业，推动产业集聚和企业集群发展，努力形成优势明显、各具特色的区域分工发展格局，重点发展六大产品集群，加强节能和环保服务支撑体系建设。

江苏省《关于我省进一步发展创新型产业集群，助推产业转型升级的建议》（2019 年）

提出抓好规划布局，打造创新型产业集群发展高地，增强创新型产业集群核心竞争力，壮大创新型产业集群发展主力军，打造创新型产业集群发展动力引擎，抓好资源集聚，优化创新型产业集群发展环境，充分发挥高新区在推动创新型产业集群发展中的主阵地作用，聚焦高新区"一区一战略产业"培育，依托高新区的创新资源和体制机制优势，优先在园区布局建设创新型产业集群，引导园区突出产业特色，完善产业体系，优化创新环境，着力提升集群建设水平。

《江苏省人民政府关于推进绿色产业发展的意见》（2020 年）

大力培育环保市场，支持南京、无锡、盐城等符合条件的地区建设国家级节能环保产业基地。提高13 个先进制造业集群的绿色水平，形成若干具有较强国际竞争力的世界级先进制造业集群。

《四川省人民政府关于进一步加快发展节能环保产业的实施意见》（2013 年）

依托成都技术研发和产业基础，大力发展重大节能环保技术及高端装备产业、节能环保服务业，建设十大产业集聚区，推进节能环保产业集群化发展。

《邯郸市人民政府关于加快产业集群发展的实施意见》（2014 年）

重点培育发展现代装备制造、新能源及新能源汽车、现代煤化工、白色家电、新材料和天然植物提取物 6 个创新型产业集群和食品加工、制管、棉纺、标准件、铸造和轴承 6 个特色产业集群。到 2017 年，全市新培育营业收入超过 500 亿元的产业集群 3 个、300 亿元 4 个、100 亿元 4 个、50 亿元以上 5 个。

《山西省人民政府办公厅关于推进城区老工业区搬迁改造的实施意见》（2014 年）

发挥城区老工业区的产业配套、科技人才及技术研发等优势，鼓励发展新材料、高端装备制造、新一代信息技术、节能环保等战略性新兴产业和先进制造业，积极培育产业链关联、创新能力强、特色鲜明的战略性新兴产业集聚区。

《山西省"十三五"节能环保产业发展规划》（2017 年）

集聚资金、技术、人才等要素，围绕完善产业体系和产业链条，加快建设产业基地和集聚区，推动节能环保产业集群化、规模化发展，实现单一企业经营向产业链式集聚发展的转变。

《广东省人民政府办公厅关于促进节能环保产业发展的意见》（2014 年）

依托现有生态工业示范园区、循环经济工业园等平台，创建一批节能环保产业基地。推动在珠三角地区形成以节能环保技术研发和总部基地为核心的产业集聚带，在东、西、北地区形成以资源综合利用为特色的产业集聚带。完善节能环保产业调查统计方法和指标体系，建立健全统计管理信息系统，为全省节能环保产业宏观管理以及制订产业政策、发展规划提供科学的决策依据。

《云南省人民政府关于加快发展节能环保产业的意见》（2015 年）

加大人才培养力度、加快技术创新步伐，重点研发和引进一批节能环保关键技术和装备，推广节能环保产品，推行市场化新型节能环保服务业；凝聚产业优势，打造节能环保产业特色园区，发挥龙头企业的辐射带动作用，加快产业集聚发展。

《湖北省人民政府关于进一步加快发展节能环保产业的实施意见》（2015年）

依据武汉、襄阳、荆门、黄石、黄冈、鄂州等地的产业基础和特色定位，以龙头企业为依托延伸产业链条，促进产业集聚化、高端化发展。在污染治理成套设备、半导体照明、工程机械再制造、"城市矿产"资源开发利用、电机软启动、工业固体废物综合利用以及节能窑炉等领域，推进节能环保产业集聚发展。发挥园区聚集带动作用，引导节能环保优势企业向园区集中，积极推动形成节能环保专业化集团，提高产业集中度，逐步形成产业特色鲜明、集聚效应明显、创新活力勃发的节能环保产业发展高地。

《甘肃省节能环保产业发展规划（2014—2020年）》（2015年）

整合优势资源，完善产业链条，推动建立优势突出、层次清晰、各有侧重的节能环保产业布局。以现有产业园区为载体，延伸上下游配套产业，促进企业、资金、技术和人才等要素的集中，推动产业集聚发展。通过在节能电气装备制造、大气污染防治装备制造、工业固体废物综合利用等领域实施一批重点项目，带动产业技术水平显著提升，形成产业发展新优势。

《甘肃省节能环保产业专项行动计划》（2018年）

实施"大企业、大集团"带动战略，在节能换热设备制造、节能电气装备制造、烟气脱硫设备制造、节水灌溉器材等领域，分阶段、分步骤动态扶持和重点培育一批产业特色突出、规模效益较好、带动能力较强的龙头骨干企业，突出链式引进和培育，吸引省内外的节能环保企业入园，配套建设一批"专精特新"中小企业，促进要素资源向优势行业、区域集聚，逐步形成技术含量高、市场占有率高、区域特色明显、产业链条完整的节能环保产业集聚区。

《酒泉市节能环保产业发展专项行动计划》（2018年）

深入贯彻绿色发展理念，全面提升节能环保技术装备制造及资源综合利用水平，以企业为主体、市场需求为导向，以技术、装备、产品、服务为主线，强化技术创新和推广应用，培育龙头企业和知名品牌，促进产业集群发展，创建节能环保产业体系，推动全市节能环保产业产品由低端向中高端转变。

《河南省人民政府关于加快产业集聚区提质转型创新发展的若干意见》（2015年）

坚定不移走集群发展之路，引导产业集聚区与周边产业集聚区、商务中心区、特色商业区、专业园区协同联动，形成区域协作关系，推动上中下游产业链集群发展，同类产品、同类企业集聚发展，制造业与生产性服务业融合发展，培育"百千万"亿级优势产业集群。

《重庆市环保产业集群发展规划（2015—2020年）》（2015年）

根据各区县（自治县）发展基础和产业定位，分类指导、科学布局，促进项目、资金、技术、人才向重点园区和基地集中，不断提高产业集聚度。

《内蒙古自治区人民政府关于加快发展全区环保产业的指导意见》（2017年）

通过支持和鼓励呼包鄂地区建设环保产业园，大力发展火电、煤化工、钢铁等行业污染防治的装备制造，建设环保创业园，培育孵化小微企业开展环保高新技术实验、研发和转化，加快形成环保产业集聚区。

《天津市节能"十三五"规划》（2017年）

开展绿色示范园区建设。以企业集聚化发展、产业生态链接、服务平台建设为重点，推进绿色工业园区建设。促进园区内企业之间废物资源的交换利用，在企业、园区之间通过链接共生、原料互供和资源共享，提高资源利用效率。到2020年，创建10家示范意义强、综合水平高的绿色园区。

《福建省打赢蓝天保卫战三年行动计划实施方案》（2018年）

壮大绿色产业规模，发展节能环保产业、清洁生产产业、清洁能源产业，培育新动能。推动绿色环保装备制造、工程技术咨询、监测服务等产业集聚发展，支持企业技术创新能力建设，加快掌握重大关键核心技术，做大做强福州、厦门、泉州、龙岩等地节能环保产业集群。

> **《吉林省人民政府办公厅关于加快推进环保产业振兴发展的若干意见》（2019 年）**
> 　　支持长春市、吉林市等地区率先整合产业链资源，依托现有国家级、省级开发区（工业集中区），引导本省龙头骨干企业或引进域外资本，建设集研发、设计、生产、运营于一体的环境治理装备制造园区和从环境咨询到环境污染第三方治理的"一站式"环境服务业产业园区。

2.4.2　国际环保产业园发展与创新创业政策实践

1．理论研究

产业园区是产业集群化发展的具体体现，产业集群是指相同或相近的产业高度集中于某个特定地区的产业经济学现象。著名经济学家马歇尔、韦伯、迈克尔·波特等都从各自的角度研究和阐述了产业集聚的演进及产业园区的形成过程。

"产业入园"一方面便于政府管理，另一方面有利于企业间形成地域化的网络结构和完整的产业链，享受更好的公共基础设施和产业激励政策。Francis 等在研究中提出，科技园区的发展需要政府提供完善的基础设施和服务。Scott 和 Link 也认为，美国三角研究园的快速发展得益于完善的基础设施和良好的创新环境。Cooper 等对企业进驻科技园区的动机进行了研究，发现企业普遍认为园区提供了适合技术型企业发展的技术环境和政策环境，企业入驻就是为了获得良好的创新环境。Hall 和 Caxtells 通过对不同类型、国家、发展阶段的科技园区的综合分析，从公共管理的角度总结了园区设立的目的：促进技术创新、加快高新技术产业集聚和加速经济发展。Tetherb 和 Storeya 对欧盟 1980—1998 年的科技园区技术扶持政策进行了研究，尤其是促进产学研合作、高级人才供给、财政支持和技术信息服务等政策间的影响。与之类似的是，Dijk 在对印度班加罗尔地区产业园区发展历程进行研究后发现，土地使用、税收、能源供应、基础设施建设、教育培训、产业和市场政策、科研合作等方面针对性政策的制定是当地科技园区快速发展的关键。

2．政策实践

从国际环保产业园发展和推进创新创业的政策实践来看，多数政策普遍集中在财税、金融和人才等方面。

（1）财税政策

财税政策主要包括财政激励政策和税收优惠政策。政府可以通过预算编制、预算拨款、税收政策调整与优惠、财政资金补助和补贴、政府采购、财政投融资、创业投资引导基金和创业企业担保基金、创业补贴与社会保障等政策构建针对性较强的财税支持体系，加大对企业创新创业的支持力度，引导更多有技术的创新企业创业帮助新创业企业及中小企业成长与发展。

美国在中小企业创新方面实施的财税优惠政策：首先，支持创新企业创业。在政府所有资助项目计划中，影响最大、效果最好的是小企业创新研究计划（SBIR），有 11 个研发经费超过 1 亿美元的联邦政府部门参与，每年投入资金约 25 亿美元支持初创公司的高风险创新项目，约有 25%的公司在 sbir 资金支持下成立。其次，面向企业采购先进技术和产品是美国政府支持创新创业的重要方式之一，采购的重点向小企业倾斜。美国政府利用政策法规为中小型企业的采购、销售、业务承揽等开拓渠道。最后，美国联邦政府及各州政府都制定了创业投资的税收激励政策。一方面，针对小企业发展给予税收优惠政策，如员工人数不到 25 人的小企业可以按照个人所得税的税率纳税，无须按企业所得税税率纳税；另一方面，美国政府设立了一系列鼓励小企业技术改造及风险投资的优惠政策，如对于技术更新与改造且法定使用年限大于 5 年的设备，其 10%的买入价可以直接从当年的应纳所得税额中扣除，对于投资于高科技产业的设备等采用加速折旧的优惠政策等。

新加坡实施的财政激励政策：一是建立补贴机制。若企业连续 3 年均投资在高科技产业并发生亏损，则可以获得 50%的政府补贴。近 10 年，新加坡政府每年以不低于 20 亿新加坡元的资金支持风险投资、技术转移和创新创业的发展，大力鼓励创意产业及生物制药等新兴产业的成长与发展。二是税收优惠政策。例如，属于新技术开发的产业可以拥有 5～15 年不等的免税期，从事高科技领域的新创企业及从事研发类的企业拥有 10 年的免税期，这样就降低了新创企业的创业起步成本，减轻了创业压力，营造了良好的创新创业环境。

日本政府对创新创业实施的优惠政策：通过免费或低价的方式鼓励并组织中小型企业参与国外展览或组织中小企业代表到国外考察，并且给予部分隐性补贴。日本政府在其财政预算中设置了中小企业科目，用于中小企业支援中心建设、技术研发及中小企业金融扶持和信用担保等。日本政府还为企业的创新创业设立了专项基金，向满足标准的创新创业企业提供资金支持，并且在一定时期内实行减免税的政策。对符合条件（开发实验费用在销售额中的占比大于 3%、创业年限未满 5 年）的中小型企业，一方面对其设备投资实施减税优惠，另一方面从事股票投资的个人投资者在其股票出现转让损失时，对于损失的部分个人投资者有资格使用结转扣除等方式的课税特例。日本政府还提供了一系列税收优惠政策以支持科技研发和技术创新，如增加了试验研究经费的税额抵扣政策等。

韩国政府鼓励开展创新创业的优惠政策：支持相关机构对科技型创新创业企业生产的技术产品采用首购的政策。政府优先购买中小型企业中实行"性能认证"和"性能保险"的产品，以提高其市场竞争力并扩大销路，进而鼓励更多中小企业的建立与发展。韩国政府形成了《租税特例限制法》《中小企业创业支援法》《技术开发促进法》《鼓励外贸法》等全面、系统的税收优惠政策体系。

（2）金融政策

资金的匮乏是创业者放弃创业的一个相当重要的因素。如果政府和金融机构能够为创业者提供良好的融资环境、畅通的融资渠道及便捷的筹资手续等满足创业资金需求的条件，那么创业者将在更大程度上具有创业的主动性和能动性。创业者在创业融资过程中遇到的问题主要表现为贷款程序复杂、需要相应的贷款抵押或担保及贷款数额受限等，政府应通过不断完善创新创业融资政策支持和鼓励创业活动。

美国：成立中小企业管理局（SBA），为商业银行和其他私营金融机构发放的小企业贷款提供担保，以保证小企业获取政府贷款、采购合同及有关技术的管理服务。美国还专门成立了中小企业投资公司（SBIC）以为处于种子期及初创期的中小企业提供资金支持，同时设立了债券信用担保基金，为中小企业提供信用担保。美国政府通过补贴投融资于种子期所形成的风险代偿，鼓励投资机构、银行等将资金投向处于种子期的科技型企业；通过税收抵扣鼓励富有经验的投资者以个人方式向处于种子期的科技型企业投资。

日本：金融机构附属风险投资公司与准政府投资公司结合是其风险投资的主要模式，银行和券商等金融机构所属的风险投资企业占据了整个行业的 77%。日本政府设立了研发企业培植中心，为风险企业向金融机构的贷款提供债务担保业务。日本由全国 52 家信用保证协会向中小企业提供信用担保，由中小企业综合事业团（政府全额出资实施中小企业政策的特殊事业法人）与信用保证协会缔结保险契约关系，当信用保证协会担保的贷款无法偿还出现坏账时，由事业团向保证协会支付 70%～80% 的保险金。政府的信用担保机构为创业企业提供了一定范围的担保，以帮助该企业从商业银行获取贷款。日本还设立了"信用保证协会"和"中小企业信用公库"，为中小企业从民间银行贷款提供担保。中小企业的金融公库融资以长期的设备资金为主，促进了新创企业的成长与发展。

韩国：建立中小企业信用担保体系，成立信用担保机构，帮助中小企业获取银行贷款。韩国政府建立了自己的创业板市场——高斯达克（KAS-DAQ）市场，为韩国创业投资的并购、回购、转让、退出等行为提供服务平台，为高科技新兴中小企业提供更加便捷的融资渠道。另外，韩国政府还设立了中小企业创业基金，形成了官民共同的投资资金，以支持高技术和有出口潜力的产品生产和创造及处于创业初期的企业。

印度：设立基金总额为 500 亿卢比的印度包容性创新基金，专门用于激励传统风险投资者不愿意介入的处于创新链初期的种子资金阶段。

新加坡：成立经济发展局投资公司（EDBI），以产权投资为目的，联合当地企业及跨国公司对高新产业项目进行直接战略投资，主要以创业初期的高新技术型和有持续竞争力的企业为投资对象，为其提供税收奖励措施。

（3）人才政策

一是人才培养方面。美国的创业教育得到了政府和各种机构资金方面的支持。例如，美国国家科学基金会就创立了"小企业创新研究计划"机构，鼓励创业者积极创业，并给予创业者相关方面的培训。美国各大学机构很早就在创业方面开设了课程，最早的一门由大学开设的创业方面的课程可追溯至 1947 年，即当时哈佛大学商学院开设的"新创企业管理"。1977 年，美国约有 70 所大学设立了"创业课程"。1999 年，美国设立"创业课程"的大学超过了 1 000 所。美国各级地方政府免费为中小型企业员工提供培训，中小企业局与政府及大学合作为中小型企业提供相关咨询服务，还包括专门设立的网上培训机构，通过电话和网上在线咨询等提供相关帮助。日本设计了多样化的创业教育课程内容。为了促进创新创业的发展，日本大学开设了多达 928 种创业课程，多数高校将创业教育的相关课程纳入本科或研究生的必修课，并且形成了完善的创业教育课程体系。韩国形成了系统化的创业教育课程体系。创业教育课程的重点是围绕创业过程来组织和安排的，讲述一个企业从无到有的产生和发展的全过程，该课程主要包括战略与商业机会、创业者、资源与商业计划、创业企业融资和快速成长 5 个部分。多数高校中设立了"创业支援中心"，对大学生中优秀的创业项目给予政策、经费及人员支持，以促进优秀项目的实施。同时，向大学生提供低价租金甚至免费的办公室，并联系各专业指导教授为大学生提供创业指导，推动创业项目尽快走向市场。韩国的大学设立了技术转移中心、创业支援中心、创业同友会与创业同友联合会、创业支援中心、回乡创业咨询服务中心及创业基金。印度、新加坡等也设立了多层次的创业教育课程，不同阶段创业教育的内容和深度也有所不同。

二是高层次人才培养、引进、使用与保留政策方面。美国有着强大的科研载体，在吸引世界精英方面具有绝对优势。美国不断加大资金投入，致力创设卓越的科研技术研究与开发的工作条件和环境，同时不断建立庞大的科技园及研发机构等，这都有助于美国吸引众多创新型人才，因为科研机构与科研环境在一定程度上与创新型人才创新能力的发挥有着紧密的联系。韩国政府重视对研发的投入及科技奖励，韩国贯彻研究人员优先原则，逐年提升研发经费的投入，设立了数十种奖励制度，以"总统奖"和"韩国科技大奖"最为权威。韩国建立了国际高层次人才网络，为吸引研究教育型人才，为在大学或研究机构从事研究、教育工作的优秀人才提供更多优惠和支持政策，并自 2014 年起推行"韩国-欧盟优秀研究人员交流合作研究"项目，每年派出 40 人进行基础科学研究领域的交流。日本国家战略特区放宽了在日本创业外国人的居住资格。2009 年，日本制定并推行了吸收国外高层次人才的重点项目，对有关国外高级人才的居留期限等相关手续给予优待，从年薪、住宅、医疗、教育等方面入手，积极改善并提高其在日本的生活环境，并改进外国人研修、技能实习方面的相关制度。日本政府以亚太地区为重点，加大了人才引进力度。印度推出了青年科学人才资助计划。新加坡的科研经费及卓越的研发环境吸引了全球人才的目光。新加坡不断加大对科技研发的投入力度，强有力地促进了众多研究院及大学的研发活动。

2.4.3　环保产业园发展与创新创业国际经验借鉴

通过对美国、印度、新加坡、日本和韩国促进创新创业政策制定情况的分析，本书总结出创新创业不同阶段的政策支持重点。各阶段的政策各有侧重，需要有与之相适应、全方位、多元化的政策支持系统。政策的支持应覆盖创新创业的大部分，支持的内容要贯穿于技术研发、成果转化、技术商业化、帮助企业成长壮大全过程。由此可以认为，创新创业政策支持应包括从科学研究到科技型企业成长的全过程。

1．种子期

该阶段主要偏向基础理论性研究，具有较强的公共产品特征，大部分科学研究的商业目的并不是很强，而且投入大，研究所需的时间不完全确定。对于企业而言，投入大量的资金进行基础性研究的可能性不大，因此该阶段主要依托高校、科研院所来完成，资金的供给主要来自政府。相关政策主要从优化科研环境方面来制定，以提高源头创新能力。该阶段一方面应加强对基础科研机构的支持力度，提高其参与国家重点攻关项目的能力，完善基础科研平台建设；另一方面应重视高层次人才的培养、引进，高度重视创新型人才"带土移植"的创新模式，以激发创新科研动力。

2．产业化阶段（技术商业化初期）

该阶段主要是指产品的开发、生产过程，是通过试产调试生成产品的阶段。该阶段也具有一定的不确定性，技术或工艺并不十分完善，需要依托科研院所与企业的合作才能完成。政府需要对企业的研发活动予以补助，在信息交汇与发布、中试产业载体和中介服务平台的建设等方面重点推进。例如，美国政府向大学提供巨额的科研经费支持，以便为其建设科技成果转让中心和科技园，做好先进技术成果转化"最后一公里"的服务，进一步推动先进技术成果的转化。

3．初创期（创业期）

在该阶段，创新主体通过创建新企业、将研究成果在市场上出售或纳入自己所在的企业、与市场上其他企业联合等方式将研究成果作为企业价值的部分入股，向市场提供产品或服务。由于此阶段中小型环保企业的新产品或服务还未完全投放市场，需要筹措资金开展进一步的研究、开发及验证，企业的现金流出大、流入少，因此会存在资金短缺、融资渠道窄，从金融机构获得信贷资金困难及市场需求、市场渠道等多方面的限制与制约。对于环保企业而言，此阶段将面临巨大的技术风险、市场风险、管理风险。因此，此阶段政府的支持及风险资金等对企业是很有帮助且非常重要的。政府主要在财政资金补助、创业基金、税收优惠、银行贷款担保、创业培训、准入门槛、简化企业创建流程手续等方面制定针对性政策，从而拓宽企业投融资渠道，激发其创业动力，提高企业创业能力，降低创立企业的门槛和时间成本。

4．成长期

经过初创期的淘汰，部分中小型环保企业已经开发出新技术、新工艺或新产品，并得到了市场的认可而存活下来，其技术风险不再成为主要风险，新产品在市场上已经占有一定地位，企业的盈利能力有大幅提升，企业收入的增加使财务状况好转。该阶段企业面临新产品市场尚未形成或传统市场垄断尚未被打破、市场机会亟须培育的问题，而且企业需要继续壮大发展，持续的资金保障也是必不可少的一部分。因此，美国、印度、韩国等国家优先面向国内企业采购先进技术和产品，扩大先进产品销路，为处于市场化初期的科技创新成果创造一个最初的市场需求等，进而促进了本国企业的快速成长壮大。此外，为中小企业或创新型企业提供贷款支持，鼓励企业在纳斯达克小盘市场或国内的创业板、新三板等交易市场上市，这些都可以帮助企业成长和发展。

5. 成熟期

中小型环保企业发展到成熟期通常已经进入规模化生产阶段。此时，企业的市场占有率明显增大，盈利能力增强，基本上有能力从商业银行或资本市场取得所需资金，财务状况稳定良好，公司组织架构与管理制度更加完善，经营中的相关风险较低，抵御风险的能力较强。成熟期的中小型环保企业主要关注相关产品、技术或工艺的进一步研发与生产，从而获得持续性效益或规模经济效益。一般来说，上市融资是成熟期企业融资的最优渠道。因此，成熟期的中小型环保企业对资金的需求更多基于两个方面：一是加大新产品、新技术、新工艺的开发，巩固已经取得的技术优势，加速市场拓展，扩大市场占有率；二是进行并购等形式的资本扩张。总之，成熟期的企业具有最强的融资能力，对风险资本的需求下降，对资金流动性的需求上升，主要采用股权融资模式，在贷款方面也具有较强的能力。一般来讲，企业此时的抗风险能力较强，各国除了对企业所属的有关科技项目进行支持和扶持外，未见其他特殊的政策。

大气污染防治技术评价方法研究

大气污染防治技术评价是指按照规定的程序、方法对大气污染防治技术的技术水平、经济效益、环境影响和社会效益等进行的评估、验证、论证、评审等活动。我国大气污染物的排放种类多、来源复杂，其所涉及的污染防治技术多样，随着研发成果的大量产出，在市场和政府的双重需求下，亟须建立大气污染防治技术评价体系，以规范市场化的评价活动。开展大气污染防治技术评价是保证并监督大气领域科技成果质量的重要手段，是打通大气领域技术供给与实际应用之间"壁垒"的重要途径，是实现大气环保产业园技术创新驱动的关键内容。

当前，我国大气污染防治技术成果转化导向的评价机制缺乏。一方面，现有评价体系缺乏针对性，评价方法和评价工作程序的规范性较差，对实际工作的指导意义仍显不足，以政府为主导的专家评价体系已不能完全适应评价需求；另一方面，缺乏以市场为导向的评价引导，现有评价工作忽视了污染防治技术成果转化的明显的阶段性特征，技术评价的创新引导作用尚未体现，第三方技术评价体系尚未建立，导致对技术的市场价值很难准确评估，不利于大气环保产业园中大气污染防治科技成果的及时转化。

基于目前我国大气污染防治技术评价存在的关键问题，本章遵循大气污染防治技术成果转化的发展阶段，以技术研发阶段、产业化阶段为重点，识别不同阶段的评价需求，构建了一套适用于技术研发阶段和产业化阶段两个维度的评价指标体系，建立了最少资金投入的科学、客观的评价方法体系，提出了3种市场化、规范化的评价程序，设计并提出了大气污染防治技术评价体系和服务模式，基于研究成果进一步开展了大气污染防治技术评价应用试点，将科技成果与产业需求对接，规范评价活动，促进大气环保产业园的科技创新并引导成果转化。

3.1 技术评价需求

调研发现，目前我国大气污染防治技术评价需求多样，本节从技术成果转化阶段和不同评价主体两个方面识别我国大气污染防治技术评价需求。

3.1.1 大气污染防治技术成果转化阶段

本节依据技术就绪度（Technology Readiness Level，TRL）评价方法将大气污染防治技术成果转化阶段分为科学探索阶段、技术研发阶段和产业化阶段（表3-1）。

表 3-1　大气污染防治技术成果转化不同阶段的特征、评价需求和存在问题

TRL 评价		阶段	特征	评价需求	存在问题
探索性研究和原创性基础研究	前技术阶段	科学探索阶段	为获取并理解新的科学或技术知识而进行的独创性、有计划的研究，重点关注原理的合理性和研究的可靠性等	一般尚无成型的技术模块，难以对其进行指标评价；在科研项目、企业研发基金等资金的支持下开展，所以在项目立项之前已经进行了专家评审，科学性、研究价值和可行性已得到论证；本阶段的大气污染防治技术评价需求意义不大	—
发现或报道的基本原理	TRL 1				
技术概念和/或应用模型	TRL 2				
通过实验验证的关键功能和特性	TRL 3				
实验室环境下验证的部件或分系统	TRL 4	技术研发阶段	已基本达到实际工程应用水平，但还处于规模化、产业化推广应用前期，尚未规模化应用；技术实际应用的基本条件尚不完备，明显的特征是无示范工程或拥有1个运行时间在3个月以下的示范工程；重点关注操作可行性、运行稳定性、经济可接受性和社会相容性等	对一项具体的技术（无论是自主研发技术还是国外先进技术引入）进行综合性能判断，以衡量其产业化潜力，包括技术性、经济性指标的先进程度，市场价值，工程应用难易程度等，是进入下一阶段十分必要的一项工作，如大气污染防治技术成果转化立项、贷款、投资等	无评价标准规范评价指标、方法和程序，技术产业化潜力难以统一衡量
模拟环境下验证的部件或分系统	TRL 5				
模拟环境下验证的系统模型或原型	TRL 6				
实际运行环境下验证的系统原型	TRL 7				
定型试验	TRL 8				
运行与评估	TRL 9				
大规模商业化应用	后技术阶段	产业化阶段	经过工程实践证明已具备大规模商业化应用条件的技术或已经商业化应用的技术，包括推广型技术和已广泛应用的成熟技术；该阶段的技术已具备实际应用的基本条件，一般已经至少拥有1个良好运行3个月以上的示范工程；重点关注技术的可靠性和经济性等	新技术的验证评价，评价结果可作为技术推广的依据；同类技术的比选、筛选，如技术目录和技术奖等依托的技术、污染工程依托的方案比选、服务于环境管理的技术指导类文件编制等	评价方法的科学性、针对性和客观性不足

在科学探索阶段，技术一般在科研项目、企业研发基金等资金的支持下开展，所以在项目立项之前已经进行了专家评审，其科学性、研究价值和可行性已经得到论证，本阶段的大气污染防治技术评价需求意义不大。

在技术研发阶段，应对一项具体的技术（无论是自主研发技术还是国外先进技术）进行综合性能判断，以衡量其产业化潜力，包括技术性、经济性指标的先进程度，市场价值，工程应用难易程度等，这是进入下一阶段非常必要的一项工作，如大气污染防治技术成果转化立项、贷款、投资等。

在产业化阶段，一般面临着两个方面的技术评价需求：一是新技术的验证评价，评价结果可作为技术推广的依据；二是与同类技术进行比选、筛选，如技术目录和技术评奖等依托的技术、污染工程依托的方案比选、服务于环境管理的技术指导类文件编制等。

3.1.2　不同评价主体

大气污染防治技术评价的主体主要包括政府管理部门、技术拥有者、技术需求者和以学会、协会为代表的社会组织四大类（表 3-2）。其中，政府管理部门的技术评价需求包括环境管理、对接技术需求和推动成果共享转化、环境保护奖励、工程应用、技术落地和产业化 5 个方面；技术拥有者应对技术进行推广，为融资等需求提供验证声明，对技术的应用前景进行综合判断，为技术拥有者提供决策依据；技术需求者应对技术方案进行比选或筛选，对引进技术进行评价；以学会、协会为代表的社会组织应促进先进实用的大气污染防治技术的推广应用，并为政府决策提供支撑。

表 3-2　不同评价主体的大气污染防治技术评价需求

政府管理部门	技术拥有者	技术需求者	以学会、协会为代表的社会组织
● 环境管理：为制定各类污染防治技术政策、指南、导则、规范、标准等为环境管理服务的环境保护技术指导类文件所进行的技术评价，如原环境保护部发布的《火电厂污染防治可行技术指南》（HJ 2301—2017）。 ● 对接技术需求和推动成果共享转化：为推动大气污染防治领域技术进步及技术成果全社会共享和应用转化，满足污染治理对先进技术的需求，科技部、生态环境部等政府部门组织开展了大气污染防治技术评价，编制了技术目录、技术汇编等文件，如原环境保护部发布的《大气污染防治先进技术汇编》（2014 年）等。 ● 环境保护奖励：为奖励在环境保护科学技术活动中做出突出贡献的单位和个人，调动广大环保科学技术工作者的积极性和创造	● 对已经中试成型的新技术开展技术验证，为技术进行推广、融资等需求提供验证声明； ● 对中试前的技术开展综合评价，对技术的应用前景进行综合判断	● 对多个技术方案进行比选或筛选； ● 对引进技术开展评价，提供引进依据，技术引进后技术需求者就转变为技术拥有者	以加快先进实用大气污染防治技术推广应用和为政府决策提供支撑为目的的开展大气污染防治技术评价，如中国环境科学学会接受政府委托开展环境污染防治、环境科技评价等相关技术政策、技术标准、规范和指南的制（修）订工作，接受并委托开展环保技术验证评价；中国环境保护产业协会通过开展环境保护实用技术评价发布《重点环境保护实用技术及示范工程名录》及产品认证

政府管理部门	技术拥有者	技术需求者	以学会、协会为代表的社会组织
性，促进环保科技事业发展，科技部、生态环境部等政府部门对设立的环境保护奖励评选所进行的大气污染防治技术评价，如环境保护科学技术奖。 ● 工程应用：对中央或地方财政资金支持的污染防治新技术、新工艺示范项目进行的技术评价，对各类环境保护规划的实施情况，重点流域、区域环境污染综合治理，重点节能减排和污染治理工程等进行的技术评价。 ● 技术落地和产业化：在由中央或地方财政资金支持的环境保护技术成果转化立项、贷款、投资过程中需要进行的技术评价，如对已完成中试或工业化的试验，具有产业化前景的新技术、新工艺和新产品开展评价，对拟引进的境外环境保护技术、产品或装备进行技术评价			

目前，满足政府管理部门需求的大气污染防治技术评价已有部分标准、办法、规范等方法体系的支撑，如《污染防治可行技术指南编制导则》（HJ 2300—2018）、《环境保护科学技术奖励办法》（环办〔2007〕39 号）、《燃煤烟气脱硫装备运行效果评价技术要求》（GB/T 34605—2017）等，但缺乏统一性和规范性。

3.2 技术评价指标体系

目前围绕大气污染防治技术评价指标已开展了较多研究，但是这些研究却没有围绕成果转化阶段来开展，因而对实际工作的指导意义仍显不足。本节基于大气污染防治技术成果转化阶段，以技术研发阶段、产业化阶段为重点，识别技术评价的需求与重点，构建技术评价指标与成果转化不同阶段的矩阵关系，开展不同阶段技术评价指标重要性的"强""中""弱""无"分析，识别技术研发阶段与产业化阶段评价指标，建立大气污染防治技术研发阶段和产业化阶段两个维度的评价指标体系。

3.2.1 指标体系构建原则

大气污染防治技术评价指标体系的构建遵循"S-OSRIF"原则，即 S—科学性、O—目的性、S—系统性、R—代表性、I—独立性和 F—可行性。

科学性（scientific）：评价指标体系设计和构建最本质和最基础的目标，甚至可以说唯一的目标是科学性，它直接决定了综合评价结果的科学性、可信性与可靠性。

目的性（objective）：指标是目标的具体化描述，评价指标要真实地体现和反映综合评价的目的，能准确地刻画和描述对象系统的特征，要涵盖实现评价目的所需的基本内容。

系统性（systematic）：评价指标是对对象系统某一特征的描述和刻画，评价指标集则应能较全面地反映被评价对象系统的整体性能和特征，能从多个维度和层面综合地衡量对象系统的属性。对于一个复杂的对象系统，在系统性的基础上构建的指标体系一般都具有一定的类别性和层次性。

代表性（representative）：通常情况下，很难做到也并不要求指标体系要 100%表达评价对象的特征，这就要求在进行指标选择时，结合评价目的和需求，挑选能很好地反映评价对象某方面特性的指标，且在众多反映该方面特性的指标中具有代表意义。

独立性（independent）：每个指标要内涵清晰、尽可能地相互独立，同一层次的指标间应尽可能地不相互重叠、不相互交叉、不互为因果、不相互矛盾。对于多层级的综合评价指标体系，应根据指标的类别性与层次性建立"自上而下"的递阶层次结构，上下级指标保持"自上而下"的隶属关系，指标集与指标集之间、指标集内部各指标间应避免存在相互反馈与相互依赖的现象。

可行性（feasible）：一是评价指标的评价数据可被采集，或者可被赋值；二是评价指标的设计要尽量规避或降低评价数据造假和失真的风险，评价指标数据应尽可能地公开和客观获取；三是要综合权衡评价指标数据的获取成本与评价活动所带来的收益问题，一般情况下，评价指标的数据应易于采集，观测成本不宜太大。

3.2.2　指标体系构建方法

图 3-1 基于评价指标体系构建的一般程序，给出了大气污染防治技术评价指标体系构建的"四阶段"过程模型，具体包括指标结构建立（框架搭建）、指标初选（指标清单编制）、指标筛选与优化、指标检验。

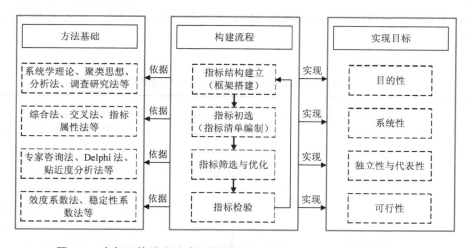

图 3-1　大气污染防治技术评价指标体系构建的"四阶段"过程模型

1. 大气污染防治技术评价指标体系框架的建立

图 3-2 运用系统科学原理，以大气污染防治技术为主体，以大气污染防治技术成果转化阶段为路径，建立大气污染防治技术评价系统，从系统功能、结构、要素等方面识别大气污染防治技术评价关键因素，分别为技术、市场、社会和生态环境。其中，技术指技术的性能、效果；市场体现在经济成本方面，因为技术最终将作为一件商品在市场上进行交易；社会因素影响技术，大气污染防治技术作为环保产业的一类，除了受环保政策的影响，还受科技、产业政策等的影响，而技术的进步反过来又会给社会带来收益，包括促进科技进步、具有学术价值、带动产业发展等；生态环境方面是指大气污染防治技术作为环保产业同样具有外部性，应单独考虑技术对生态环境的影响。

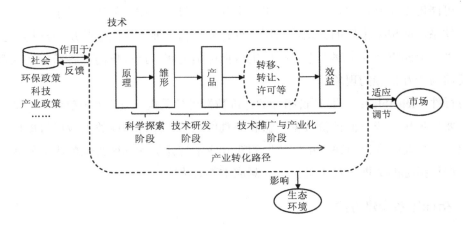

图 3-2　大气污染防治技术评价系统性分析

　　基于大气污染防治技术评价关键因素的识别，结合大气污染防治技术评价指标体系研究成果，利用层次分析法建立了大气污染防治技术评价指标体系的一级指标和二级指标，见表 3-3。

表 3-3　大气污染防治技术评价指标体系的一级指标和二级指标

一级指标	二级指标
技术指标	技术可靠性
	适应适用性
	技术水平
	运行管理
经济指标	投资成本
	运行成本
	维护检修成本
	退役处置成本
	收益

一级指标	二级指标
环境影响指标	对周围环境的影响
	协同效益
	资源节约
社会指标	政策符合性
	市场价值
	科学价值与学术水平
	社会效益

2. 评价指标与成果转化不同阶段矩阵关系的构建

为分析得出不同评价指标在大气污染防治技术成果转化阶段中的重要性程度，本研究将其分为"强""中""弱""无"4 个等级。其中，"强"代表该指标在本阶段大气污染防治技术评价中很重要，是评价指标体系中关键的指标；"中"代表该指标在本阶段大气污染防治技术评价中较为重要，是本阶段评价指标体系中不可缺少的指标；"弱"代表该指标在本阶段大气污染防治技术评价中较不重要，是本阶段评价指标体系中可有可无的指标；"无"代表该指标不重要，可不列入评价指标体系中。

以大气污染防治技术评价指标作为矩阵纵坐标，以大气污染防治技术成果转化技术研发阶段、产业化阶段为矩阵横坐标，表 3-4 构建了大气污染防治技术评价指标与技术研发阶段和产业化阶段的矩阵关系。

表 3-4　大气污染防治技术评价指标与技术研发阶段、产业化阶段的矩阵关系

一级指标	二级指标	指标内容	技术研发阶段				产业化阶段			
			强	中	弱	无	强	中	弱	无
技术指标（P1）	技术可靠性	通过技术成熟度、稳定性、复杂性、安全性、操作复杂程度等进行综合反映								
	适应适用性	包括技术对燃料、负荷、区域、污染物质种类、污染物浓度等的适用程度								
	技术水平	通过污染物排放水平、污染物去除效率、达标能力、同时治理其他污染物的能力进行综合反映								
	运行管理	综合考虑人员要求、操作运行、检修维护等方面								
经济指标（P2）	投资成本	综合考虑一次投资、工程实施周期、占地面积等方面								
	运行成本	综合考虑能耗、物耗、人工管理费用、污废处理成本等方面								
	维护检修成本	包括维护费用和故障维修费用								

一级指标	二级指标	指标内容	技术研发阶段				产业化阶段			
			强	中	弱	无	强	中	弱	无
经济指标（P2）	退役处置成本	退役处置费用扣除退役残值								
	收益	包括副产品、资源能源回收、废渣综合利用、余热利用、催化剂再生等								
环境影响指标（P3）	对周围环境的影响	包括二次污染、污染物排放浓度、烟气达标排放率、废渣处理率、废水处理达标率、采取污染防治措施（噪声、土壤污染、地下水污染等）、氨逃逸率等								
	协同效益	脱除目标污染物以外其他污染物的效率								
	资源节约	资源节约及循环利用程度								
社会指标（P4）	政策符合性	包括科技政策、环保政策、产业政策、社会发展规划符合性等								
	市场价值	综合考虑市场风险、市场竞争力、市场需求度、适应市场变化的能力、可替代性、技术依托单位推广能力等方面								
	科学价值与学术水平	包括发表的相关文章数量及质量、专利授权、获奖情况等								
	社会效益	综合考虑带动相关产业发展的程度、对本领域科技进步的推动作用等方面								

3．技术评价指标的重要性分析

（1）评价方法

将大气污染防治技术产业化阶段作为评价要素，构成评价要素集 U：

$$要素集\ U = (u_1,\ u_2) = (技术研发阶段，产业化阶段) \tag{3-1}$$

将评价指标在大气污染防治技术成果转化阶段中的重要性程度"强""中""弱""无"4 个等级，分别记为 v_1、v_2、v_3、v_4，构成评价集 V：

$$评价集\ V = (v_1,\ v_2,\ v_3,\ v_4) = (强，中，弱，无) \tag{3-2}$$

将大气污染防治技术成果转化阶段各指标的重要性"强""中""弱""无"4 个评价等级的占比作为评价值，构成评价的有限集合 B，则集合 B 是评价集 V 的单因素评价矩阵：

$$\boldsymbol{B} = \begin{pmatrix} B_1 \\ B_1 \\ \vdots \\ B_n \end{pmatrix} = \begin{pmatrix} b_{11} & b_{12} & b_{13} & b_{14} \\ b_{21} & b_{22} & b_{23} & b_{24} \\ & & \vdots & \\ b_{n1} & b_{n2} & b_{n3} & b_{n4} \end{pmatrix} \tag{3-3}$$

例如，若"技术可靠性（P11）"对研发阶段大气污染防治技术评价的重要性程度为 70%

以上时为"强"、30%～70% 为"中"、0～30% 为"弱"、0 为"无"，则要素集 U 中的评价因素 u_1 对应评价集 B 的评价值 $B_{11}=(b_{111},b_{112},b_{113},b_{114})=(0.70,0.30,0,0)$。

本研究采用专家咨询法，由科研院所大气污染防治技术专家、行业协会技术评价专家、企业资深技术人员等共计 20 人构成专家组。各位专家结合各自经验并经过研讨后完成对指标重要性的评价，对比不同评价指标在大气污染防治技术成果转化阶段的技术评价重要性程度，在认为适合的评价等级中打"√"。

（2）重要性分析

本研究将每类指标在大气污染防治技术成果转化的技术研发阶段和产业化阶段评价重要性的评价结果（"强""中""弱""无"）占比中最高的评价作为最终评价结论。表 3-5 所示的矩阵评价结果显示，成果转化不同阶段的大气污染防治技术评价指标需求不同，对技术研发阶段的大气污染防治技术评价而言，其更看重的是技术指标、环境影响指标和社会指标，经济指标的重要性相对较弱；产业化阶段的大气污染防治技术评价中经济指标的重要性提高，更加关注技术全方位的综合性能。

表 3-5　大气污染防治技术评价指标与成果转化不同阶段的矩阵评价结果

指标分类	指标组成	研发阶段	产业化阶段
技术指标（P1）	可靠性	强	强
	适应适用性	强	强
	技术水平	强	强
	运行管理	弱	强
经济指标（P2）	投资成本	中	强
	运行成本	中	强
	维护检修成本	弱	强
	退役处置成本	弱	强
	收益	强	强
环境影响指标（P3）	对周围环境影响	中	强
	协同效益	中	强
	资源节约	弱	弱
社会指标（P4）	政策符合性	中	强
	市场价值	中	强
	科学价值与学术水平	强	中
	社会效益	中	强

4. 指标初选（指标清单编制）

基于大气污染防治技术评价指标现状、建立的大气污染防治技术评价指标体系框架，初选大气污染防治技术研发阶段和产业化阶段评价三级指标，形成指标清单。结合指标重要性分析结果，判断三级指标分别在技术研发阶段和产业化阶段的评价重要性，见表 3-6。三级指标来源于相关文献、标准、规范、指南等。

表 3-6　大气污染防治技术评价指标清单

一级指标	二级指标	三级指标	重要性判断	
			技术研发阶段	产业化阶段
技术指标	技术可靠性	科学性	***	***
		成熟度	***	***
		稳定性	***	***
		安全性	***	***
		装备可用率	—	***
	适应适用性	燃料种类	**	***
		废气工况	**	***
		区域适应性	**	***
		污染物物质范围	**	***
		污染物浓度范围	**	***
	技术水平	污染物排放水平/达标能力	***	***
		污染物去除效率	***	***
		特征指标（与技术类别有关）	***	***
	运行管理	操作管理人员专业性要求	—	**
		操作难易程度	—	**
		运行风险控制	—	**
		检修维护难易程度	—	**
经济指标	投资成本	单位投资成本	**	***
		一次投资	**	***
		工程实施周期	**	***
		占地面积	**	***
	运行成本	单位去除成本	**	***
		能耗费用	**	***
		物耗费用	**	***
		人工管理费用、人力成本	**	***
		污废处理成本	**	***
	维护检修成本	维护费用	*	**
		故障费用	*	**
	退役处置成本	退役处置费用	*	**
		退役残值	*	**
	收益	副产品收益	**	**
		回收效益（资源回收、能源回收）	**	**
		废渣综合利用率	**	**
		余热利用（配套余热回收装置）	**	**
		催化剂再生	**	**
		特征指标（与技术类别有关）	**	**

一级指标	二级指标	三级指标	重要性判断	
			技术研发阶段	产业化阶段
环境影响指标	对周围环境的影响	二次污染	**	**
		达标排放率	**	**
		废渣处理率	**	**
		废水处理达标率	**	**
		采取的污染防治措施（噪声、土壤污染、地下水污染等）	**	**
		特征指标（与技术类别有关）	**	**
	协同效益	协同脱除率	**	**
	资源节约	资源节约及循环利用程度	*	*
社会指标	政策符合性	与科技政策的符合性	***	***
		与环保政策的符合性	***	***
		与产业政策的符合性	***	***
		与社会发展规划的符合性	***	***
	市场价值	市场风险	***	*
		市场竞争力	***	*
		市场需求度	***	*
		适应市场变化的能力	***	*
		可替代性	***	*
		技术依托单位的推广能力	***	*
	科学价值与学术水平	发表相关文章的数量及质量	**	*
		专利授权	**	*
		获奖情况	**	*
		创新性	**	*
	社会效益	社会接受程度	**	***
		提升企业形象作用	**	***
		是否符合可持续发展理念	**	***
		对本领域科技进步的推动作用	**	***
		带动相关产业发展的程度	**	***
		创造就业机会多少	**	***

注：***为强，**为中，*为弱，—为无。

5．指标筛选与优化

采用专家咨询法对评价指标进行打分，使用层次分析法计算各指标的权重值 $\lambda = \{\lambda_1, \lambda_2, \cdots, \lambda_n\}$，$\lambda_k \in [0, 1]$。当$\lambda_k < 0.05$ 时，则筛选去掉该指标，否则保留。使用效度指数对指标体系进行优化处理：效度指数绝对数越小，表明各专家采用该评价指标评价对象时对该问题的认识越趋向一致，该评价指标体系或指标的有效性就越高，反之亦然。当效度指标<0.1 时，认为该指标体系的有效性较高。设评价指标体系 $F = \{f_1, f_2, \cdots, f_n\}$，评价

专家 j（专家人数为 S）对评价指标进行评分 $X_j = (x_{1j}, x_{2j}, \cdots, x_{nj})$，$\bar{x}_1 = \sum_{j=1}^{S} x_{1j} / S$，$Q$ 为指标 f_i 的评价集中评分最优值，指标体系的效度系数为

$$\alpha = \left(\sum_{i=1}^{n} \sum_{j=1}^{S} \sqrt{\left(\bar{x}_1 - x_{ij} \right)^2} / SQ \right) / n \tag{3-4}$$

经过多轮筛选与优化后，技术研发阶段的评价指标删除 23 个，在"技术水平"二级指标下增加三级指标"工艺运行参数"，将"创新性"指标纳入技术指标作为二级指标，将"发表相关文章的数量及质量"与"专利授权"合并为一个指标"高水平文章和专利授权"；产业化阶段的评价指标删除 25 个，在"技术水平"二级指标下增加三级指标"工艺运行参数"，同时经过专家咨询对部分不合理的指标名称进行了调整。

6. 指标检验

对经过筛选、优化后保留的全部指标进行检验，确认能否表达评价问题的主要特征和信息量。一般只要求用关键的主要指标表达出评价对象的主要特征和信息。本指标体系检验包括 3 个方面，即全面性、可行性检验，独立性检验，结构性检验。

采用专家咨询的方式对筛选、优化后的指标体系进行指标信息量判断，所有指标信息量反映出 95% 以上的评价目标时通过指标检验，则可认为该指标体系构建合理。补充不同大气污染防治技术类别大气污染物排放指标和工艺运行参数指标。

3.2.3　成果转化不同阶段的评价指标构建

本研究采用指标结构建立（框架搭建）—指标初选（指标清单编制）—指标筛选与优化—指标检验"四阶段"指标体系构建方法，最终构建了大气污染防治技术研发阶段、产业化阶段两个维度的评价指标体系，具体包含一级指标 4 类、二级指标 15 个、三级指标 40 个（表 3-7 和表 3-8）。其中，一级指标包括以下 4 类：

- 技术指标：表征大气污染防治技术的技术性能，包括创新性、可靠性、适用性、技术水平和维护管理 5 个方面。
- 经济指标：表征大气污染防治技术的投资和运行成本，包括投资成本、运行成本、维护检修成本、退役处置成本和收益 5 个方面。
- 环境影响指标：表征大气污染防治技术产生的环境影响，包括环境影响和协同效益 2 个方面。
- 社会指标：表征大气污染防治技术的社会效应，包括市场价值、科学价值与学术水平和社会效益 3 个方面。

根据大气污染防治技术评价的指标特点、评价特征、相关标准规范等因素，本研究将评价指标标准值分为Ⅰ级、Ⅱ级和Ⅲ级 3 个等级。其中，Ⅰ级标准值代表优秀，Ⅱ级标准值代表良好，Ⅲ级标准值代表一般。根据大气污染防治技术研发阶段和产业化阶段，三级

指标分为以下 3 类：

- **必选指标**：无论应用于什么评价需求，均需将该指标纳入评价指标体系，权重和为 0.7。
- **可选指标**：根据评价需求选择性地纳入评价指标体系，权重和为 0.3。
- **不予考虑指标**：不建议纳入评价指标体系。

表 3-7　技术研发阶段大气污染防治技术评价指标体系

一级指标	二级指标	三级指标	单位	指标标准值			指标性质	指标权重
				Ⅰ级	Ⅱ级	Ⅲ级		
技术指标	创新性		—	创新性较大	创新性一般	创新性较小或无创新	必选	0.10
	可靠性	稳定性	—	连续达标运行≥30 天	连续达标运行≥15 天	连续达标运行≥10 天	可选	—
		安全性	—	正常运行工况下无安全事故发生			可选	
		成熟度	—	8～9	6～7	4～5	可选	
	适用性	燃料种类	—	所有或大部分燃料		指定燃料	可选	至少选一个指标，0.06
		废气工况	—	好	较好	一般	可选	
		区域条件*	—	无区域条件限制		特定区域	可选	
		大气污染物	—	两种及两种以上大气污染物		单一大气污染物	可选	
		大气污染物入口浓度	—	入口浓度范围较宽		入口浓度范围较窄	可选	
	技术水平	大气污染物（SO_2、NO_x、颗粒物、VOCs 等）排放浓度	mg/m^3	0.5×大气污染物特别排放限值或超低排放限值或发达国家排放限值	地方或国家大气污染物排放标准中的特别排放限值	地方或国家大气污染物排放标准中的排放限值	必选	0.10
		大气污染物（SO_2、NO_x、颗粒物、VOCs 等）脱除效率	%	不低于同类主流技术脱除效率×1.05	不低于同类主流技术脱除效率×1.02	不低于同类主流技术脱除效率	必选	0.12
		非常规大气污染物排放浓度（表 3-9）	mg/m^3	根据同类大气污染防治技术的国内外水平确定			可选	—
		工艺运行参数（表 3-10）	—	根据同类大气污染防治技术的国内外水平确定			可选	—
经济指标	投资成本	一次投资	万元	0.85×现有同类主流技术水平	0.95×现有同类主流技术水平	不高于现有同类主流技术水平	必选	0.06
		占地面积	m^2	符合设备安装标准的要求			可选	

一级指标	二级指标	三级指标	单位	指标标准值			指标性质	指标权重
				Ⅰ级	Ⅱ级	Ⅲ级		
经济指标	运行成本	单位运行成本	元/t	0.85×现有同类主流技术水平	0.95×现有同类主流技术水平	不高于现有同类主流技术水平	必选	0.04
		污废处理成本	万元	0.85×现有同类主流技术水平	0.95×现有同类主流技术水平	不高于现有同类主流技术水平	可选	—
	收益	副产品收益	万元	1.2×现有同类主流技术水平	1.1×现有同类主流技术水平	不低于现有同类主流技术水平	可选	—
环境影响指标	环境影响	二次污染	—	无或可满足相关排放要求		有且不满足相关排放要求	必选	0.06
		固体废物产生	—	无或经处理后满足处置要求		有且不满足处置要求	可选	—
		废水排放	—	无或有独立的废水处理系统且达到地方或国家排放标准要求，或经处理后满足进污水管网的条件要求		有且未达到地方或国家排放标准要求	可选	—
		噪声	—	满足厂界噪声排放标准或要求		不满足厂界噪声排放标准或要求	可选	—
		其他环境影响指标	—	根据同类大气污染防治技术的国内外水平确定			可选	—
	协同效益	协同脱除率	%	有协同脱除效果		无协同脱除效果	必选	0.04
社会指标	市场价值	市场竞争力	—	强	较强	一般	可选	—
		市场需求度	—	大	较大	一般	必选	0.12
	科学价值与学术水平	高水平文章和专利授权	—	有与技术相关的高水平文章或专利授权			可选	—
		获奖情况	—	获得国家级或省部级奖励		获得行业或省部级以下奖励	可选	—
	社会效益	推动本领域科技进步作用	—	有明显的推动作用		有一定的推动作用	可选	—
		带动相关产业发展程度	—	可带动上下游产业发展		对上下游产业无带动作用	可选	—

注：* 当应用于特定区域的大气污染防治技术时可单独考虑有利于区域本地化应用的优势，并依此调整标准值。

表3-8 产业化阶段大气污染防治技术评价指标体系

一级指标	二级指标	三级指标	单位	指标标准值			指标性质	指标权重
				Ⅰ级	Ⅱ级	Ⅲ级		
技术指标		创新性	—	创新性较大	创新性一般	创新性较小或无创新	可选	—
	可靠性	稳定性	—	连续达标运行≥150天	连续达标运行≥120天	连续达标运行≥90天	必选	0.06
		安全性	—	正常运行工况下无安全事故发生			可选	—
		装备可用率	%	≥98	≥95	≥92	可选	—
		成熟度	—	大规模商业化应用	8~9		可选	—
	适用性	燃料种类	—	所有或大部分燃料		指定燃料	可选	至少选择一个指标，0.06
		废气工况	—	好	较好	一般	可选	
		区域条件*	—	无区域条件限制		特定区域	可选	
		大气污染物	—	两种及两种以上大气污染物		单一大气污染物	可选	
		大气污染物入口浓度	—	入口浓度范围较宽		入口浓度范围较窄	可选	
	技术水平	大气污染物（SO₂、NOₓ、颗粒物、VOCs）排放浓度	mg/m³	0.5×大气污染物特别排放限值或超低排放限值或发达国家排放限值	地方或国家大气污染物排放标准中的特别排放限值	地方或国家大气污染物排放标准中的排放限值	必选	0.12
		大气污染物（SO₂、NOₓ、颗粒物、VOCs）脱除效率	%	不低于同类主流技术脱除效率×1.03	不低于同类主流技术脱除效率×1.01	不低于同类主流技术脱除效率	必选	0.14
		非常规大气污染物排放浓度（表3-9）	mg/m³	根据同类大气污染防治技术的国内外水平确定			可选	—
		工艺运行参数（表3-10）	—	根据同类大气污染防治技术的国内外水平确定			可选	—
	维护管理	操作管理人员专业性要求	—	专业性要求一般	专业性要求较强	专业性要求强	可选	至少选择一个指标，0.04
		操作难易程度	—	一般或不难	较难	难	可选	
		检修维护难易程度	—	一般或不难	较难	难	可选	
经济指标	投资成本	一次投资	万元	0.8×现有同类主流技术水平	0.9×现有同类主流技术水平	不高于现有同类主流技术水平	必选	0.08
		占地面积	m²	符合设备安装标准的要求			可选	—
	运行成本	单位运行成本	元/t	0.8×现有同类主流技术水平	0.9×现有同类主流技术水平	不高于现有同类主流技术水平	必选	0.10
		人工管理费用	万元	0.8×现有同类主流技术水平	0.9×现有同类主流技术水平	不高于现有同类主流技术水平	可选	—
		污废处理成本	万元	0.8×现有同类主流技术水平	0.9×现有同类主流技术水平	不低于现有同类主流技术水平	可选	—

一级指标	二级指标	三级指标	单位	指标标准值			指标性质	指标权重
				Ⅰ级	Ⅱ级	Ⅲ级		
经济指标	维护检修成本	维护费用	万元	0.8×现有同类主流技术水平	0.9×现有同类主流技术水平	不低于现有同类主流技术水平	可选	—
		故障费用	万元	0.8×现有同类主流技术水平	0.9×现有同类主流技术水平	不低于现有同类主流技术水平	可选	—
	退役处置成本	退役处置费用	万元	0.8×现有同类主流技术水平	0.9×现有同类主流技术水平	不低于现有同类主流技术水平	可选	—
		退役残值	万元	有回收残余价值		无回收残余价值	可选	—
	收益	副产品收益	万元	1.2×现有同类主流技术水平	1.1×现有同类主流技术水平	不低于现有同类主流技术水平	可选	—
环境影响指标	环境影响	二次污染	—	无或可满足相关排放要求		有且不满足相关排放要求	必选	0.06
		固体废物产生	—	无或经处理后满足处置要求		有且不满足处置要求	可选	—
		废水排放	—	无或有独立的废水处理系统且达到地方或国家排放标准要求，或经处理后满足进污水管网的条件要求		有且未达到地方或国家排放标准要求	可选	—
		噪声	—	满足厂界噪声排放标准或要求		不满足厂界噪声排放标准或要求	可选	—
		其他环境影响指标	—	根据同类大气污染防治技术的国内外水平确定			可选	—
	协同效益	协同脱除率	%	有协同脱除效果		无协同脱除效果	必选	0.04
社会指标	市场价值	市场竞争力	—	强	较强	一般	可选	—
		市场需求度	—	大	较大	一般	可选	—
	科学价值与学术水平	获奖情况	—	获得国家级或省部级奖励		获得行业或省部级以下奖励	可选	—
	社会效益	推动本领域科技进步作用	—	有明显的推动作用		有一定的推动作用	可选	—
		带动相关产业发展程度	—	可带动上下游产业发展		对上下游产业无带动作用	可选	—

注：* 当应用于特定区域的大气污染防治技术时可单独考虑有利于区域本地化应用的优势，并依此调整标准值。

不同大气污染防治技术类别中的大气污染物排放指标示例见表 3-9。

表 3-9　不同大气污染防治技术类别中的大气污染物排放指标示例

类别	处理技术	项目	单位	参考资料
锅炉烟气控制	脱硫脱硝除尘	汞及其化合物	$\mu g/m^3$	《锅炉大气污染物排放标准》（GB 13271—2014）
		烟气黑度	mg/m^3	《火电厂大气污染物排放标准》（GB 13223—2011）

类别	处理技术	项目	单位	参考资料
典型行业 有机废气	脱臭	苯	mg/m³	《挥发性有机物无组织排放控制标准》 （GB 37822—2019）
		甲苯	mg/m³	
		二甲苯	mg/m³	
		甲醛	mg/m³	
		乙醛	mg/m³	
		丙烯氰	mg/m³	
		硝基苯	mg/m³	
		苯乙烯	mg/m³	
		二噁英类	ng-TEQ/m³	
	……	……	……	
非道路机械	柴油机	CO	g/（kW·h）	《非道路移动机械用柴油机排气污染物排放限值及测量方法（中国第三、四阶段)》 （GB 20891—2014）
		HC	g/（kW·h）	
		NO$_x$	g/（kW·h）	
		颗粒物	g/（kW·h）	
		HC+NO$_x$	g/（kW·h）	
	……	……	……	
机动车	轻型汽车	粒子数量（PN）	个/km	—
其他	电池行业	硫酸雾	mg/m³	《电池工业污染物排放标准》 （GB 30484—2013）
		铅及其化合物	mg/m³	
		镉及其化合物	mg/m³	
		汞及其化合物	mg/m³	
		镍及其化合物	mg/m³	
	玻璃熔炉	烟气黑度	mg/m³	《电子玻璃工业大气污染物排放标准》 （GB 29495—2013）
		氯化氢	mg/m³	
		氟化物	mg/m³	
		铅及其化合物	mg/m³	
		砷及其化合物	mg/m³	
		锑及其化合物	mg/m³	
	炼钢、水泥、 砖瓦	二噁英类	mg/m³	《炼钢工业大气污染物排放标准》 （GB 28664—2012） 《水泥工业大气污染物排放标准》 （GB 4915—2013） 《砖瓦工业大气污染物排放标准》 （GB 29620—2013）
		氟化物	mg/m³	
	平板玻璃	烟气黑度	mg/m³	《平板玻璃工业大气污染物排放标准》 （GB 26453—2011）
		氯化氢	mg/m³	
		氟化物	mg/m³	
		锡及其化合物	mg/m³	
	……	……	……	……

不同大气污染防治技术类别中的工艺运行参数指标示例见表3-10。

表 3-10　不同大气污染防治技术类别中的工艺运行参数指标示例

技术分类	工艺运行指标
NO_x 控制技术	反应温度、氨氮比、停留时间、系统阻力、漏风率、反应器出口 NO_x 分布均匀性、烟气温降……
SO_2 控制技术	钙硫比、系统阻力……
颗粒物控制技术	系统压降、漏风率、过滤速度、滤袋（极板）寿命……
VOCs 控制技术	气体流量、适用 VOCs 浓度范围、适宜废气温度范围、废气捕集率……
移动源大气污染控制技术	烟气温度……

3.3　技术评价方法

对于技术评价方法国内外已开展了大量的研究，并应用于大气污染防治技术评价领域。但是围绕大气污染防治技术特征和科技成果转化全过程的评价方法研究还不够，对大气污染防治技术评价实际应用的指导意义仍显不足，主要体现在以下 4 个方面：① 现状评价方法为专家评价，具有一定的局限性；② 文献研究中的众多评价方法组合过于复杂，数据可获得性较差，实际应用性不强；③ 国外主导的环境保护技术验证评价（Environmental Technology Verification，ETV）方法费用高、耗时长，简便性、实用性不强；④ 没有考虑技术发展阶段，针对性不强，影响结果准确性。本节调研国内外常用技术评价方法的原理、步骤、特点等技术内容，在对不同技术评价方法开展适应性分析的基础上，提出同行评价、多指标综合评价和验证评价 3 种方法模块，并基于大气环保产业园大气污染防治技术评价需求和大气污染防治技术特征进一步优化了 3 种评价方法模块。

3.3.1　常见技术评价方法

1. 同行评价法

同行评价法也称专家评价法，是以评价专家的主观判断为基础，依据一定的评价标准，对评价对象的各种技术性能和客观效果进行评价的一种方法。同行评价法的评价结果本质上是一种定性评价。根据评价方式的不同，同行评价法一般可分为专家会议法、专家打分法、德尔菲法等。

专家会议法：该方法是传统意义上的同行评价法，以同行专家开会、函评、现场评议等形式为主。该方法具有 3 个方面的评价特点：① 评价结果的综合性较强，应用范围广泛，组织形式简单多样；② 会议的形式使专家可以相互交流信息、相互启发，产生"思维共振"的作用和智能互补的效应；③ 可对难以测试和判断的技术进行评价。

专家打分法：该方法是出现较早且应用较为广泛的一种评价方法。它是在定量和定性分析的基础上，以打分的方式对评价对象做出定量评价，其结果具有数理统计的特性。为保证评价数据具有统计学意义，一般打分专家的规模不能太小，应在 20 人以上。其特点如下：① 直观性强，评价结果的综合性较强，每个等级标准用分值的形式体现；② 计算方法简单，且选择余地较大；③ 在缺乏足够统计数据和原始资料的情况下可以做出定量评价。

德尔菲法（Delphi method）：由调查者拟定调查表，按照规定程序通过函件征询专家组成员意见，专家组成员之间通过调查者的反馈材料匿名交流意见，经过若干轮反馈，专家的意见逐渐集中，最后获得统计意义上的专家集体判断结果。其特点如下：① 匿名性，采用发函咨询的方式，答询专家之间互不接触，从而使专家有较多的时间充分思考，避免了专家会议受会场气氛、心理因素等条件的影响；② 反馈性，专家通过数轮反馈，意见会相对收缩、集中，从而形成综合意见；③ 统计性，专家的意见表达要经过表格化、符号化、数字化的科学处理，从而使定性评价定量化，因此得出的结论便于统计分析；④ 收敛性，由于各项指标经过专家的多次反馈，又经课题组织者科学的数据处理，因而结论趋于收敛，具有较强的可靠性。

2．比较分析法

比较分析法（comparative analysis approach，CAA）也称类比分析法，是科技评价的基本方法之一，指根据一定的标准对两个或两个以上的研究对象加以对比分析，寻找异同，以便认识事物的本质和规律并做出正确的评价。该方法适用面广、针对性强、作用多样，但是也有片面性、局部性的问题。比较分析法常用于社会学领域的比较分析和评价，在技术评价领域的应用和研究较少。其实评价本身就是一个比较研究的过程。

3．多指标综合评价法

多指标综合评价法是在提出评价目标后，根据评价要求及技术的特点，构建指标体系并计算或给出指标权重，然后通过综合评价方法（模型计算）获得评价结果的一类评价方法。该方法的核心在于评价指标体系的构建和综合评价模型，可用于技术综合评价，也可用于技术排序、筛选。常见的多指标综合评价法包括层次分析法、模糊综合评价法、数据包络分析、灰色综合评价法和人工神经网络评价法。

层次分析法（analytic hierarchy process，AHP）：由美国著名的运筹学家 T. LSatty 等在 20 世纪 70 年代提出的一种定性与定量分析相结合的多准则决策方法。根据问题的性质和所要达到的目标将问题分解为不同组成因素，按照各因素间的相互关联、相互影响和隶属关系将因素按不同层次聚集组合，形成多层次的分析结构模型。该层次结构包括目标层、准则层和方案层，即一级指标、二级指标和三级指标。该方法的优点是将研究对象（目标）进行系统性分析，所需定量数据信息较少、简洁实用；其局限性表现为定性成分多，主观因素影响较大，比较、判断过程较为粗糙，不能用于精度要求较高的决策问题，不能为决策者提供新的方案。总体来说，层次分析法只能算是一种半定量（或定性与定量结合）的方法。目前，该方法就水、固体废物、生态修复及农业等领域的技术综合评价、多技术筛选已开展了众多研究，为评价指标的选择、指标权重的确定及技术的选择、判断提供了可靠的方法支撑。

模糊综合评价法（fuzzy comprehensive evaluation method，FCEM）：一种基于模糊数学的综合评价方法。该方法根据模糊数学的隶属度理论把定性评价转化为定量评价，即用模糊数学对受到多种因素制约的事物或对象做出总体评价。模糊综合评价法的优点如下：① 通过精确的数字手段处理模糊的评价对象，能对蕴藏信息呈现模糊性的资料做出比较科学、合理、贴近实际的量化评价；② 评价结果是一个矢量，而不是一个点值，包含的信息比较丰富，既可以比较准确地刻画被评价对象，又可以通过进一步加工得到参考信息；③ 结果清晰、系统性强，能较好地解决模糊、难以量化的问题，适合各种非确定性问题的解决。其缺点在于计算相对复杂，对指标权重的确定主观性较强。模糊综合评价法在技术评价方面有较多的研究，包括单项技术的评价及多项技术和方案的筛选、比选。该方法在大气污染防治技术评价领域也开展了部分研究，主要包括火电厂烟气脱硫脱硝技术评价和VOCs 技术评价筛选。

灰色综合评价法：灰色系统理论是处理灰色现象或灰色系统的理论，一般来说，信息部分明确、部分不明确的系统为灰色系统。灰色综合评价法是一种以灰色关联分析理论为指导，根据因素之间发展的相似或相异程度来衡量因素间关联程度的方法。关联度反映各评价对象对理想（标准）对象的接近次序，即评价对象的优劣次序，其中灰色关联度最大的评价对象为最佳。灰色综合评价法在一定程度上排除了人们的主观随意性，使过去凭经验和类比法等处理实际问题的传统做法转向数字化、科学化。能够处理信息部分明确、部分不明确的灰色系统，同时所需的数据量不是很大，且能处理相关性大的系统。目前，该方法作为一种客观赋权评价法已应用于客观事物，如具体技术、企业创新能力等的评价及多项方案的优选和比选。

4．费效分析法（经济分析法）

费效分析法，即通过评价各种技术所产生的社会效益和消耗的社会成本（包括环境方面的效益和成本）确定技术的最优选择，以权衡利弊，评价技术的优劣，指导技术的筛选和决策。从广义上讲，效益是指项目引进的效应或效能，如污水达标排放、生态恢复等，往往不能或难以货币量化。费用是指社会经济为项目所付出的成本，是可以用货币量化计算的。目前，费效分析法被引入环境经济学中，已成为评价污染防治方案、评价环境影响、制定环境标准等经济效果的重要工具。具体的基本费效分析法包括最小费用法、最大效益法、增量分析法等。基于费效分析法的最大效益法和最小费用法，本书提出的经济分析方法分为成本效益分析、成本效果分析。

5．验证评价法

验证评价法是指通过现场检测可测试技术参数，快速得到真实准确、能够客观反映污染防治工艺技术及其设备性能的充足的科学数据，为验证评价的技术评价奠定基础。

　　验证评价法的一般步骤如下：① 明确评价对象和技术声明，即识别评价对象的特征；② 制定测试方案，即根据评价对象制定评价方案，方案包括测试参数、测试周期、测试方法、样品处理等需要提前明确的内容；③ 开展测试，即依据测试方案由专业测试技术人员开展现场测试，如记录数据、样品采集、保存、处理和分析；④ 分析测试数据，即依据评价标准对评价对象的性能进行分析评价；⑤ 得到验证评价结论，即形成书面评价结论，评价结论为通过测试得到的客观结果，不做"技术领先""技术水平处于国际先进水平"等定性结论。

　　技术评价方法对比分析见表 3-11。

表 3-11　技术评价方法对比分析

类别	方法名称	基本原理	优势	缺点	注意事项	典型案例
同行评价法	专家会议法	根据规定的原则选定专家，按照一定的方式组织专家会议，发挥专家集体的智慧和效应	知识和信息量大，专家智能互补，结果全面合理	会议的效率受人员规模的限制，无法广泛采纳社会人员的意见，专家的权威性影响意见的倾向，评价以参会专家意见为主	引入指标体系，细化评价内容，提高评价过程的规范性；注意专家遴选的随机性，建立相应的回避制度和信用制度；注意多以定量指标为分析依据，给出明确的判断标准；注意少数意见的分析和采纳	技术筛选、方案比选
	专家打分法	根据规定的原则选定专家，按照一定的方式组织专家对评价对象依据规定的评价指标进行打分，对所有专家的打分结果进行集成，得到评价结果	目前应用最为广泛的一种评价方法，定性和定量评价相结合，使用简便，评价结果直观性和综合性较强，在缺乏足够统计数据和原始资料的情况下可以做出定量评价	理论性与系统性不强，专家的选择具有不确定性，一般情况下难以保证评价结果的客观性和准确性		技术评价、指标权重确定、指标筛选
	德尔菲法	由调查者就拟定问题设计调查问卷，通过函件向选定的专家进行调查，专家组成员之间匿名评价，通过几轮征询和反馈，最后获得具有统计意义的专家集体判断结果	信息保密度高，专家独立性强，结论明确，过程注重反馈	多轮征询必然带来评审时间的延长，从而导致时效性不强		指标赋权和评价指标体系构建

类别	方法名称	基本原理	优势	缺点	注意事项	典型案例
	比较分析法	也称类比分析法，是科技评价的基本方法之一，指把客观事物加以比较，以便认识事物的本质和规律，并做出正确的评价	适用面广，针对性强，作用多样	存在片面性、局部性的问题，受对比标准/依据的影响	适当拓宽调研的范围，通过各方面信息的相互补充、相互检验减少信息误差，同时与其他综合评价方法结合应用，保证评价结论的可靠性	—
多指标综合评价法	层次分析法	将评价问题分解为不同的组成因素，并按这些组成因素之间的相互关联、相互影响和隶属关系，将因素以不同层次进行聚集组合	系统性、实用性、简洁性	不能为决策者提供新方案；定量数据较少、定性成分多，不易使人信服；指标过多时数据统计量大，权重难以确定；特征值和特征向量的精确求法比较复杂	注意权重设置的合理性，可引入专家打分法进行权重确定；保证评价指标的代表性和不重复性	技术综合评价、技术筛选、权重确定
	模糊综合评价法	借助模糊数学原理，建立科学、合理的指标体系和评价模型，定量地分析技术预见的实施效果	通过精确的数字手段处理模糊的评价对象，能对蕴藏信息呈现模糊性的资料做出比较科学、合理、贴近实际的量化评价；结果科学、合理、信息丰富	计算相对复杂；对指标权重的确定主观性较强	注意权重设置的合理性，可引入专家打分法进行权重确定；选择合适的综合算法进行最终评价结果分析	技术综合评价、技术筛选
	灰色综合评价法	以灰色关联分析理论为指导，根据序列曲线几何形状的相似程度判断其联系是否紧密，曲线越接近，相应序列之间的关联度就越大，反之就越小	对样本量的多少没有过多的要求，不需要典型的分布规律，计算量比较小	主观性过强，部分指标最优值难以确定	注意权重设置的合理性，可引入专家打分法进行权重确定；保证评价指标的代表性、不重复性和合理性	技术综合评价、方案比选
	费效分析法（经济分析法）	以福利经济理论为基础，把经济行为与社会福利设施的全部效果和影响折算成货币单位，按其净利润进行方案比较、择优舍取	可以对技术的经济性或综合收益进行量化判断	数据要求多，评价模型复杂，环境效益、社会效益难以量化等	注意环境成本、环境效益、社会成本、社会效益量化标准的科学性和权威性	环保设备、技术方案比选中的成本计算

类别	方法名称	基本原理	优势	缺点	注意事项	典型案例
验证评价法		根据一定的评价目的和评价计划，利用科学仪器、设备等物项和手段，在实际应用条件下获取科学事实的一种技术评价方法。环境保护技术验证评价是基于实测法的一种环保领域的新的评价方法	由于是在实际运行条件下获得的技术相关参数，因此评价得到的结果准确、可靠、直观，具有较高的可信度，具有更强的计划性和目的性	往往只能进行有限指标的实验和测试，对评价对象难以开展全方位的评价，实验和测试方案影响评价结果	提高和保证实验计划和测试方案的科学性、可行性；进行实验和测试参数选择时，要保证参数符合评价内容和目的；只适用于硬技术的评价，软技术评价不可用	环境保护技术验证评价、最佳可行技术评价

3.3.2　适应性分析与评价方法模块构建优化

大气污染防治技术评价作为技术评价的应用领域之一，其基础评价方法与技术评价方法一致。专家打分法、层次分析法、灰色综合评价法和模糊综合评价法在大气污染防治技术领域的应用及研究最为广泛。其中，专家打分法主要应用于指标体系的构建和指标打分，层次分析法应用于指标权重的确定，模糊综合评价法应用于技术综合评价。应用场景包括技术方案比选、技术资金资助、可行技术筛选、奖项评选等。研究者在评价方法的优化升级方面也进行了积极的探索，包括不同评价方法之间的结合应用，如层次分析-模糊综合评价法联用、专家打分-层次分析法联用，评价方法的改进、升级使其更加简洁、实用。

1．适应性分析

同行评价法：从技术评价不同环节来分析，同行评价法可在技术评价不同环节发挥不同的作用。专家会议法可对评价方案、评价报告进行评议，专家打分法和德尔菲法可对评价对象进行打分评价。同时，同行评价法还可与其他评价方法结合使用。对较为复杂的工艺和系统进行评价时，同行评价法更容易得出正确的结论，其操作更加方便、有效。因此，在进行实际操作时，可根据不同需求在不同的评价阶段引入该方法，以帮助评价机构完善评价流程，保证评价质量。

比较分析法：对大气污染防治技术的评价可以从技术实施前后的效果、国内外最先进技术、国家标准、社会效益、类似案例分析等不同角度进行分析，以更加全面客观地了解技术在不同标准维度中所处的位置，为评价结果用户提供更多、更实用的信息。因此，本书将比较分析法主要定位于为大气污染防治技术评价提供思路。

多指标综合评价法：该方法一般计算过程复杂，需要的数据繁多，增加了评价的难度，实际应用性相对较差。根据实际评价需求，可与同行评价法进行结合，以优化评价程序。

费效分析法（经济分析法）：由于该方法相对复杂，技术要求和操作成本较高，在其他模式中并非必要的评价条件或者其他模式中有已经公认的评价方法，如生命周期评价（Life Cycle Assessment，LCA）中的"清单分析"、ETV 中的验证测试和数理统计方法等，因此在本节中不作为单独的方法模块进行深入讨论。

验证评价法：在大气污染防治技术评价领域，该方法通过对正在运行的工艺过程中的每个处理单元或设备设置监控仪器或取样点，现场实际测试获取评价所需的信息，从而快速得到真实准确、能够客观反映污染防治工艺技术及其设备性能的科学数据，进而按照规定的技术指标体系及方法进行评估。这样可以解决评价过程中数据缺失及虚假的问题，从而为大气污染防治技术的推广应用提供可靠的依据。

2. 评价方法模块及方法优化

（1）同行评价

同行评价适用于技术研发阶段或产业化阶段的大气污染防治技术，处于产业化阶段的大气污染防治技术应至少具有一个可稳定运行的技术工程应用案例。本节结合技术特征和评价需求，经过多轮专家咨询和应用实践，分别从科学性、客观性和经济性 3 个方面优化大气污染防治技术同行评价。

科学性方面，基于单项-综合得分率判断技术等级，以综合考虑技术多方面性能，不将综合得分作为唯一判断依据，分别计算一级指标单项相对得分率［式（3-5）］和综合相对得分率［式（3-6）］，同时满足等级要求。

$$P_i = \frac{\sum_0^j \alpha_j X_{i,j}}{X_{i0}} \times 100 \qquad (3\text{-}5)$$

$$P = \frac{\sum_0^i \sum_0^j \alpha_j X_{i,j}}{X_0} \times 100 \qquad (3\text{-}6)$$

式中，P_i——单项一级指标相对得分率，%；

$X_{i,j}$——第 j 位专家对一级指标 i 的实际打分；

α_j——第 j 位专家的权重，$\sum_0^n \alpha_j = 1$；

X_{i0}——一级指标 i 单项标准分；

P——综合相对得分率，%；

X_0——总标准分（100 分）。

客观性方面，组建由技术、经济、环境、工程专业专家构成的专家评价组，以尽可能地减小专家领域、经验等因素带来的影响。专家组兼顾产、学、研、管理部门、行业协会等单位，其规模依据评价工作所需的知识范围确定，一般不超过 20 人。同一系统（部门及其下属单位）的专家不能超过 3 人，同一单位的专家不能超过 2 人。

经济性方面，引入专家权重指数 α，减少专家数量，提高同行评价的经济性（表 3-12）。根据专家的专业领域及从事的工作背景，将其分为技术领域专家、经济领域专家和管理领域专家。技术领域专家在对技术指标进行打分时，适当提高专家权重系数，降低经济指标、环境影响指标和社会指标专家权重系数。

表 3-12 大气污染防治技术同行评价专家权重指数

专家熟悉程度	熟悉	较熟悉	一般	不太熟悉	不熟悉
α_j	0.8～1.0	0.6～0.8	0.4～0.6	0.2～0.4	0～0.2

同行评价专家评分的组织方式有以下 3 种：

一是通信评议，如评价机构将大气污染防治技术资料分发给评价专家组成员，由其给出书面意见和评分，并将结果及时反馈给评价工作组，由评价工作组整理汇总形成统一的评价意见；

二是会议评议，如评价工作组组织评价专家召开评价会议，对大气污染防治技术资料进行审核，按照一定的规则确定技术的水平或对多种工艺方案进行打分的排序；

三是现场评议，如在科研技术成果验收时，评价工作组组织若干评价专家到示范工程现场对技术的运行情况、处理效果等内容进行核查，同时在现场对验收资料进行比对和分析，得出科研技术成果是否验收通过的结论。

评价结论应根据被评价技术的技术资料，在综合评价专家意见的基础上做出。对于评价指标，应写明被评价技术实际达到的技术水平，也应写明比较对象（如国内外最新相关技术）达到的水平。评价结论可分为分项结论和综合结论。对于评价委托方要求给出评价综合结论的，评价报告中应当明确给出。评价结论中慎用"国际领先""国际先进""国内首创""国内先进""填补空白"等抽象词汇，评价结果分为"优秀"、"良好"和"一般"，共计 3 档（表 3-13）。其中，"优秀"代表各项指标都达到国内先进水平，部分指标达到国际先进水平；"良好"代表一半以上的指标达到国内先进水平，其余指标达到国内技术平均水平；"一般"代表没有指标达到国内先进水平，指标在相同技术领域都处于普遍水平。

表 3-13 评价结果综合相对得分率和单项相对得分率

评价结果	综合相对得分率	单项相对得分率
Ⅰ 级（优秀）	≥90%	≥70%
Ⅱ 级（良好）	75%≤P<90%	≥60%
Ⅲ 级（一般）	60%≤P<75%	—

（2）多指标综合评价

多指标综合评价适用于产业化阶段的大气污染防治技术，应至少具有一个可稳定运行的技术工程应用案例。为了减少隶属函数计算的工作量、增加方法的实际可操作性，需引入必选指标"降级"思想。

第一步：计算被评价的大气污染防治技术必选指标与对应指标的 Ⅰ 级标准值的隶属度，当所有必选指标的隶属度均为 100 时，计算其他指标与对应指标的 Ⅰ 级标准值的隶属度，计算综合评价指数 Y_{I}。当综合评价指数 $Y_{\mathrm{I}} \geqslant 85$ 时，可判定大气污染防治技术水平为 Ⅰ 级。当存在必选指标的 Ⅰ 级标准值隶属度为 0 或综合指数 $Y_{\mathrm{I}} < 85$ 时，则进行第二步计算。

第二步：计算被评价的大气污染防治技术必选指标与对应指标的 Ⅱ 级标准值的隶属度，当所有必选指标的隶属度均为 100 时，计算其他指标与对应指标的 Ⅱ 级标准值的隶属度，计算综合评价指数 Y_{II}。当综合评价指数 $Y_{\mathrm{II}} \geqslant 85$ 时，可判定大气污染防治技术水平为 Ⅱ 级。当存在必选指标的 Ⅱ 级标准值隶属度为 0 或综合指数 $Y_{\mathrm{II}} < 85$ 时，则进行第三步计算。

第三步：计算被评价的大气污染防治技术必选指标与对应指标的 Ⅲ 级标准值的隶属度，当所有必选指标的隶属度均为 100 时，计算其他指标与对应指标的 Ⅲ 级标准值的隶属度，计算综合评价指数 Y_{III}。当综合评价指数 $Y_{\mathrm{III}} = 100$ 时，可判定大气污染防治技术水平为 Ⅲ 级。当存在必选指标的 Ⅲ 级标准值隶属度为 0 或综合指数 $Y_{\mathrm{III}} < 100$ 时，该项技术不合格。

① 指标无量纲化

不同大气污染防治技术评价指标由于量纲不同，不能直接比较，需要建立原始指标的隶属函数，公式如下：

$$Y_{L_k}(x_{ij}) = \begin{cases} 100, & x_{ij} \in L_k \\ 0, & x_{ij} \notin L_k \end{cases} \tag{3-7}$$

式中，x_{ij}——第 i 个一级指标下的第 j 个二级评价指标；

L_k——二级指标标准值，其中 L_{I} 为 Ⅰ 级标准值，L_{II} 为 Ⅱ 级标准值，L_{III} 为 Ⅲ 级标准值；

$Y_{L_k}(x_{ij})$——二级指标对于 L_k 级别的隶属函数。

如式（3-7）所示，若指标 x_{ij} 属于级别，则隶属函数的值为 100，否则为 0。

② 综合评价指数计算

通过加权平均、逐层收敛得到大气污染防治技术在不同级别 L_k 的得分 Y_{L_k}：

$$Y_{L_k} = \sum_{i=1}^{m} w_i \sum_{j=1}^{n_i} \omega_{ij} Y_{L_k}(x_{ij}) \tag{3-8}$$

式中，w_i——第 i 个一级指标的权重；

ω_{ij}——第 i 个一级指标下的第 j 个二级指标的权重，当 $\sum_{i=1}^{m} w_i = 1$、$\sum_{j=1}^{n_i} \omega_{ij} = 1$ 时，m 为一级指标个数，n_i 为第 i 个一级指标下二级指标个数。

以综合评价指数为依据，将达到一定综合评价指数的大气污染防治技术分别评定为 Ⅰ 级（优秀）、Ⅱ级（良好）、Ⅲ级（一般）水平。根据我国目前大气污染防治技术的实际情况，不同等级大气污染防治技术多指标综合评价条件见表 3-14。

表 3-14　大气污染防治技术多指标综合评价条件

大气污染防治技术水平	评价条件
Ⅰ级（优秀）	同时满足：$Y_{Ⅰ} \geq 85$，必选指标全部满足Ⅰ级标准值要求
Ⅱ级（良好）	同时满足：$Y_{Ⅱ} \geq 85$，必选指标全部满足Ⅱ级标准值要求
Ⅲ级（一般）	同时满足：$Y_{Ⅲ} \geq 100$，必选指标全部满足Ⅲ级标准值要求

（3）验证评价

验证评价适用于刚刚商业化或具有商业化潜力、无法用当前标准评价其创新性和绩效的各类大气污染防治创新技术（包括工艺技术、单元产品和成套设备等）。基于大气污染防治技术的类别和特点，细化大气污染防治技术验证评价的测试周期和测试采样频率。

① 测试周期

测试周期的选择要反映所有技术运行工况，如启动、温度变化、负荷变化等。借鉴国内外验证技术的测试周期，本研究认为大气污染防治技术验证评价的测试周期应由验证机构、测试机构、专家组结合实际情况确定，并应遵循以下原则：

- 应满足大气污染防治技术验证评价指标的有效性和可靠性、运营维护管理的稳定性和经济性、操作难易程度的要求；
- 应反映被评价的大气污染防治技术对环境条件的适应性；
- 应反映被评价的大气污染防治技术特征污染物的去除效果；
- 应反映大气污染物负荷周期变化和抗冲击能力，必要时可考虑在极端条件下测试；
- 应反映大气行业生产周期特点，针对连续生产和间歇生产分别设定测试周期，其中对生产周期小于 2 天的行业或企业，测试周期不能少于 14 天；
- 在考虑科学合理采样频率的条件下，应满足数据评价最低样本数要求。

根据我国大气污染防治技术领域的相关规范，咨询专家得出的不同大气污染防治技术类别测试周期的推荐值见表 3-15。

表 3-15　不同大气污染防治技术类别测试周期的推荐值

技术类别	推荐值	主要考虑因素
电除尘技术	≥30 天	负荷变化、生产周期
袋式除尘技术	≥90 天	负荷变化、生产周期、滤料性质
脱硫脱硝技术	≥30 天	负荷变化、生产周期
VOCs 回收与治理技术	≥30 天	负荷变化、生产周期

此外，在测试过程中，因负荷波动、设备故障等造成干扰测试或暂停测试的时间不应超过测试周期的30%。当不超过30%时，应顺延测试时间，按验证评价方案完成测试工作；当超过30%时，应中止本次测试，并由验证评价各方协商提出应对方案。故障排除后，需要重新启动和调试的技术应在调整稳定后进行测试，并顺延测试时间。

② 测试采样频率

测试采样频率、采样时间点应考虑生产周期、污染负荷变化、流量负荷变化、环境条件变化等因素，并结合样本数的要求确定。根据我国大气污染防治技术领域的相关规范，咨询专家后得出采样频率、采样时间点的确定应遵循以下原则：

- 应考虑不同的生产方式，连续生产应反映日变化和周变化趋势，间歇生产的采样频率应与生产周期一致，并反映小时变化趋势；
- 应考虑节假日、夜间、生产间隙；
- 在极端运行和环境条件下应适当加大采样频率；
- 当技术设施运行稳定时可以适当减少采样频率，当污染负荷或技术设施运行不稳定时应适当增加采样频率。

按照相关国家标准分析处理测试数据。一般可采用均值、中位值、数据范围、方差等处理结果进行分析，可采用均值检验、均值区间估计、方差检验等方法进行检验。在对数据进行分析处理时，注意其有效性检验，对疑似离群数据成因进行分析判断，若不存在检测或技术方面的原因，可按照数学统计方法判定和处理。对离群数据的剔除应说明理由。

算术平均值计算方法如下：

$$\bar{X} = \frac{\sum_{i=1}^{n} X_i}{n} \tag{3-9}$$

式中，$\bar{X}$ ——n 次重复测定结果的算术平均值；

n——重复测定次数；

X_i——n 次测定中第 i 个测定值。

中位数计算方法如下：

$$中位数 = \frac{第 n / 2 个数的值 + 第\left(\frac{n}{2}+1\right)个数的值}{2} （n 为偶数时） \tag{3-10}$$

$$中位数 = 第\left(\frac{n}{2}+1\right)个数的值 （n 为奇数时）$$

方位偏差（极差）计算方法如下：

$$R = R_{max} - R_{min} \tag{3-11}$$

式中，R_{max} ——最大值；

R_{min} ——最小值。

平均偏差计算方法如下：

$$\bar{d} = \frac{i}{n} \sum_{i=1}^{n} \left| X_i - \bar{X} \right|$$ （3-12）

式中，X_i ——某一测量值；

$\bar{X}$ ——多次测量值的均值。

相对平均偏差计算方法如下：

$$相对平均偏差（\%） = \frac{\bar{d}}{\bar{X}} \times 100$$ （3-13）

标准偏差计算方法如下：

$$s = \sqrt{\frac{\sum_{i=1}^{n} \left(X_i - \bar{X} \right)^2}{n-1}}$$ （3-14）

相对标准偏差计算方法如下：

$$RSD(\%) = \frac{s}{\bar{X}} \times 100$$ （3-15）

绝对误差计算方法如下：

$$E_a = \bar{X} - T$$ （3-16）

式中，E_a ——绝对误差；

T ——真值。

相对误差计算方法如下：

$$E_b = \frac{E_a}{T} \times 100$$ （3-17）

式中，E_b ——相对误差。

方差计算方法如下：

$$s^2 = \frac{\sum_{i=1}^{n} \left(X_i - \bar{X} \right)^2}{n-1}$$ （3-18）

大气污染防治技术验证评价的结论需在对数据进行统计学分析后，依据专业知识对结果做出准确、合理的评价，分析判断是否接受技术自我声明提出的指标值。

3.3.3 评价程序

1. 一般程序

大气污染防治技术评价必须按一定的程序进行，这是减少评价工作误差、保证评价质量和可信度的基本条件之一。委托方可在符合评价标准的前提下对评价程序提出具体要求，如果有需要，委托方也可以要求将评价程序的有关内容作为合同的一部分。

大气污染防治技术评价的一般程序分为委托、受理、评价准备、技术初评、调查研究、综合评价和编制评价报告 7 个阶段（图 3-3）。对于不同评价模块、不同评价需求的评价活动，每个阶段可以有所侧重和调整。

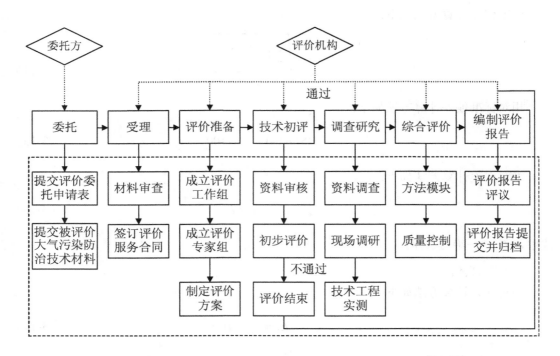

图 3-3　大气污染防治技术评价的一般程序

（1）委托

委托方自愿向评价机构提出委托评价申请，并提交相应的申请材料。申请材料应当完整、真实、清晰、可靠，前后内容表述一致，包括但不限于以下内容：① 评价委托申请表，内容包括但不限于大气污染防治技术名称、所属领域、委托方及委托方声明等信息；② 被评价的大气污染防治技术材料，包括技术简介及相关证明材料，其中技术简介包括但不限于技术参数、技术成本、应用情况等内容，相关证明材料包括但不限于专利、获奖证书、检测报告及测试数据、应用证明、论文、国家法律法规要求的行业审批文件及其他反映评价指标体系内容的证明材料复印件。

（2）受理

评价机构接受委托方的委托，审查申请材料的完整性，签订评价服务合同。该合同应明确约定评价要求和目的、评价对象、评价内容、评价时间点、评价周期、评价费用和双方相关责任等事项。该合同的主要条款应当包括评价对象与内容，评价目标，评价方法、标准与具体程序，评价报告的要求，评价费用及支付，相关信息和资料的保密及其他必要内容。

（3）评价准备

评价准备包括成立评价工作组、专家组和制定评价工作方案。评价工作组和专家组成员在参与评价活动前应签署公正性与保密声明，承诺遵守各项公正性及保密守则。

①成立评价工作组：评价机构依据实际需求成立评价工作组，确定评价工作组负责人。

②成立评价专家组：评价机构从专家库遴选专家组成评价专家组，由其全程指导评价工作组开展评价工作，并根据实际情况参与评价工作。专家组规模依据评价工作所需的知识范围确定，一般不超过 20 人，兼顾技术、经济、环境、工程专业专家，以及产、学、研、管理部门、行业协会等单位的专家。每类技术应有 1/2～2/3 的同行专家，同一系统（部门及其下属单位）专家不能超过 3 人，同一单位专家不能超过 2 人。

③制定评价工作方案：评价工作组应制定可操作的评价工作方案，具体包括评价方案概述、评价主体及各方职责、评价需求、评价指标体系、评价程序、评价方法及所需的资料清单、时间安排等。各方确认评价工作方案后实施。

大气污染防治技术评价指标体系包括技术、经济、环境和社会 4 个方面。根据实际评价需求、评价技术阶段和评价技术特征构建评价指标体系。确定评价指标后，采用合理的方法对指标进行赋权。指标赋权方法包括主观赋权法、客观赋权法，推荐采用专家咨询和层次分析法相结合的组合赋权法（表 3-16）。

表 3-16　指标赋权方法汇总

分类	具体方法	特征
主观赋权法	专家评判法、德尔菲法、层次分析法、特征值法、序关系分析法等	方法易操作，较好地体现了评价者的主观偏好，但由于主观价值判断标准有差异，构建的权数缺乏稳定性
客观赋权法	主成分分析法、变异系数法、熵值法、多目标优化法等	受主观因素影响较小，需要较多的样本量支撑，权数的分配受到样本数据随机性的影响
组合赋权法	乘法合成、线性加权	将各种方法得出的权数进行组合

（4）技术初评

评价工作组对委托方提供的大气污染防治技术材料进行审核，满足评价要求后组织开展技术初评。技术初评通过专家评议实现，专家组对技术做出初步判断，填写大气污染防治技术初评表。技术初评采取"一票否决"制，同时满足4项条件后进入评价程序，若不满足下述任意一项条件则不能进入评价程序。4项初评条件如下：① 符合国家环保政策和产业政策；② 技术持有单位为依法注册、经营的单位，技术知识产权清晰，不涉及产权纠纷；③ 技术原理符合科学规律，工艺合理可行；④ 至少有一个使污染物排放达到国家或地方标准的工程应用案例。

（5）调查研究

技术调查包括资料调查、现场调研和技术工程实测3项内容。若资料和数据足以支撑评价过程，则可以得到可追溯、可靠的材料和数据以支撑评价结论，测试报告作为评价报告的重要附件与报告一同提交。

① 资料调查：评价工作组对被评价技术所处的领域进行调查研究，包括但不限于技术类别、技术水平、经济性现状。调查研究方法包括文献调研、专家咨询等。

② 现场调研：评价工作组会同专家组对技术按需开展现场调研。调研内容包括但不限于技术运行效果、资源能源消耗情况、二次污染情况、管理维护情况等。

③ 技术工程实测：当委托方提供的技术相关数据无法支撑后续评价工作时，对具备实测条件的技术应用工程按需开展现场测试。技术工程实测须委托具备测试资质的第三方机构进行。测试周期、频率、采样点、采样方法、分析方法等选择现行的国家或行业标准，测试完成后，测试机构应当按照国家有关规定的格式和评价方案的要求编制测试报告。

（6）综合评价

结合评价需求和技术特征，选择合适的方法模块开展大气污染防治技术评价。大气污染防治技术评价方法模块包括同行评价、多指标综合评价和验证评价。

（7）编制评价报告

评价工作组按照评价方案要求，编写大气污染防治技术评价报告。该评价报告应全面、概括地反映技术评价的全部过程，文字简洁、准确，尽量用图表说明，以使提出的资料清楚、论点明确、利于阅读和审查。评价机构在一定范围内对评价报告进行讨论，确定修改方案，并按照评价合同时间表将报告修改完毕，以确保评价报告满足评价机构的质量控制标准。评价报告经评价机构负责人和评价项目负责人签字、评价机构盖章后提交委托方，并将评价相关的资料进行整理、归档。

2. 同行评价程序

大气污染防治技术同行评价程序包括委托与受理、评价准备、技术初评、技术调查、技术综合评价和编写评价报告6个阶段（图3-4）。

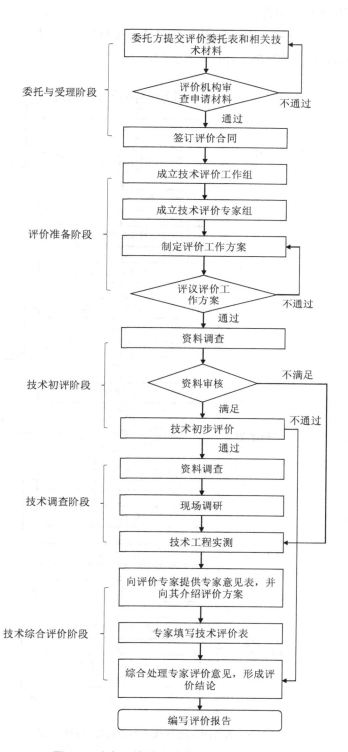

图 3-4　大气污染防治技术同行评价程序

3. 多指标综合评价程序

大气污染防治技术多指标综合评价程序包括委托与受理、评价准备、技术初评、调查研究、综合评价和编写报告 5 个阶段（图 3-5）。

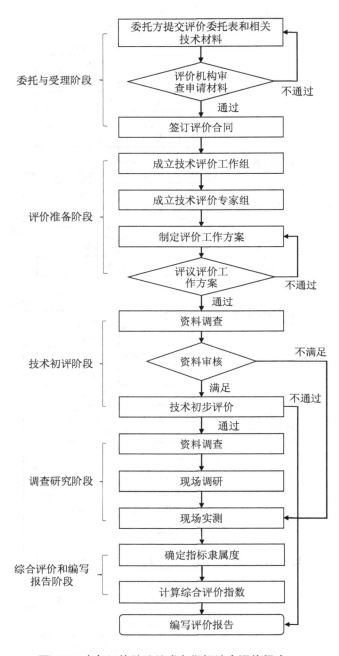

图 3-5　大气污染防治技术多指标综合评价程序

4．验证评价程序

大气污染防治技术验证评价程序包括申请（委托）、验证准备、技术验证、报告和后续工作 5 部分（图 3-6）。

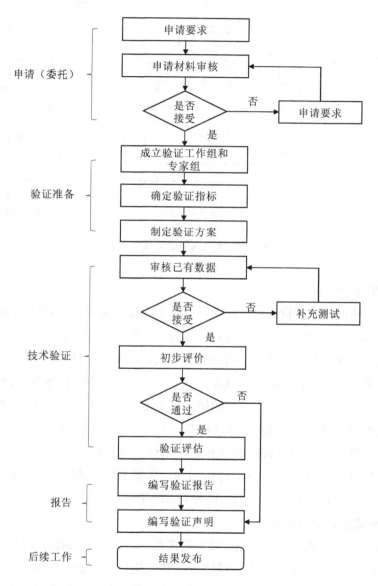

图 3-6　大气污染防治技术验证评价程序

3.3.4　评价体系

大气污染防治技术评价体系是指国家为保障大气污染防治技术评价工作的有序、规范开展，指导全社会大气污染防治技术评价工作，引导大气污染防治技术评价行业发展，支撑大气污染防治技术评价工作而制定的一系列标准、规范、细则等的总称。大气污染防治技术评价体系由标准规范体系和组织管理与实施体系两部分组成（图 3-7）。

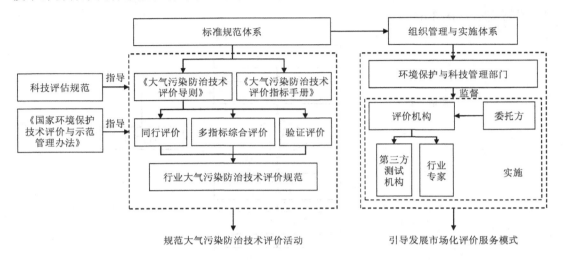

图 3-7　大气污染防治技术评价体系

1. 标准规范体系

大气污染防治技术评价的标准规范体系主要是指为完成技术评价活动，评价机构等相关方应当遵循的标准和规范性技术文件，如技术标准、规范、手册等。该体系可实现大气污染防治技术评价标准化，规范评价全过程，提高评价可靠性。

大气污染防治技术评价的标准规范是在科技评估规范和《国家环境保护技术评价与示范管理办法》（环发〔2009〕58 号）的指导下制定的。基于本项目编制的团体标准《大气污染防治技术评价导则（征求意见稿）》和文件《大气污染防治技术评价指标手册》为具体的评价活动提出了一般性评价要求和评价指标，以指导依据同行评价、多指标综合评价和验证评价 3 种方法模块开展的评价活动。依据大气污染防治技术的行业特征编制行业评价规范，具体指导行业大气污染防治技术评价工作。

2. 组织管理与实施体系

大气污染防治技术评价应是相关政府管理部门监督下的科技评价活动。大气污染防治技术评价的组织管理与实施体系包括监督层和实施层。监督层为环境保护和科技管理部门；实施层包括 3 类主体，即大气污染防治技术评价委托方、评价机构和第三方测试机构。从具体内容来看，监督层的职责为对评价活动进行监督，并接收评价主体对评价活动的反馈。由实施层的委托方向评价机构提出评价需求，政府、企事业单位、社会组织及自然人可以是实施层的委托方。评价机构在接收评价委托后组织实施评价活动，并负责采取措施保证评价质量。评价机构根据委托方的评价需求，可聘请第三方测试机构对被评价技术开展测试，为评价活动提供必需的测试数据。此外，评价机构还可以根据委托方的评价需求，组织行业专家指导或参与评价工作。

3.3.5　服务模式

大气污染防治技术评价是在政府相关法律法规的规范、监督下的科技评价活动。大气污染防治技术评价的组织管理与实施体系包括管理层和执行层。环境保护与科技管理部门对评价活动进行监督和规范，并接受评价主体对评价活动的反馈，具体地，负责评价标准、规范等相关文件发布，评价机构资质认定和考核，评价专家能力认定和评价报告许可等。大气污染防治技术评价的执行层包括委托方、评价机构和测试机构 3 个主体，委托方可以是政府、企事业单位、社会组织及自然人，向评价机构提出评价需求；评价机构接受评价委托，组织并实施评价活动，依据要求对评价活动采取措施进行质量控制；根据评价需求，聘请第三方测试机构开展测试，为评价提供数据支撑。大气污染防治技术评价体系与大气环保产业园的关系如图 3-8 所示。

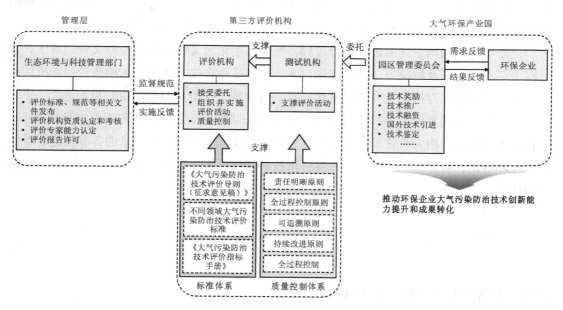

图 3-8　大气污染防治技术评价体系与大气环保产业园的关系

大气污染防治技术作为市场化的商品是可以进行交易的。大气污染防治技术评价为市场交易、应用活动提供信息咨询与支持。按照市场经济规律，技术持有者或技术使用者向评价机构提出评价委托，评价结论用于指导技术用户或投资方选择技术，或者用于为技术持有者转让技术提供信息参考，帮助技术利益相关方得到公正的第三方评价结论，促进优秀技术加速市场应用和转化。这种市场化的运营机制靠市场配置评价资源，将市场的选择和认可作为评价工作的主要激励方式。

3.3.6 质量控制

根据大气污染防治技术评价的工作特点和评价程序，明确质量控制目标和原则。大气污染防治技术评价的质量目标要点是按照科学、客观、公正、自愿、独立的原则，加强评价全过程、参与评价各方及人员的质量管理并持续改进，为社会提供高质量、可靠的大气污染防治技术评价信息。评价机构应按 GB/T 19000 质量管理体系标准建立规范的质量保障体系并有效运行；测试机构应按《检测和校准实验室能力的通用要求》（GB/T 27025—2019）标准建立质量管理体系并有效运行。评价活动应遵循以下质量保证原则：

一是责任明晰原则。明确评价参与各方的质量管理责任，评价机构作为评价工作的主要责任主体对评价结果负责；技术持有者或申请者对其所提交的评价资料和协助工作的真实性负责；评价咨询专家对自身提供的相关咨询意见负责。

二是全过程控制原则。对技术评价整个过程进行质量控制，对评价过程的质量控制关键点提出明确要求，采取监管措施。评价过程中各质量责任方要通过检查和分析对评价中的不合格情况进行及时处理，建立健全报告制度，提出并实施纠正措施。

三是可追溯原则。详细记录评价过程，形成原始记录文件和质量控制文件，对于评价过程中存在的问题及解决方法也要详细记录。这些过程文件需要由相应的质量控制机构或人员签字或盖章并存档，做到评价文件完整、可审核、评价质量控制责任可追溯。

四是持续改进原则。持续改进是可持续发展的基本保证，评价各方需要对评价制度、评价技术规范、机构人员管理、评价项目操作环节及可能影响评价质量的各要素进行持续的跟踪和分析，有计划、有组织地开展分析诊断活动，并针对存在的质量问题提出并实施改进措施。

3.4 技术评价案例

3.4.1 燃煤锅炉超低排放技术评价

按照《大气污染防治技术评价导则（征求意见稿）》和《燃煤电厂大气污染物超低排放技术验证评价规范》（T/CSES 09—2020）的要求，选择同行评价方法模块，采用通信评议开展燃煤锅炉超低排放技术评价应用试点。经过委托与受理—评价准备—技术初评—技术调查（资料调查、现场调研、技术工程实测）—技术综合评价—编写评价报告 6 个阶段得到评价结果，并优化大气污染防治技术同行评价。

评价对象为山东省某公司一台 35 t/h 链条炉安装的超低排放技术，即 SNCR（选择性非催化还原法）+SCR（选择性催化还原法）-电袋除尘-WFGD（石灰石/石灰-石膏湿法脱硫）-湿式电除尘。该燃煤锅炉超低排放技术工艺流程如图 3-9 所示。

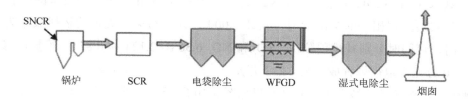

图 3-9　燃煤锅炉超低排放技术工艺流程

燃煤锅炉超低排放技术评价指标体系见表 3-17。

表 3-17　燃煤锅炉超低排放技术评价指标体系　　　　　　　　单位：分

一级指标	二级指标	三级指标	标准分
技术指标 （40分）	可靠性	稳定性	6
		装备可用率	4
	适用性	废气工况	6
	技术水平	颗粒物处理效率	6
		SO_2 处理效率	6
		NO_x 处理效率	6
	维护管理	运行维护要求	4
		检修维护管理程度	2
经济指标 （30分）	投资成本	一次投资	8
	运行成本	单位运行成本	10
	维护检修成本	维护费用	6
	退役处置成本	退役处置费用	6
环境影响指标 （20分）	环境影响	二次污染及其可控性	6
		粉煤灰产生	4
		脱硫副产物产生	6
	协同效益	协同脱除率	4
社会指标 （10分）	市场价值	市场竞争力	2
	科学价值与学术水平	获奖情况	4
	社会效益	推动本领域科技进步作用	2
		带动相关产业发展程度	2

燃煤锅炉超低排放技术主要测试数据和关键数据如下：

- 技术和环境指标：主要通过技术工程测试获得，其中颗粒物、SO_2、NO_x 的烟气排放指标全部满足燃煤锅炉超低排放要求，汞排放浓度满足排放标准限值要求，达标率均为 100%。

- 主要经济指标：超低排放装置运行期间，石灰石消耗量、电消耗量、水消耗量、氨水消耗量总体变化不大，日均电耗为 3 073 kW·h，物料的日均用量分别为水 2.3 t/d、氨水 4 344 kg/d、石灰石 688 kg/d；一次性投资费用包括工程设备的购置费用和与安装工程相关的全部费用，共计 1 000 万元；污染物处理的物料成本为 1 万元时，可同时分别减排颗粒物、SO_2 和 NO_x 6.36 t、2.12 t 和 0.85 t；维护检修成本为 30 万元，退役处置成本为 63.33 万元。

燃煤锅炉超低排放技术主要测试结果如图 3-10 所示。

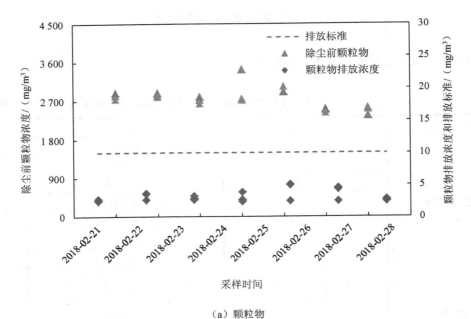

（a）颗粒物

（b）SO_2

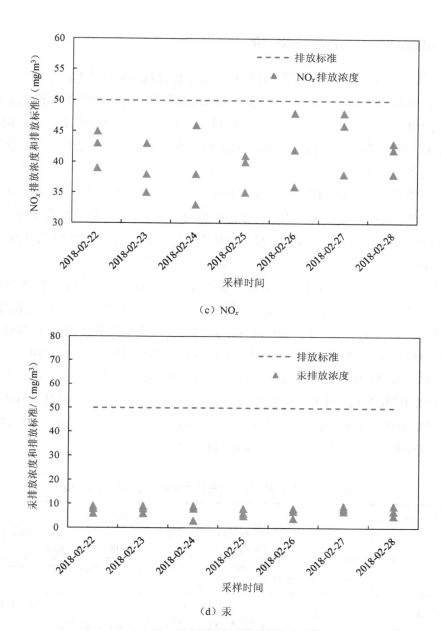

（c）NO$_x$

（d）汞

图 3-10 燃煤锅炉超低排放技术主要测试结果

基于同行评价专家评分，根据评分计算方法得到该技术的综合得分率为 93%，各单项指标得分率均≥70%。对照燃煤锅炉超低排放技术的综合性能评价分级标准，此次被评价的燃煤锅炉超低排放技术的评价等级为 I 级（优秀）。

该应用试点可以从以下 2 个方面优化同行评价方法模块：①引入专家权重指数 α，对同一位专家在不同方面指标的打分赋予不同权重，以提高评价经济性；②基于分项得分率结果判断技术等级，以综合考虑技术的多方面性能，不将综合得分作为唯一判断依据。

3.4.2 水泥窑烟气 NO$_x$ 治理技术评价

按照《燃煤电厂大气污染物超低排放技术验证评价规范》和《水泥窑烟气氮氧化物治理技术评价规范（建议稿）》的要求，选择多指标综合评价方法模块开展水泥窑 NO$_x$ 治理技术评价应用试点。经过委托与受理—评价准备—技术初评—调查研究（资料调查、现场调研、技术工程实测）—综合评价和编写评价报告 5 个阶段得到评价结果，并优化大气污染防治技术多指标综合评价。

评价对象为某水泥企业的烟气 SNCR 技术，基于资料调查、现场调研和技术工程实测数据资料，对评价指标进行对应指标等级标准值的隶属度确定，计算综合指数，并最终给出综合评价结论，将结果及时反馈给技术评价专家组，由其对评价结果进行评审，最终形成评价结论。

水泥窑烟气 NO$_x$ 治理技术评价指标体系和指标值见表 3-18。其中，技术指标的测试结果如下：经处理的水泥窑烟气 NO$_x$ 浓度达标，符合《水泥工业大气污染物排放标准》（GB 4915—2013）中的特别排放限值（320 mg/m^3）要求，现场测试所得结果为（123±17）mg/m^3，波动范围为±13%，如图 3-11 所示。经济指标经核算，单位投资成本为 0.59 元/t NO$_x$，单位脱除成本为 0.233 万元/t NO$_x$，维护检修成本为 33.96 万元，退役处置成本为 71.69 万元。环境指标的测试结果均低于仪器检测下限，满足《水泥工业大气污染物排放标准》中的特别排放限值（0.05 mg/m^3）要求。NH$_3$ 测试结果为 0.14～6.10 mg/m^3，满足《水泥工业大气污染物排放标准》中的特别排放限值（8 mg/m^3）要求。

表 3-18　水泥窑烟气 NO$_x$ 治理技术评价指标体系和指标值

一级指标	二级指标	三级指标	权重	分级标准	指标值
技术指标	可靠性	稳定性*	0.10	依据 NO$_x$ 排放浓度波动范围分级：Ⅰ级，≤±15%；Ⅱ级，>±15%且≤±20%；Ⅲ级，>±20%	±13%
		装备可用率	0.04	依据装备可用率分级：Ⅰ级，≥98%；Ⅱ级，≥92%且<98%；Ⅲ级，<92%	98%
	适用性	废气工况	0.08	依据负荷适应性分级：Ⅰ级，全负荷；Ⅱ级，负荷≥85%且<100%；Ⅲ级负荷<85%	100%
	技术水平	NO$_x$ 处理效率*	0.20	依据污染物去除率分级：Ⅰ级，≥70%；Ⅱ级，≥60%且<70%；Ⅲ级<60%	71%
	维护管理	运行维护要求	0.04	依据操作管理人员专业性要求分级：Ⅰ级，较低；Ⅱ级，一般；Ⅲ级，较高	一般
		检修维护管理程度	0.04	依据设备检修维护管理要求分级：Ⅰ级，容易；Ⅱ级，一般或不难；Ⅲ级，较难或难	一般
经济指标	投资成本	单位投资成本*	0.08	根据脱硝工程竣工决算得到脱硝技术总投资，再用总投资除以对应水泥窑产量与设备寿命的乘积。单位投资分级：Ⅰ级，≤1 元/t；Ⅱ级，>1 元/t 且≤5 元/t；Ⅲ级，>5 万元/t	0.59 元/t

一级指标	二级指标	三级指标	权重	分级标准	指标值
经济指标	运行成本	单位运行成本*	0.20	依据单位 NO_x 脱除成本分级：Ⅰ级，≤0.25 万元/t NO_x；Ⅱ级，>0.25 万元/t NO_x，且≤0.5 万元/t NO_x；Ⅲ级，>0.5 万元/t NO_x	0.233 万元/t NO_x
	维护检修	维护成本	0.01	依据维护费用与投资费用之比分级：Ⅰ级，≤1.5%；Ⅱ级，>1.5%且<3%；Ⅲ级，>3%	3%
	退役处置	退役处置费用	0.01	依据退役处置成本与投资费用之比分级：Ⅰ级，>7%；Ⅱ级，>5%且≤7%；Ⅲ级，≤5%	6.3%
环境指标	环境影响	二次污染及其可控性*	0.16	依据氨逃逸等二次污染及其可控性分级：Ⅰ级，≤80%排放标准限值；Ⅱ级，>80%且≤排放标准限值；Ⅲ级，不满足排放标准限值	最大值为76%排放标准限值
	协同效益	协同脱除率	0.04	依据汞及其化合物排放浓度分级：Ⅰ级，≤10μg/m³；Ⅱ级，>10μg/m³且≤25μg/m³；Ⅲ级，>25μg/m³	最大值为8.5 μg/m³

注：*表示评价必选指标。

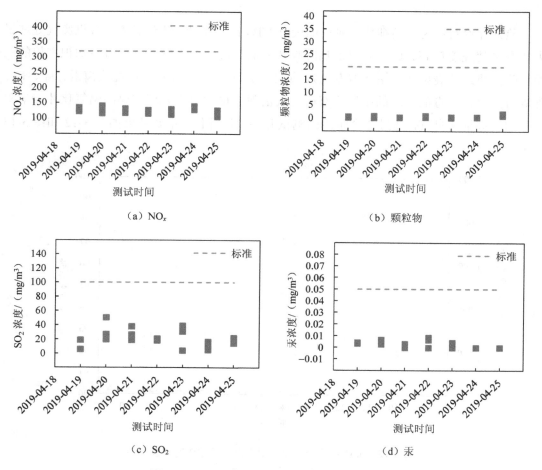

（a）NO_x　　　（b）颗粒物

（c）SO_2　　　（d）汞

图 3-11　2019 年 4 月 18—25 日主要测试结果

该项针对水泥窑烟气的 NO_x 治理技术性能符合 I 级标准，评价指数为 87.5；环境影响性能符合 I 级标准，评价指数为 100；经济性能符合 I 级标准，评价指数为 90。3 项指标同时满足 $Y_1 \geqslant 85$，指标全部满足 I 级标准值要求，该水泥窑烟气 NO_x 治理技术的综合评价指数为 $Y_1 = 90 \geqslant 85$，因此评价结果为 I 级（优秀）。

通过开展水泥窑烟气 NO_x 治理技术评价应用试点可以得出以下结论：① 将评价指标体系中的必选指标纳入综合指数计算步骤，要求当所有必选指标的隶属度均为 100 时，计算综合评价指数 Y_{LK}；② 进一步验证了必选指标权重合计 0.70 和可选指标权重合计 0.30 的可操作性；③ 为了增加评价结果的可靠性，在评价方案确定、评价指标选择、测试方案制定等关键环节均增加专家咨询业务。

3.4.3　VOCs 蓄热燃烧（RTO）技术评价

按照《大气污染防治技术评价导则（建议稿）》和《挥发性有机物蓄热燃烧（RTO）技术验证评价规范（建议稿）》的要求，选择验证评价方法模块开展 RTO 验证评价应用试点。

验证评价对象为某精细化工企业的废气 RTO 净化系统，针对低浓度有机废气处理量大、直接焚烧能耗高、间接换热余热回收效率低等问题，开发了具有自主知识产权的三厢反吹蓄热式焚烧炉（实用新型专利），适用于成分复杂，含有腐蚀性或卤素、硫、磷、砷等对催化剂有毒的物质的中浓度有机废气治理，也适用于处理需要高温氧化才能消除气味的某些特殊臭气。通过 2 个阶段的测试开展验证评价，主要结果如图 3-12 和图 3-13 所示。

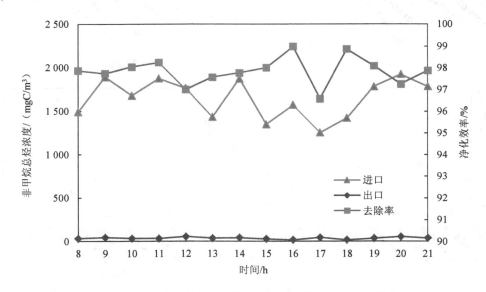

图 3-12　非甲烷总烃连续监测进出口排放浓度和去除率

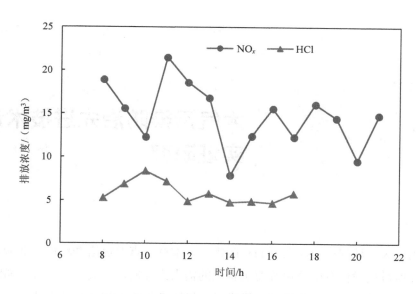

图 3-13　NO$_x$ 和 HCl 连续监测排放浓度

验证评价结果表明，第一阶段测试周期内，在炉膛温度（924±10.3）℃、流量（11 437±479）m³/h 的情况下，该 RTO 对非甲烷总烃的净化效率可维持在（97.8±0.64）%，对二氯甲烷的净化效率为 96.9%，对甲醇的净化效率为 96.7%，对恶臭浓度的净化效率为 98.4%；第二阶段测试周期内，在炉膛温度（924±6.6）℃、流量（10 958±565）m³/h 的情况下，该 RTO 对非甲烷总烃的净化效率可维持在（98.2±0.33）%，对二氯甲烷的净化效率为 98.1%，对甲醇的净化效率为 97.3%，对恶臭浓度的净化效率为 98.3%，且以上污染物指标和 NO$_x$、HCl 这两种二次污染物的排放浓度均可满足当地大气污染物排放标准的限值要求，总体环境净化性能良好。该 RTO 的热氧化排气在水洗后通过排气筒排放，呈白烟，未见黑色或灰色烟羽。RTO 周边感受不到热辐射，炉膛温度和进出口气体温差均比较稳定，热效率为 94.3%～94.7%，气流压差为（3 021±39）Pa，总体运行情况良好且稳定。就维护管理而言，该系统为全自动运行，可在手动、自动间切换，总体运行方便，但需要专业人员监控，操作要求中等。由于来气中含氯组分浓度较高，运行维护环节相对较多。总体而言，该 RTO 系统基本达到了设计要求，在难度较大的精细化工行业有机废气净化工作中实现了有效稳定运行。

VOCs 蓄热燃烧技术在验证评价应用试点中，为了科学、真实、有效地反映 RTO 技术作为高温氧化处理有机废气的特征和处理性能，规定了成分复杂的工业排气处理技术的特征：大气污染物指标不宜少于 2 项。特征指标的选取应突出燃烧技术的污染物去除特性及待处理气体的污染物特征。鉴于采用 RTO 设施进行处理的大气污染源的复杂性与多样性，以及现有相对比较成熟的分析方法支撑的情况，列出了可能用于排气指标的 56 种污染物作为参考。

围绕国内大气环保产业园发展的实际需求，本章重点聚焦诸暨环保产业园，以园区内浙江菲达环保科技股份有限公司等龙头企业的需求为导向，开展"十三五"期间我国工业源大气污染防治技术发展现状研究，形成了大气污染防治先进技术备选清单，并在此基础上面向国内科研院所和龙头企业开展典型案例征集工作。基于案例数据库提出了适用于工业源大气污染防治先进技术筛选的评分标准体系，筛选出适用的技术评价方法，开展先进技术评价实证研究，建立大气污染防治先进技术备选清单。

4.1 先进技术备选清单

本研究基于《大气污染防治先进技术汇编》《国家先进污染防治技术目录（大气污染防治、噪声与振动控制领域）》等，以我国及主要用能行业能源消费和污染物排放数据为依托，研究大气污染防治先进技术行业筛选对象，面向两种不同阶段（示范、成熟）分析工业源典型行业大气污染防治关键技术与配套技术装备；基于"大气污染成因与控制技术研究"重点专项中污染源全过程控制方向，梳理示范技术清单；基于典型行业大气污染防治关键技术装备水平与应用现状，厘清成熟推广技术清单，建立大气污染防治先进技术备选清单。

4.1.1 典型行业识别

我国能源结构以煤炭为主（图 4-1），且短期内难以改变。据统计，我国是世界第一煤炭消费国，2018 年能源消费总量为 46.4 亿 t 标准煤，比 2017 年增长 3.3%，其中煤炭消费量增长 1.0%，煤炭消费量占能源消费总量的 59.0%，约为 27.4 亿 t。我国也是世界第二石油消费国，2018 年石油消费量（当年产量加上净进口量）约为 6.25 亿 t，比 2017 年增加 0.41 亿 t，增速为 7%，对外依存度为 70%。我国还是世界第三天然气消费国，2018 年天然气消费量为 2 766 亿 m^3，比 2017 年增长 16.6%，对外依存度为 45.3%，同比增长 6.2%。

从行业来看，电力、钢铁、建材、化工等是我国煤炭的主要消费行业（图 4-2）。

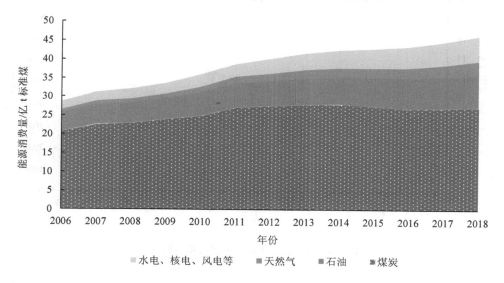

图 4-1　2006—2018 年我国一次能源消费情况

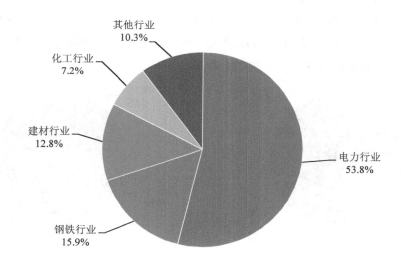

图 4-2　2018 年我国煤炭分行业消费情况

电力行业是我国国民经济的重要支柱产业，全国发电装机容量和发电量居世界前列。截至 2018 年年底，我国火电装机容量约为 11.4 亿 kW，占全国总装机容量的 60.2%（图 4-3）；全国 6 000 kW 及以上火电厂供电标准煤耗 309 g/（kW·h）。2018 年，火力发电煤炭消费量达 21.8 万 t，约占全国煤炭消费总量的 50%。通过测算中国燃煤火电机组超低排放改造的实施情况与减排效果，2017 年所有类型火电机组的 SO_2、NO_x 和烟尘排放量较 2014 年均大幅下降，降幅分别为 65%、60% 和 72%。

图 4-3 2005—2018 年中国发电装机情况

钢铁行业是资源、能源密集型产业，2018 年我国粗钢产量为 9.28 亿 t，占世界粗钢总产量的 51.3%。由图 4-4 可知，中国钢铁行业能源消费以煤/焦炭为主，占能源消费总量的 83%，远高于美国（46%）；天然气消费占比较低，仅为 7%，低于美国（33%）。钢铁行业工艺流程长、产污环节多，污染物排放量大。据测算，2017 年钢铁行业 SO_2、NO_x 和颗粒物排放量分别为 106 万 t、172 万 t 和 281 万 t。

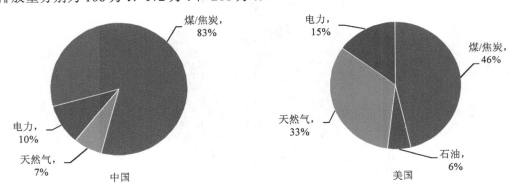

图 4-4 中国和美国钢铁行业能源消费对比

我国是世界上最大的建筑材料生产国和消费国，水泥、平板玻璃、建筑卫生陶瓷、石材和墙体材料等主要建材产品的产量多年居世界第一位。水泥行业属于高能耗行业，煤炭和电力是我国水泥制造业消耗的主要能源（图 4-5）。由图 4-6 可知，我国平板玻璃行业的能源消费以煤、重油、焦炭和天然气等为燃料，清洁燃料天然气占行业能源消费总量的 22%，远低于美国（80%）。建材行业的企业数量众多，是传统的高排放行业，据估算其 SO_2 排放为 160 万 t/a，NO_x 排放为 135 万 t/a，颗粒物排放为 340 万 t/a。

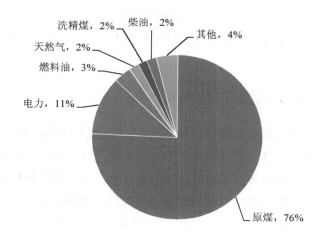

图 4-5　我国水泥行业能源消费构成

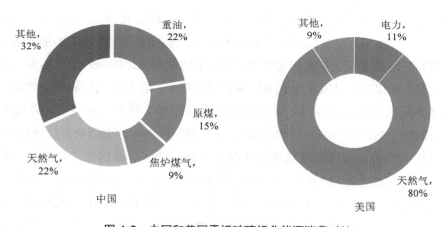

图 4-6　中国和美国平板玻璃行业能源消费对比

我国石化化工行业发展迅速，其产品产量及规模日益增加。2016 年，石油和化学工业规模以上企业有 29 624 家，实现主营业务收入 13.3 万亿元，约占全国规模工业主营收入的 11.5%。石化化工行业在生产过程中会排放大量的 VOCs，这是形成二次有机气溶胶（SOA）的重要前体物，同时与 NO_x 发生光化学反应产生 O_3 及其他光学氧化物。VOCs 种类繁多，不同物质对 O_3 和 SOA 的生产贡献也各不相同。工业锅炉使用量大面广，广泛应用于国民经济各行业，截至 2018 年年底我国锅炉总量近 40 万台。区域锅炉分布不均，其运行存在行业性、季节性差异，且存在燃烧效率较低、运行工况不稳定、污防设施不全/不运行、在线监测设施安装率低等问题，排放总量底数不清。

固定源（火电、钢铁、建材、有色冶炼、石化化工及工业锅炉等）排放是造成我国大气污染的重要原因，当前我国正从管理、科学、技术和工程等多层面持续推动大气污染源减排。我国正在制定以排污许可制为核心的固定污染源环境管理制度，旨在淘汰落后的工艺技术，提高污染治理水平，推进固定源精细化管控，改善空气质量。随着超低排放的实施，火电行业已从污染排放大户转变为治理标杆行业，非电行业已成为当前大气污染治理的主战场。

4.1.2 关键技术研发与示范应用现状分析

针对我国固定源污染源头减排的科技需求，"十三五"时期以来科技部共部署了14个项目，其中火电行业项目3个，非电行业项目11个。自上述项目实施以来，重点开发了燃煤电站和工业锅炉超低排放技术，钢铁等冶金行业多污染物协同控制与全过程控制耦合技术，化工、印刷、涂装等典型行业污染排放控制技术和清洁生产工艺。

在燃煤电站和工业锅炉排放控制与资源化利用方面，开发了燃煤电站颗粒物、SO_2 和 NO_x 全过程高效协同控制技术，突破了可凝结颗粒物和重金属脱除等关键技术，形成了低成本超低排放、劣质煤超低排放及超超低排放等系列技术和系统解决方案，并已建成相关示范工程（图 4-7）。针对高硫煤的特性，重点研究了低硫转化 SCR 催化剂及碱基喷射的 SO_3 控制技术，结合 SO_3 全过程控制关键技术研究成果，进一步开展了钙基、钠基等碱性吸收剂吸附 SO_3 的关键工艺参数优化研究，形成了适合高硫煤的高效低成本 SO_3 减排成套技术。在燃用劣质煤时，开发了宽调节比旋流燃烧技术，在保证高煤粉燃烧效率、稳定燃烧、防止结渣及高温腐蚀的同时，可实现锅炉出口低 NO_x 排放。开发了碱基喷吹与宽温带催化剂协同的全负荷高效脱硝技术，NO_x、SO_x 和颗粒物等污染物的多级增效减排技术，以及多污染净化设备一体化智能联动的环保岛控制系统，进而构建了燃煤电站烟气污染物超超低排放控制成套技术系统。在钙基湿法超低排放控制关键技术开发及应用方面，针对燃煤工业锅炉烟气脱硝存在的燃烧工况复杂多变、排烟温区不匹配等问题，开发了在240～400℃温度具有优异脱硝活性、选择性和抗硫性能的中高温选择性催化还原催化剂，在示范工程应用中实现 NO_x 排放浓度≤30 mg/m³（标态）。针对燃煤工业锅炉用煤品质低，含灰量、含硫量高等问题，优化了脱硫塔内构件及喷淋方式，实现了钙基湿法装置的高效脱硫；针对燃煤工业锅炉负荷波动明显、烟尘差异大等问题，开发了导电玻璃钢阳极筒＋芒刺阴极线＋高频电源组合的高效湿式电除尘器，提高了湿电除尘效率及稳定性。在活性焦干法超低排放控制关键技术开发及应用方面，开发了高效脱硫脱硝活性焦、高温空气燃烧、高效干法联合脱硫脱硝及高效布袋除尘组合等关键技术，在脱硫效率保持95%以上的同时，脱硝效率由70%提高到85%以上，解决了商用活性焦产品脱硝性能不足的问题。

在钢铁行业多污染物协同控制与全过程控制耦合技术方面，开发了基于烟气多污染物集并吸附脱除材料的吸脱附冷凝分离提纯耦合技术，构建了烟气干法治理工艺路线，实现了节能与减排相耦合、减排与废气资源化相耦合；开发了多污染物协同催化与余热高效梯级利用耦合技术及成套设备，构建了烟气半干法治理工艺路线，实现了节能与减排相耦合

（图 4-8）；开发了高温烟气循环余热利用与污染物源头减量耦合技术及成套装备，构建了烟气源头减排与过程控制路线，实现了节能与减排相耦合。在钢铁行业多工序多污染物协同控制技术方面，针对末端控制，基于我国烧结烟气排烟温度低、NO_x 浓度波动大等排放特征，开发了烧结烟气低温氧化脱硝成套化技术与装备，重点研制了具有自主知识产权的 O_3 分布器等关键设备，开发了硫硝高效协同吸收技术，实现氧化脱硝与各种脱硫工艺的高效匹配，并进一步开发了具有自主知识产权的新型梯级氧化-吸收技术。针对源头减排，基于我国钢铁行业长流程冶炼高污染、高能耗的现状，建立了基于镁质熔剂性球团替代烧结矿的炼铁污染物源头和过程削减技术体系，主要包括低排放熔剂性球团焙烧技术、低能耗中高硅镁质熔剂性球团制备技术和高比例球团高炉冶炼集成技术。

华能罗源电厂一期 2×660 MW 超超临界机组烟气协同治理工程

国电宿迁二期 660 MW 烟气超超低排放改造工程

图 4-7　低成本超低排放示范工程和超超低排放技术示范工程

图 4-8　余热高效梯级利用耦合的多污染物中低温协同催化净化技术示范工程

在建材行业烟气多污染物协同控制与全过程耦合技术方面，针对水泥烟气排放特点，设计开发了低氮燃烧＋高温电除尘器＋SCR脱硝技术，并在5 000 t/d水泥厂建立了国内首套水泥SCR超低排放示范工程，该示范工程于2018年9月20日投运，主要污染物浓度均实现了超低排放，并能够有效降低系统能耗、催化剂冲刷和堵塞风险。针对浮法玻璃和日用玻璃烟气特征，开发了玻璃炉窑烟气多污染物治理的深度减排技术和装备，在国家大气污染物治理重点区域，设计建设了玻璃典型高低硫燃料烟气多污染物协同深度减排示范工程。研发的烟气调质主要采用干法高温预脱硫的方式，采用碱性吸附/吸收剂喷射，在SCR装置前实现对烟气中SO_2和SO_3的预脱除，调制后在SCR反应器入口时SO_3含量未被检出；预处理塔还可以捕集大部分硫铵盐、碱金属、碱土金属和砷等物质，有效缓解了这些物质对催化剂的毒害作用，从而保证了SCR催化剂的稳定运行。针对陶瓷炉窑的烟气特点，开发了多场耦合多污染物协同控制技术。

在VOCs排放控制及替代技术与装备方面，设计开发了适用于芳烃和含氧类VOCs、含氯类VOCs和烷烃类VOCs净化的系列催化剂，并分别建成年产200万L薄壁陶瓷载体和年产50万L陶瓷基催化剂的生产线，生产的催化剂在化工、涂料、印刷等行业的VOCs净化中得到推广应用；完成吸附-脱附-催化燃烧、蓄热式催化燃烧（RCO）和直接催化燃烧等VOCs催化净化的工艺设计，建立了4套工业侧线试验、1套RCO（17 000 m^3/h）和5套直接催化燃烧（15 000～20 000 m^3/h）示范工程。开发了适应铜版纸张和纸箱预印的水基凹版印刷油墨，建成了年产2 000 t水基油墨的生产线，研制了适应水基油墨印刷的凹版印刷机，初步建成了无溶剂胶黏剂生产线。针对轨道车辆、钢管、合成革3种不同基材，成功研制了水性聚氨酯、水性环氧树脂2类5种基础树脂和6种水性涂料配方及3种涂装工艺，完成行业标准1项，项目取得的阶段成果已在天津钢管厂、中车四方车辆有限公司获得批量应用，完成了我国下一代碳纤维车体的涂装。

4.1.3 大气环保技术装备发展水平与应用现状分析

随着我国大气环保标准或政策的日趋严格，我国火电、钢铁、水泥、化工等典型行业的控制技术经历了一系列发展及工艺技术创新。近年来，通过自主研发或对国外技术引进吸收并再创新的方式，我国典型行业已形成一批具有自主知识产权的技术和装备，基本满足了典型行业大气污染物的控制需求。目前，火电行业可实现对常规污染物的高效控制，通过多污染物高效协同控制技术，燃煤机组的大气主要污染物实现了超低排放；与此同时，钢铁、水泥、石化化工行业的大气污染控制技术也取得了长足发展，为实现非电行业主要大气污染物超低排放奠定了基础。

在颗粒物控制技术方面，近年来燃煤电厂以超低排放技术为核心，颗粒物治理技术呈现多元化的发展趋势，主要有低温电除尘及湿式电除尘技术；同时，通过自主创新结合技术引进，布袋除尘技术和电袋复合除尘技术也取得了长足发展，特别是针对我国电厂煤种变化剧烈的特点，在静电除尘器的高比电阻煤种工作性能不良的情况下，电袋复合除尘器的应用正逐步扩大。另外，旋转电极式电除尘技术、粉尘凝聚、烟气调质、高频电源、脉冲电源等电除尘技术也有应用。钢铁行业研究开发了一批新技术、新结构，如导电滤槽技术、库伦格栅板技术、横向双极电场技术等，通过选择合理的设计参数、极配型式、极间距，并配套高效高压供电电源及采用新技术，可以满足超低排放要求。建材行业针对标准不断加严的现状提出电除尘一体化技术，即利用行业已成熟的先进技术和产品，根据实际工艺条件、设备运行情况及现场设备配套和布置情况，因时制宜、因地制宜地制定解决方案，主要包括合理布局电除尘系统、本体修理与完善、更新高压供电设备、烟气调质和选型验证等。高温除尘技术在有色冶金和化工等行业得到初步推广与应用。我国除尘技术发展历程见图 4-9。

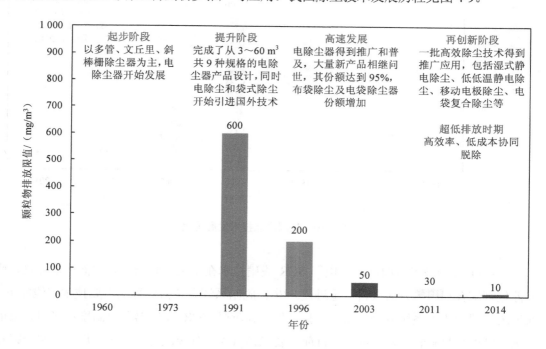

图 4-9　我国除尘技术发展历程

在 SO_2 控制技术方面，结合 SO_2 超低排放技术路线，主要基于传统石灰石-石膏湿法脱硫技术，通过对湿法烟气脱硫的强化传质与多种污染物协同脱除机理的研究，为 pH 分区控制、单塔/双塔双循环、双托盘/筛板/棒栅塔内构件强化传质、脱硫添加剂等系列脱硫增效关键技术的开发提供支撑，相关技术在燃煤机组上已实现规模化应用。烟气循环流化床脱硫技术等干法/半干法为达到超低排放，主要通过对半干法脱硫过程反应机理、温度调控、高活性钙基吸收剂制备、气固混合优化等方面的研究，发展了基于半干法的高效脱硫、脱硫除尘一体化、多种污染物协同脱除等关键技术。活性焦法、氨法等资源化脱硫技术研究也取得长足发展。火电行业已形成以石灰石-石膏湿法脱硫为主，以海水脱硫、烟气循环流化床脱硫、氨法脱硫等为辅的脱硫超低排放技术路线。钢铁行业脱硫主要包括湿法脱硫（石灰石-石膏法、氨法和氧化镁法等）、半干法脱硫（主要为烟气循环流化床法）和干法脱硫（主要为活性炭法）三条技术路线。石灰石-石膏法在水泥行业已得到示范应用。我国脱硫技术发展历程见图4-10。

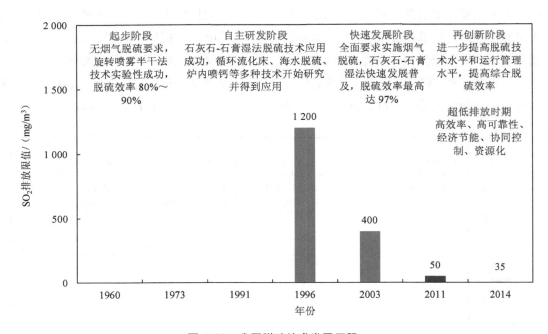

图 4-10 我国脱硫技术发展历程

在 NO_x 控制技术方面，燃煤电厂 SCR 脱硝技术在全负荷脱硝、高效催化剂开发、废旧催化剂综合利用等方面取得一定进展。SCR 脱硝系统全负荷运行的主要技术路线如下：通过改造锅炉热力系统或烟气系统，提高低负荷阶段 SCR 反应器入口温度；采用宽温催化剂，以提升脱硝装置入口烟温，目前主要包括省煤器分级改造、加热省煤器给水旁路和省煤器分割烟道等；宽温度窗口催化剂是在商用钒钛系催化剂的基础上，通过添加其他的元素来改进催化剂的性能、提高低温下催化剂的活性的。高效脱硝催化剂在催化剂原料生产、配方开发、煤种及工况适应性等方面均取得了长足进步：针对高灰分煤种，通过优化催化剂载体结构强度，增加催化剂入口耐磨结构，提高催化剂耐磨损及耐冲刷性能；针对高硫分煤种，通过优化催化剂配方，降低催化剂 SO_2/SO_3 转化率。根据 SCR 催化剂不同的失活机理（如催化剂的中毒、烧结、堵塞等），我国开展了广泛的再生工艺方法研究，目前已形成具有自主知识产权的脱硝催化剂再生工艺技术及装备；同时，针对不同再生价值的废弃脱硝催化剂，开展了以钠化焙烧-化学沉淀或溶液溶解-离子交换等手段分离提取钒、钨、钛氧化物等的技术研究，目前已有生产线投入使用。针对 SNCR 脱硝技术存在的混合不均匀、工况波动影响大、氨逃逸量大等问题，研究了通过优化温度场和速度场的均匀性，以加强还原剂与烟气的均匀混合，提高脱硝效率；同时，采用脱硝添加剂扩展 SNCR 温度反应区间，以提高该技术的温度适应性。目前，火电行业 NO_x 控制技术主要包括低氮燃烧技术、SCR 技术、SNCR 技术及 SNCR-SCR 联合技术，其中 SCR 技术应用比例超过 95%。钢铁行业烟气脱硝主要采用 SCR 工艺，包括安装燃烧器加热烟气后采用 SCR 法和低温催化剂 SCR 法两条技术路线。水泥行业脱硝主要以低氮燃烧技术和 SNCR 脱硝技术为主。我国脱硝技术发展历程见图 4-11。

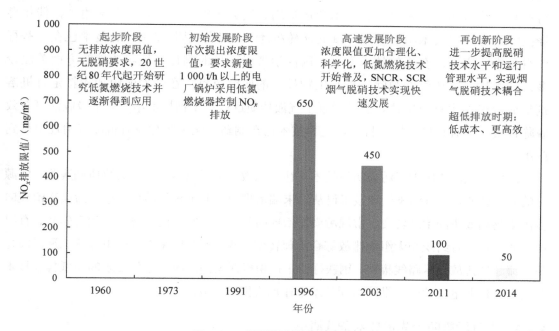

图 4-11　我国脱硝技术发展历程

在 VOCs 治理技术方面，近年来我国 VOCs 控制理论与技术不断发展，VOCs 控制正由源头控制向末端治理的全工艺流程治理转变，以吸附技术、催化燃烧技术、生物技术及组合技术为代表的 VOCs 控制技术得到进一步发展。VOCs 的末端控制分为回收技术和销毁技术。吸附技术、冷凝技术等常用的回收技术的发展推动了高浓度 VOCs 的回收和资源化利用。其中，在吸附技术方面，吸附材料的微波改性、表面活化改性及复合材料的研发取得突破，开发了高性能、高选择性的吸附材料；通过微波改性改变了吸附剂的孔隙结构，提高了比表面积和孔容，强化了吸附容量；通过表面活化改性改变了表面官能团分布，实现了污染物的高效、高选择性处理；改性活性炭纤维、硅藻土/MFI 型沸石、介孔聚二乙烯基苯（PDVB）树脂等新型吸附材料的研发与应用推进了 VOCs 的高效吸附回收；高疏水性和热稳定性的分子筛吸附材料已在实验室内成功合成。在冷凝技术方面，其工艺和结构优化进展较大，如通过多级压缩和复叠式制冷提高了压缩机效率，降低了蒸发温度，使系统经济性得到优化；在工程应用中，冷凝技术常作为预处理技术与其他技术耦合使用。销毁技术主要包括催化燃烧技术、蓄热燃烧技术和生物技术等。氧化性催化剂的低温活性、抗硫中毒能力和热稳定性是催化燃烧技术的研究热点，通过催化剂制备方法的调变和金属元素掺杂改性提升了催化剂低温区间的反应活性、稳定性及抗中毒能力，开发了高效抗硫/氯中毒、宽温度窗口的系列催化剂配方，为高湿度、复杂成分、含硫/氯有机废气的工业化处理提供了支撑。蓄热燃烧技术在高性能蓄热材料研发及燃烧室结构优化方面得到发展，实现了 VOCs 高效高热回收效率处理；新型金属-蜂窝蓄热体和相变蓄热材料与传统蓄热材料相比，其成本和质量均有较大改善。在实际工业应用中，催化燃烧技术常与吸附技术组合使用，沸石转轮/活性炭吸附-脱附-催化燃烧技术已在一些行业得到推广应用。在生物技术方面，国内学者对菌种的驯化、填料改性等方面关注较多；疏水性有机废气的脱除一直是生物技术的研究热点，在营养液中加入特定有机溶剂形成双液相生物反应器，显著增强了气液传质过程；生物技术结合化学吸收法可有效脱除含氯、含氮有机废气。目前，生物技术已在制药、化工等行业有机废气治理中得到应用。

总体来说，我国大气污染防治技术正往更高效、更低成本、多污染物协同脱除、资源化的方向转变，大气污染治理技术已从以末端治理为主向全过程转变、单一污染物治理向多污染物高效协同治理转变、常规污染物治理向常规与非常规污染物综合治理转变、有组织排放治理向有组织和无组织排放综合治理转变。从行业角度来看，火电行业已逐步向几条主流超低排放技术路线集聚，钢铁行业正在积极探索满足超低排放要求的超低排放技术路线，其他非电行业的一批防治新技术正在加快推广与应用。

4.1.4 大气污染防治先进技术备选清单

基于上述研究，随着我国能源消费总量的持续增长及大气环保标准的日趋严格，我国重点固定污染源（包括电力、钢铁、水泥、有色冶炼、石化化工等）的大气污染物（颗粒物、SO_2、NO_x、VOCs 等）排放控制技术经历了一系列重大发展及工艺创新。基于国家和地方组织开展的大量科技攻关形成的一大批大气污染治理技术创新成果，通过整理、筛选形成了大气污染防治先进技术备选清单（表 4-1）。该备选清单入选技术大多源于"十三五"以来相关国家科技计划项目或自主创新的研究成果，共汇集了 63 项关键技术，涵盖三大领域的污染防治关键技术：①锅炉烟气污染防治技术由烟气脱硫技术、烟气脱硝技术、烟气除尘技术和烟气多种污染物超低排放技术路线 4 项细分领域组成；②工业炉窑烟气污染防治技术由烟气脱硫技术、烟气脱硝技术、烟气除尘技术、烟气多种污染物协同控制技术和烟气多种污染物超低排放技术路线 5 项细分领域组成；③VOCs 工业废气污染防治技术由单项技术和组合工艺两大类型组成。

表 4-1 大气污染防治先进技术备选清单情况

领域	细分领域	备选技术名称（典型案例）
锅炉烟气污染防治技术	烟气脱硫技术	1. 石灰石/石灰-石膏湿法烟气脱硫技术（15 个） 2. 循环流化床法烟气脱硫技术（6 个） 3. 氨法烟气脱硫技术（3 个） 4. 海水脱硫技术（3 个） 5. 钠碱法烟气脱硫技术（5 个） 6. 氧化镁法烟气脱硫技术（3 个） 7. 湿法电石渣烟气脱硫技术（2 个） 8. 湿法白泥燃煤烟气脱硫技术（2 个） 9. 炉内脱硫技术（1 个）
	烟气脱硝技术	10. SCR 脱硝技术（8 个） 11. SNCR 脱硝技术（4 个） 12. SNCR-SCR 联合脱硝技术（3 个） 13. SCR 系统智能喷氨技术（1 个） 14. 低氮燃烧技术（2 个）
	烟气除尘技术	15. 干式电除尘技术（6 个） 16. 湿式静电除尘技术（5 个） 17. 电袋复合除尘技术（4 个） 18. 袋式除尘技术（4 个） 19. 电除尘器用脉冲高压电源（电源技术）（2 个） 20. 低低温电除尘技术（4 个） 21. 静电增强除雾技术（2 个） 22. 湿式相变凝聚除尘及余热回收集成装置（1 个）
	烟气多种污染物超低排放技术路线	23. 低氮燃烧技术 + SCR 脱硝 + 干式电除尘器辅以提效技术 + 石灰石-石膏湿法脱硫协同除尘 + 湿式电除尘器（6 个） 24. 低氮燃烧技术 + SCR 脱硝 + 干式电除尘器辅以低低温提效工艺和提效技术 + 石灰石-石膏湿法脱硫高效协同除尘的典型工艺技术路线（8 个） 25. 低氮燃烧技术 + SCR 脱硝 + 超净电袋复合除尘器（辅以电源提效技术）+石灰石-石膏湿法脱硫协同除尘的典型工艺技术路线（2 个） 26. 低氮燃烧技术 + 循环流化床锅炉炉内脱硫 + SNCR 脱硝 + 烟气循环流化床半干法脱硫 + 超净袋式除尘器（2 个） 27. 循环流化床锅炉炉内脱硫 + SNCR 脱硝 + 烟气循环流化床半干法脱硫 + 袋式除尘器 + 湿式电除尘器（2 个） 28.（SCR + O₃）脱硝 + 布袋除尘器 + 高效双托盘塔湿法脱硫辅以高效除雾器深度除尘（2 个）
工业炉窑烟气污染防治技术	烟气脱硫技术	29. 多孔碳低温催化氧化烟气脱硫技术（2 个）
	烟气脱硝技术	30. 焦炉烟气中低温 SCR 脱硝技术（6 个） 31. 焦化烟气旋转喷雾法脱硫 + SCR 脱硝技术（2 个）

领域	细分领域	备选技术名称（典型案例）
工业炉窑烟气污染防治技术	烟气除尘技术	32．钢铁窑炉烟气颗粒物预荷电袋式除尘技术（6个） 33．静电滤槽电除尘技术（3个） 34．转炉煤气干法电除尘及煤气回收成套技术（2个） 35．转炉煤气湿法洗涤与湿式电除尘复合除尘技术（2个） 36．电炉烟气多重捕集除尘与余热回收技术（2个）
	烟气多种污染物协同控制技术	37．碳基催化剂多污染物协同脱除及资源化利用技术（2个） 38．电解铝烟气氧化铝脱氟除尘技术（2个） 39．陶瓷触媒管式多污染物协同控制技术（2个） 40．催化裂化再生烟气除尘脱硫技术（2个）
	烟气多种污染物超低排放技术路线	41．干式电除尘器＋氧化脱硝＋石灰石-石膏湿法脱硫（3个） 42．干式电除尘器＋活性焦（炭）法（2个） 43．干式电除尘器＋SCR脱硝＋石灰石-石膏湿法脱硫（3个）
	烟气多种污染物超低排放技术路线	44．干式电除尘器＋石灰石-石膏湿法脱硫＋SCR脱硝（2个） 45．半干法脱硫＋袋式除尘器＋SCR脱硝（2个） 46．干式电除尘器＋SCR脱硝＋镁法脱硫＋湿式电除尘器（2个） 47．低氮燃烧技术＋SNCR脱硝＋高温电除尘器＋干法脱硫装置＋SCR脱硝＋袋式除尘器（2个） 48．低氮燃烧技术＋SNCR脱硝＋高效电袋复合除尘器＋干法脱硫＋低温SCR脱硝（2个）
VOCs工业废气污染防治技术	单项技术和组合工艺	49．活性炭吸附回收VOCs技术（6个） 50．蓄热式催化燃烧（RCO）净化技术（6个） 51．蓄热式热力燃烧（RTO）净化技术（10个） 52．低浓度多组分工业废气生物净化技术（4个） 53．循环脱附分流回收吸附净化技术（2个） 54．变温吸附有机废气治理及溶剂回收技术（2个） 55．冷凝与变压吸附联用有机废气治理技术（2个） 56．高效吸附-脱附-（蓄热）催化燃烧VOCs治理技术（2个） 57．转轮与蓄热式燃烧联用有机废气治理技术（2个） 58．O_3协同常温催化恶臭净化技术（2个） 59．平版印刷零醇润版洗版技术（1个） 60．包装印刷行业节能优化及废气收集处理一体化技术（1个） 61．人造板低温粉末涂装技术（1个） 62．木质家具水性涂料LED光固化技术（1个） 63．定型机废气余热回收及处理技术（1个）

为推动相关大气污染治理技术成果的全社会共享和应用转化，课题组向承担国家科技计划研究任务的企事业单位及业内龙头企业进一步征集了逾200个典型案例，最终编制形成了《大气污染防治先进技术及案例汇编》（以下简称《技术汇编》）。其中，锅炉烟气污染防治技术领域汇集了22项关键技术（86个案例）和6条技术路线（22个案例）；工业

炉窑烟气污染防治技术领域汇集了 12 项关键技术（33 个案例）和 8 条技术路线（18 个案例）；VOCs 工业废气污染防治技术领域汇集了 15 项单项技术或组合工艺（43 个案例）。《技术汇编》分为技术目录和技术简介两部分：第一部分技术目录中，每项技术由工艺路线、主要技术指标、技术特点、适用范围和技术类别 5 个部分组成；第二部分技术简介中较详细地阐述了各项技术的具体内容、应用工程与案例（包括主要工艺原理、关键技术或设计创新特色、主要技术指标、投资及运行效益分析等）。

　　《技术汇编》所选案例征集原则，一是满足最新大气污染物排放标准。我国针对大气污染物排放控制重点行业陆续推行了严格的排放标准，以推动主要行业大气污染物的减排。现行的行业标准涵盖电力、钢铁、水泥、玻璃和燃煤锅炉等。各标准根据行业排放特点和污染物排放总量控制目标制定了各污染排放环节的相应污染物浓度排放限值。"十三五"以来，以火电、钢铁为代表的部分重点行业在超低排放国家战略的驱使下，排放标准呈趋严的态势。《技术汇编》中所筛选的案例都符合各行业最新的大气污染物排放标准甚至超低排放标准，符合国家产业政策导向。二是严格遵守国家经济发展方式转变需要，紧跟产业结构调整步伐，对涉及重点源生产工艺即将被淘汰的案例一律剔除。三是主要参考《产业结构调整指导目录（2019 年本）》。其他要求包括入选案例要具有代表性，案例参数应真实可靠，知识产权明晰、不存在纠纷，愿意接受专家及用户评价并向行业推荐推广，对于同一家单位申报多个案例的情况，原则上只入选一个符合上述要求的案例。

4.2　先进技术评价指标

　　近年来，我国在大气污染治理上取得了举世瞩目的成绩，但是大气污染治理总体形势依然严峻，大气污染防治先进技术筛选面临更紧迫的需求和挑战。需求是指先进技术评价对科研成果转化起到至关重要的作用，构建先进技术评价指标体系是开展相关评估工作的前提，完善的先进技术评价机制可提高国家科技管理水平，优化资源配置，进而引领企事业单位科研健康发展。挑战是指污染源多、技术流派多、工艺路线多，评估体系尚不完善，环保技术与装备（产品）的转化脱节问题突出。随着国内外逐步认识到大气污染防治技术评价的重要性，我国也在加快开展相关技术评价研究工作，其中关键的一环就是筛选和构建大气污染防治先进技术评价指标体系。

　　由于研发阶段技术研究成果不以成果转化作为评定标准，故而与本书第 3 章相比，本章所论述的先进技术评价指标体系主要聚焦于已产业化的技术成果（包括示范或成熟推广技术），旨在通过该指标体系可以较全面、系统、客观、定性定量地对大气污染防治技术进行评价和比较。具体来说，大气污染防治先进技术评价指标体系共包含 4 项一级指标，即技术指标、经济指标、环境影响指标及运行管理指标（图 4-12），其与本书第 3 章产业化阶段大气污染防治技术评价指标体系的差异性见表 4-2。

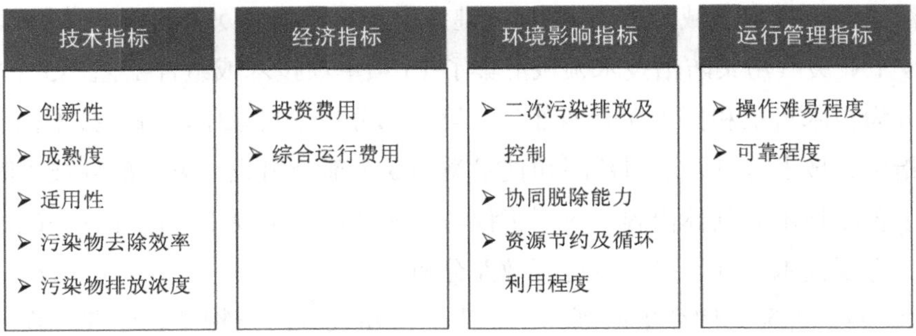

技术指标	经济指标	环境影响指标	运行管理指标
➤ 创新性 ➤ 成熟度 ➤ 适用性 ➤ 污染物去除效率 ➤ 污染物排放浓度	➤ 投资费用 ➤ 综合运行费用	➤ 二次污染排放及控制 ➤ 协同脱除能力 ➤ 资源节约及循环利用程度	➤ 操作难易程度 ➤ 可靠程度

图 4-12 大气污染防治先进技术评价体系

表 4-2 技术评价指标体系对比

对比点	大气污染防治先进技术评价指标体系	产业化阶段大气污染防治技术评价指标体系	对比分析
一级指标	技术指标、经济指标、环境影响指标和运行管理指标	技术指标、经济指标、环境影响指标和社会指标	先进技术评价更加注重技术先进性、经济合理性、环境效益显著性和运行管理可靠性等方面的指标，故用运行管理指标替代社会指标
二级指标	技术指标：创新性、成熟度、适用性、污染物去除效率和污染物排放浓度	技术指标：技术可靠性、适应适用性、技术水平、运行管理	先进技术评价简化了部分二级评价指标，移除了运行管理指标
	经济指标：投资费用、综合运行费用	经济指标：投资成本、运行成本、维护检修成本、退役处置成本、收益	先进技术评价将运行成本等合并为综合运行费用，便于评价
	环境影响指标：二次污染排放及控制、协同脱除能力、资源节约及循环利用程度	环境影响指标：对周围环境的影响、协同效益、资源节约	先进技术评价拓展了技术资源化利用指标
	运行管理指标：操作难易程度、可靠程度	社会指标：政策符合性、市场价值、科学价值与学术水平、社会效益	考虑到先进技术备选清单主要来源于"十三五"以来的科研项目研究成果，本身普遍具有推广前景，故先进技术评价用运行管理指标替代社会指标
三级指标	采用定性定量相结合的方法进行综合评估	进一步细化提出了三级指标	先进技术评价从操作性角度适当简化了评估工作量

在这 4 项一级指标中，技术指标和经济指标相对容易衡量，环境影响指标和运行管理指标则相对复杂，本节采用二级指标和三级指标对每个一级指标进行描述和量化。

在技术指标方面，与大气污染防治技术评价要求相比，先进技术评价更加注重原始创新、集成创新或引进消化吸收再创新后该技术是否具有较好的市场占有率、较好的燃料或行业适应性、可实现超低排放等严格的排放限值要求，故采用 5 项二级指标对技术指标进行描述和量化，包括创新性、成熟度、适用性、污染物去除效率和污染物排放浓度。具体而言，创新性方面，由于筛选的先进技术普遍为"十三五"以来行业主流应用技术或已经示范推广的技术，故规定按行业或细分领域情况判断技术独创性，以解决技术或实际应用难点为核心，具有较高的灵活性。比如，可以对成熟推广或示范推广两个阶段做进一步区分。火电行业"十三五"期间脱硫仍以成熟的石灰石-石膏湿法脱硫技术为主，但为满足 SO_2 超低排放需要，主要通过工艺优化或增加关键零部件实现脱硫增效，故可以设置为一般的指标分数；在大气专项支持下，一些资源化脱硫技术在实现超低排放的基础上又可以实现副产物的高效资源利用，相关示范工程也已经投入运行，则可以设置为较大改进的指标分数。成熟度方面，若稳定运行时间越长、工程应用占比越多，则得分越高；值得注意的是，要同时关注技术工艺的科学合理性，若技术工艺存在争议则得分较低。适用性方面，若某项技术在不同规模、不同行业均得到大规模应用与推广，且对主生产工艺系统影响及应用条件的开放性限制越少，则得分越高。污染物去除效率和污染物排放浓度方面，以锅炉为例，由于位于不同省份、不同区域的燃煤锅炉污染物排放限值要求存在一定差异，因此同一技术 2 项指标得分的分布范围可能相对更大。

在经济指标方面，与大气污染防治技术评价要求相比，先进技术评价更加注重是否能以较低的成本获得较大的收益，故该指标共包括投资费用和综合运行费用 2 项指标。经济指标的计算往往需要充足的数据支持，主要包括投资费用（基础设施建设费用、设备投资及占地情况等）和综合运行费用（工程运行物耗、能耗、人员工资、设备折旧、维修管理等费用）两方面。经济指标更加注重数据的量化，因此优先选择可以明确量化的指标。在实际工程技术选择过程中，先进技术的经济成本往往也是其筛选决策中最重要的因素之一。

在环境影响指标方面，与大气污染防治技术评价要求相比，先进技术评价更加关注二次污染是否需要后续开发新技术、多污染物协同控制及资源化利用情况。环境影响指标共包含二次污染排放及控制、协同脱除能力和资源节约及循环利用程度 3 个方面。首先，我们通过二次污染排放及控制情况来评估每项技术对周边环境的影响，它取决于技术应用是否产生副产物或固体废物等，主要受技术属性影响，如二次污染种类、数量及危害性。其次，根据治理技术（脱硝、除尘和脱硫装置等）在脱除其目标污染物的同时是否协同脱除汞及其化合物等其他大气污染物，或为其他设备创造条件，来评估该技术协同脱除能力对环境的影响。在假设两项脱硫技术均能实现超低排放的前提下，若某项脱硫技术协同脱除其他污染物的效率越高，则所带来的边际环境效益越好。最后，通过技术工程副产品回收利用、物料循环利用情况来评估资源节约及循环利用程度，以及由其带来的额外收益。

在运行管理指标方面，与大气污染防治技术评价要求相比，先进技术评价重点关注运维的操作难度及是否能长期稳定运行，包括操作难易程度和可靠程度 2 项指标。操作难易程度集合了技术的正常运行操作、日常维护、故障检修等，基本上可涵盖并反映该技术的运行管理难度。可靠程度是指技术工程应用的稳定性和安全性。

综合以上 4 项一级指标的得分，通过计算算术平均值可以得到每项技术最终的综合技术评分。

4.3　先进技术评价方法

本节解决的关键问题是，筛选的大气污染防治先进技术备选清单中，哪些应该被淘汰？哪些可以保留？先进技术备选清单面向火电、钢铁、建材、化工、锅炉等典型行业的锅炉烟气污染防治技术、工业炉窑烟气污染防治技术和 VOCs 工业废气污染防治技术三大领域，共汇集了 63 项先进技术及超低排放技术路线，逾 200 个工程案例。先进技术评估方法在现实中并非进行简单的打分，在很多时候需要根据实际情况逐一进行判断。为有效开展先进技术评价工作，选取的技术评价方法一方面必须具有较好的可操作性，另一方面要便于实现对评价指标体系中的各项指标开展综合评估。

本书第 3 章将技术评价方法分为定性评价、定量评价、定性与定量相结合的综合评价法，并建议在选择评价方法时应适应评价对象和任务的要求，根据现有资料状况做出科学的选择。基于上述考量，应选取一套清晰、简易的计算规则，兼具设计的复杂性和操作的简便性，故本节选取了定性评价法中的同行评价法。同行评价法应用范围广、可操作性强、方法成熟，其中专家打分法是在定量和定性分析的基础上，以打分的方式对评价对象做出定量评价，其结果具有数理统计特性。该方法分为 5 个步骤：选定专家→制定打分调查表→组织专家打分→统计分析→得出评价结论。

专家打分步骤中，只有每项技术同时满足下列 4 个条件后才进入打分环节，若不满足下述任意一个条件则不予推荐，不进入打分环节（表 4-3）；若某项技术评分≥80 分，则推荐为先进技术（表 4-4）。

表 4-3　先进技术筛选初审评价

技术名称			技术编号	
1. 技术基本要求（符合打"√"，不符合打"×"，出现"×"不推荐，全部打"√"初步推荐并进入打分环节） 1）符合国家环保政策和产业政策。（　） 2）技术持有单位为依法注册、经营的单位，技术知识产权清晰，不涉及产权纠纷。（　） 3）技术原理符合科学规律，工艺合理可行。（　） 4）至少有一个使污染物排放达到国家或地方污染物排放标准的工程应用案例。（　）				
结果：初步推荐（　），进入打分环节；不推荐（　）				

2. 技术评分（详见评分表）

结果：得分≥80分，推荐（ ）；得分＜80分，不推荐（ ）

3. 综合评价意见（①推荐技术：对应技术评分指标，填写技术创新点、亮点等较为突出的技术特点；②不推荐技术：对应技术基本要求和技术评分指标，列举客观、有说服力的淘汰理由，也可列举欠缺的关键支撑材料说明对判断的支撑不足）

专家签名：

日期：　　　年　月　日

表 4-4　先进技术筛选评分标准　　　　　　　　　　单位：分

指标			权重赋分	指标分级及评分标准					得分
一级	二级	三级指标说明		1（好）	2（较好）	3（中）	4（较差）	5（差）	
技术指标（40分）	创新性	按行业或细分领域情况判断技术独创性，解决技术或实际应用难点	8	重大改进 8～7	较大改进 6～5	一般 4～3	较小改进 2～1	无 0	
	成熟度	技术工艺的科学合理性，设计、施工、运行稳定性，工程应用数量	6	高 6	较高 5	一般 4	较低 3	低 2～0	
	适用性	技术对不同规模、行业的适用性，对主生产工艺系统的影响及应用条件的开放性（限制少）	10	好 10～9	较好 8～7	一般 6～5	较差 4～3	差 2～0	
	污染物去除效率	污染物去除效率=（防治设施进口浓度−防治设施出口浓度)/防治设施进口浓度×100%	10	高 10～9	较高 8～7	一般 6～5	较低 4～3	低 2～0	
	污染物排放浓度	防治设施出口污染物浓度	6	优于本行业特别排放限值 6	满足本行业特别排放限值 5	满足本行业新建排放标准 4	满足本行业在用排放标准 3	— 2～0	
经济指标（20分）	投资费用	按行业或细分领域情况判断技术工程应用基础设施建设费用、设备投资及占地情况	10	低 10～9	较低 8～7	一般 6～5	较高 4～3	高 2～0	
	综合运行费用	按行业或细分领域情况判断工程运行物耗、能耗、人员工资、设备折旧、维修管理等费用	10	低 10～9	较低 8～7	一般 6～5	较高 4～3	高 2～0	
环境影响指标（24分）	二次污染排放及控制	技术二次污染情况（如二次污染种类、数量、危害性）及二次污染控制情况	10	无 10～9	少量但可控 8～7	大量但可控 6～5	危害大但可控 4～3	危害不可控 2～0	

指标			权重赋分	指标分级及评分标准					得分
一级	二级	三级指标说明		1（好）	2（较好）	3（中）	4（较差）	5（差）	
环境影响指标（24分）	协同脱除能力	按行业或细分领域情况判断技术工程除目标污染物外的污染物去除情况	6	好 6	较好 5	一般 4	较差 3	差 2～0	
	资源节约及循环利用程度	按行业或细分领域情况判断技术工程副产品回收利用、物料循环利用情况	8	高 8～7	较高 6～5	一般 4～3	较低 2～1	低 0	
运行管理指标（16分）	操作难易程度	技术工程正常运行操作、日常维护、故障检修等的复杂难易情况	6	容易 6	较容易 5	一般 4	较难 3	难 2～0	
	可靠程度	技术工程应用的稳定性和安全性	10	可靠 10～9	较可靠 8～7	一般 6～5	较不可靠 4～3	不可靠 2～0	
合计			100						

注：当评分表内的指标不能完全体现被评价技术时，可适当增减其他指标并给出权重后打分。

4.4　先进技术评价实证分析

本研究面向高校、科研院所、企业和协（学）会等企事业单位，共邀请了在工程实践、技术研发、技术评价、大气污染控制方面具有丰富经验的 30 名专家，采用专家打分法对技术进行了评价。专家来源以企业、高校和科研院所为主，其中企业专家数量最多为 17 人，正高级职称以上 19 人，见图 4-13。

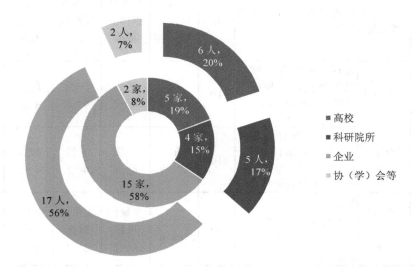

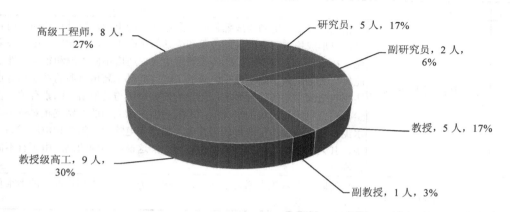

图 4-13 专家来源及专家职称情况

考虑到大气污染防治先进技术备选清单面向多种污染源、多个技术流派、多条工艺路线，专家普遍会根据自己的专业研究领域有选择性地对脱硫脱硝除尘及 VOCs 净化技术进行打分。以某除尘专家的初审总体评价表为例（表 4-5），该专家针对清单中的 7 项除尘技术开展了技术评分，依据表 4-4 所列标准给出了最终打分结果。由图 4-14 可知，不同除尘工艺在技术、经济、环境影响和运行管理方面存在较大差异，同一工艺中的细分技术由于一些运行上的差别也导致某些因素存在一定差异。由图 4-15 可知，7 项除尘技术中有 6 项技术超过 80 分，进入了先进技术推荐环节，1 项技术按照规则被淘汰。

表 4-5 某除尘专家初审总体评价

序号	技术名称	初审评价意见
1	电除尘技术（包括干式常规电除尘技术、低低温电除尘技术、湿式电除尘技术）	电除尘器在国内已有 40 多年的发展历史，我国生产、使用电除尘器的数量均居全球之首，在该领域的全球科技排名也位居前列，电除尘行业已经成为我国环保产业中能与国际厂商相抗衡且最具竞争力的一个行业。随着研究的不断深入，电除尘器在结构、性能、控制方式等方面日臻完善，其处理烟气量大、除尘效率高、适应范围广、运行费用低、经济性好、使用方便且无二次污染等独特优点也日益凸显，已成为部分工业领域除尘设备的首选产品，也是工业烟尘或颗粒物治理的主流设备
2	电袋复合除尘技术	2003 年，我国第一台电袋复合除尘器在上海浦东水泥厂应用，并快速得到推广。电袋复合除尘器具有长期稳定低排放、运行阻力较袋式除尘器低、滤袋使用寿命较袋式除尘器长、运行维护费用较低、适用范围广、经济性较好的优点，并能实现 5 mg/m³（标态）以下的超低排放，但也存在旧滤袋资源化利用的问题
3	袋式除尘技术	袋式除尘器是治理大气污染的高效除尘设备，更是解决工业烟气 $PM_{2.5}$ 超低排放的重要技术与装备，净化后的颗粒物浓度可达 10 mg/m³ 以下，甚至达到 5 mg/m³，设备运行阻力较电除尘器、电袋复合除尘器高，存在旧滤袋资源化利用的问题，现广泛应用于钢铁、水泥、有色、垃圾焚烧、医药和食品加工等各个工业领域，在电力行业也有一定比例的应用

序号	技术名称	初审评价意见
4	电除尘器用脉冲高压电源	单相晶闸管高压电源为成熟和应用数量最多的电源，经过长期的使用和完善，已形成稳定可靠的控制技术和成熟的生产工艺，控制性能已实现多样化。在此基础上，研发出的各类新型电源，适应不同工况和粉尘特性的性能好，大幅提高了除尘效率、降低了运行能耗。高压电源的性能和特点确实影响电除尘器的运行效率，但影响的大小还与其他诸多因素有关，在烟尘很适合电除尘捕集的情况下，不同高压电源之间的差别就相对较小，如水泥行业中经常出现同样的工艺中（如窑头电除尘）的三相电源或高频电源，其效率甚至还不如普通可控硅电源，这说明不同的高压电源有不同的适应性
5	静电滤槽电除尘技术	在传统除雾器基础上增设电晕极，在电场力、离心力和惯性力的多重作用下实现高效除尘除雾

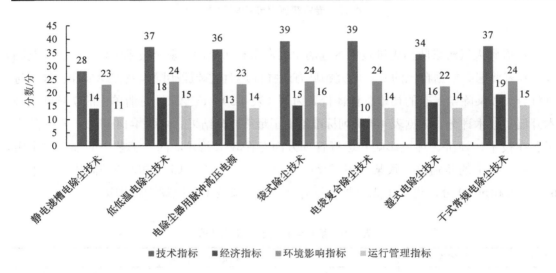

图 4-14 某除尘专家分指标打分

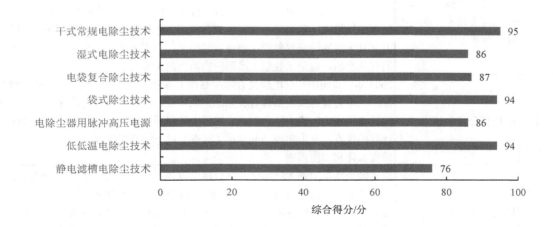

图 4-15 7 项技术综合得分

　　依托 30 位各行业各领域专家对大气污染防治先进技术备选清单中各项技术与技术路线的打分，采用算术平均法对各项技术与技术路线综合得分进行的核算。锅炉烟气污染防治技术方向（图 4-16），超过 90 分的技术仅干式电除尘技术 1 项，占比 3.6%。其中，单项技术中钠碱法烟气脱硫技术、氧化镁法烟气脱硫技术、炉内脱硫技术、静电增强除雾技术和湿式相变凝聚除尘及余热回收集成装置共 5 项技术的评分低于 80 分，被划分到淘汰技术行列；循环流化床锅炉炉内脱硫＋SNCR 脱硝＋烟气循环流化床半干法脱硫＋袋式除尘器＋湿式电除尘器及（SCR＋O₃）脱硝＋布袋除尘器＋高效双托盘塔湿法脱硫辅以高效除雾器深度除尘 2 条超低排放技术路线的评分同样低于 80 分。工业炉窑烟气污染防治技术方向（图 4-17），多孔碳低温催化氧化烟气脱硫技术、陶瓷触媒管式多污染物协同控制技术和催化裂化再生烟气除尘脱硫技术共 3 项技术的评分低于 80 分，干式电除尘器＋氧化脱硝＋石灰石-石膏湿法脱硫及低氮燃烧技术＋SNCR 脱硝＋高效电袋复合除尘器＋干法脱硫＋低温 SCR 脱硝 2 条路线低于 80 分。VOCs 工业废气污染防治技术方向（图 4-18），低浓度多组分工业废气生物净化技术、O₃ 协同常温催化恶臭净化技术和木质家具水性涂料 LED 光固化技术共 3 项技术的评分低于 80 分。

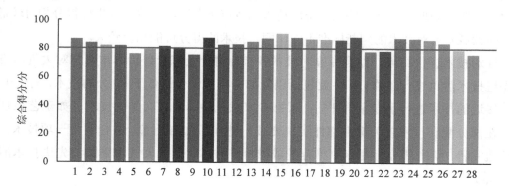

注：图中序号所代表技术名称见表 4-1。

图 4-16　锅炉烟气污染防治技术综合指标得分

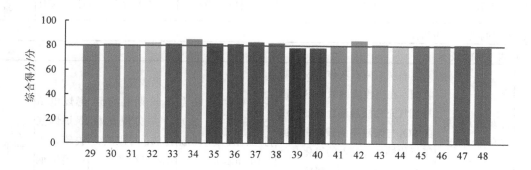

注：图中序号所代表技术名称见表 4-1。

图 4-17　工业炉窑烟气污染防治技术综合指标得分

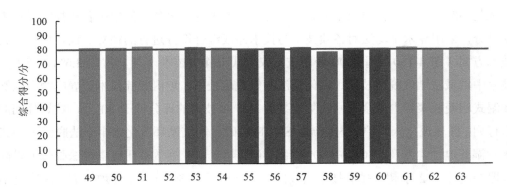

注：图中序号所代表技术名称见表 4-1。

图 4-18　VOCs 工业废气污染防治技术综合指标得分

　　从图 4-16～图 4-18 可以发现，总体上综合指标得分：锅炉烟气污染防治技术方向＞工业炉窑烟气污染防治技术方向＞VOCs 工业废气污染防治技术方向。分析发现，一些技术或技术路线评分较低可能是以下原因造成的：①某些技术在运行中难以长期稳定运行或二次污染较难处理等；②一些示范推广技术尚待市场考证，导致部分指标得分相对较低；③不同领域专家对技术的判断标准不同，同一技术的得分可能相差较大。

　　针对技术评价结果，结合专家对技术各指标得分及综合评价，本研究对大气污染防治先进技术清单进行了修订，主要包括剔除部分技术评价远低于 80 分的技术，对低于 80 分但接近的技术进行了专家再评估；根据专家意见对部分有交叉的技术（如工艺原理相同、在部分配套技术或关键零部件实现突破）进行了总结凝练，并合并为一项技术；边评估边完善，新增部分行业专家推荐的成熟推广技术，形成大气污染防治先进技术清单（表 4-6）。

表 4-6　大气污染防治先进技术清单

序号	技术名称	工艺路线	主要技术指标	技术特点	适用范围	技术类别
一、锅炉烟气污染防治技术						
（一）烟气脱硫技术						
1	石灰石/石灰-石膏湿法烟气脱硫技术	采用石灰石或石灰作为脱硫吸收剂，在吸收塔内吸收剂浆液与烟气充分接触混合，烟气中的 SO_2 与浆液中的碳酸钙（或氢氧化钙）及鼓入的氧化空气进行化学反应从而被脱除，最终的脱硫副产物为二水硫酸钙，即石膏	脱硫效率一般为 95%～99.7%；SO_2 排放浓度一般 $<100 \ mg/m^3$，可达 $35 \ mg/m^3$ 以下	技术成熟度高，可长期稳定运行并实现达标排放；对煤质变化、机组负荷波动等具有较强的适应性	燃煤电站锅炉烟气脱硫、工业锅炉烟气脱硫	推广技术

序号	技术名称	工艺路线	主要技术指标	技术特点	适用范围	技术类别
2	循环流化床法烟气脱硫技术	以循环流化床原理为基础，通过物料的循环利用，在反应塔内吸收剂、吸附剂、循环灰形成浓相的床态，并向反应塔中喷入水，烟气中多种污染物在反应塔内发生化学反应或物理吸附；经反应塔净化后的烟气进入下游的除尘器，进一步净化烟气。此时烟气中的 SO_2 和大部分的 SO_3、HCl、HF 等酸性成分被吸收而除去，生成 $CaSO_3·1/2H_2O$、$CaSO_4·1/2H_2O$ 等副产物	脱硫效率一般为 93%～98%；SO_2 排放浓度一般 <100 mg/m³，可达 35 mg/m³ 以下	工艺流程简单、占地面积相对小、节能节水、排烟无须再热、烟囱无须特殊防腐、无废水产生；运行稳定性较差	燃煤电站锅炉烟气脱硫、工业锅炉烟气脱硫	推广技术
3	氨法烟气脱硫技术	采用一定浓度的氨水（$NH_3·H_2O$）作为吸收剂，在一个结构紧凑的吸收塔内洗涤烟气中的 SO_2 以达到烟气净化的目的；形成的脱硫副产品是可作农用肥的硫酸铵，不产生废水和其他废物	脱硫效率保持在 95%～99.7%，能保证出口 SO_2 浓度在 50 mg/m³ 以下，当入口烟气 SO_2 浓度 ≤10 000 mg/m³ 时，出口 SO_2 浓度可达 35 mg/m³ 以下	可在较小的液气比条件下实现 95% 以上的脱硫效率。采用空塔喷淋技术，系统运行能耗低，且不易结垢。此法对煤中硫含量的适应性广，但氨逃逸控制较难	燃煤电站锅炉烟气脱硫	推广技术
4	海水脱硫技术	采用海水作为脱硫吸收剂，在吸收塔内，烟气与海水充分接触混合，烟气中的 SO_2 等酸性气体、烟尘被海水洗涤溶解到海水中，与海水中的碱性物质发生中和反应从而被脱除，使吸收塔排出的酸性海水自流到下游的海水水质恢复系统（曝气处理），恢复后排放入大海	脱硫效率一般为 95%～99%；SO_2 排放浓度一般 <100 mg/m³，可达 35 mg/m³ 以下	不需要除空气外的其他添加剂，工艺简单，运行可靠，维护方便	燃煤电站锅炉烟气脱硫	推广技术
5	钠碱法烟气脱硫技术	以钠基物质（$NaOH$、Na_2CO_3 等）作为吸收剂，脱除烟气中的 SO_2 及其他酸性物质。工艺系统包括烟气系统、脱硫剂制备系统、吸收系统、除雾系统、废水处理系统等	脱硫效率一般为 90%～99%；SO_2 排放浓度一般 <200 mg/m³，可达 35 mg/m³ 以下	吸收剂碱性强，可在较小的液气比条件下实现较高的脱硫效率；对煤种、负荷变化具有较强的适应性。排放的湿烟气中液态水溶解盐浓度可能较大	工业锅炉烟气脱硫	推广技术

序号	技术名称	工艺路线	主要技术指标	技术特点	适用范围	技术类别
6	氧化镁法烟气脱硫技术	利用MgO熟化形成的Mg(OH)$_2$浆液作为吸收剂,脱除烟气中SO$_2$及其他酸性气体并回收副产物的烟气脱硫工艺。此工艺系统主要包括烟气系统、吸收剂制备系统、吸收系统、副产物处理系统、浆液排放和回收系统及脱硫废水处理系统等	脱硫效率一般为90%～98%,SO$_2$排放浓度一般<200 mg/m^3,可达35 mg/m^{3}以下	具有脱硫效率高、占地面积小等优点,对煤种、负荷变化具有较强的适应性,但副产物处理较为困难	工业锅炉烟气脱硫	推广技术
7	湿法电石渣烟气脱硫技术	采用电石渣制成的浆液作为脱硫吸收剂,在吸收塔内"自上而下"与烟气逆流接触,烟气中的SO$_2$与浆液中CaOH反应脱除,脱硫浆液在吸收塔底部浆池内强制氧化生成石膏	脱硫效率可达99%以上	采用电石渣作为吸收剂脱硫,实现以废治废、资源综合利用	燃煤工业锅炉、非电行业烟气脱硫	推广技术
8	湿法白泥燃煤烟气脱硫技术	采用工业废弃物白泥作为脱硫剂对燃煤烟气进行两级湿法喷淋脱硫,一级脱硫采用吸收塔底部浆液循环喷淋,二级脱硫采用吸收塔外浆液池(AFT)浆液循环喷淋	脱硫效率可达99%以上	利用工业废弃物白泥作为脱硫剂脱硫,实现以废治废、资源综合利用	造纸企业周边燃煤锅炉、窑炉脱硫	示范技术
（二）烟气脱硝技术						
9	SCR脱硝技术	以液氨、氨水或尿素为还原剂,制取氨气并经空气稀释,与烟气均匀混合后由喷氨格栅送入布置在省煤器与空气预热器之间的SCR脱硝反应器,在反应器催化剂层中还原剂与烟气中的NO$_x$发生氧化还原反应生成氮气和水蒸气,达到脱除NO$_x$的目的。为保证高效脱硝,可采用烟气均流优化工艺及设备来保证烟气和氨气的充分均匀混合	脱硝效率为60%～90%	对煤质变化、负荷波动等具有较强适应性	燃煤电站锅炉烟气脱硝、工业锅炉烟气脱硝	推广技术
10	SNCR脱硝技术	利用还原剂(氨水、尿素等)在不需要催化剂的情况下有选择性地与烟气中的NO$_x$(主要是NO、NO$_2$)发生化学反应,生成氮气和水的方法	在层燃炉和室燃炉使用SNCR技术,脱硝效率一般在20%～40%;在循环流化床锅炉使用SNCR技术,脱硝效率一般在50%～75%	与SCR技术相比,不需要催化剂和催化反应器,具有占地面积较小、相对建设周期短、改造方便、初始投资低等特点	燃煤电站锅炉烟气脱硝、工业锅炉烟气脱硝	推广技术

序号	技术名称	工艺路线	主要技术指标	技术特点	适用范围	技术类别
11	SNCR-SCR 联合脱硝技术	一种将 SNCR 与 SCR 组合应用的技术，即先在炉膛上部的高温区域（850～1 150℃）采用 SNCR 技术脱除部分 NO$_x$，再在炉外采用 SCR 技术进一步脱除烟气中的 NO$_x$	脱硝效率一般为 55%～85%，NO$_x$ 排放浓度可 <50 mg/m³	脱硝效率高、催化剂用量小、SCR 反应塔体积小、空间适应性强、脱硝系统阻力小、催化剂的回收处理量少、还原剂喷射系统简化	燃煤电站锅炉烟气脱硝、工业锅炉烟气脱硝	推广技术
12	低氮燃烧技术	一种通过合理配置炉内流场、温度场及物料分布以改变 NO$_x$ 的生成环境，从而降低炉膛出口 NO$_x$ 排放的技术，主要包括低氮燃烧器（LNB）、空气分级燃烧、燃料分级燃烧等技术，烟气再循环技术，贫燃预混表面燃烧技术，水冷预混技术等。不同炉型的低氮燃烧技术控制效果受炉型、炉内流场、温度场、燃料类型及分布、技术种类的影响而存在差别	燃煤室燃炉通常配置低氮燃烧器、分级燃烧（空气分级燃烧和燃料分级燃烧）、烟气再循环及其组合技术，可控制 NO$_x$ 浓度在 280～800 mg/m³ 范围内；燃煤层燃炉和循环流化床锅炉通常配置炉内控制或配合烟气再循环技术，可控制 NO$_x$ 浓度在 100～600 mg/m³ 范围内；燃气锅炉通常配置分级燃烧技术、烟气再循环技术、贫燃预混表面燃烧技术和水冷预混技术等，可控制 NO$_x$ 浓度在 30～150 mg/m³ 范围内	属于燃烧过程控制，与尾端烟气治理技术相比，有投资费用低、运行简单、维护方便、无二次污染等特点	燃煤电站锅炉烟气脱硝、工业锅炉烟气脱硝	推广技术

（三）烟气除尘技术

序号	技术名称	工艺路线	主要技术指标	技术特点	适用范围	技术类别
13	低温（常规）电除尘技术	在高压电场内，使悬浮于烟气中的烟尘受到气体电离的作用而荷电，荷电烟尘在电场力的作用下向极性相反的电极运动，并吸附在电极上，通过振打、冲刷等使其从电极表面脱落，达到除尘的目的	除尘效率一般为 99.2%～99.85%，出口烟尘浓度可 ≤30 mg/m³，也可达 20 mg/m³ 以下	除尘效率高、阻力损失小、烟气处理量大，适用范围广、运行可靠、维护费用低	电力、钢铁、建材、石化化工、有色、工业锅炉等烟气除尘	推广技术

序号	技术名称	工艺路线	主要技术指标	技术特点	适用范围	技术类别
14	低低温电除尘技术	低低温电除尘器结合烟气冷却器使进入电除尘器的烟气温度低于酸露点温度3～5℃，一般为（90±5）℃。烟气温度降低可以使烟气量减少、粉尘比电阻降低，提高了电除尘器的除尘效率。烟气中的大部分气态SO_3转化为液态硫酸雾，黏附在粉尘表面，随粉尘去除的同时被脱除。如果不用于加热脱硫后的湿烟气，热回收器吸收的烟气余热也可用于其他用途	除尘效率一般为99.2%～99.9%以上，出口烟尘浓度可≤30 mg/m³，也可达20 mg/m³以下	兼具低温电除尘器的技术特点，实现除尘效率提高及余热利用，协同脱除大部分SO_3	燃煤工业锅炉烟气除尘等	推广技术
15	湿式静电除尘技术	在高压电场内，使悬浮于烟气中的颗粒物受到气体电离的作用而荷电，荷电颗粒在电场力的作用下向极性相反的电极运动，并吸附在电极上，用水或其他液体清除吸附在电极上颗粒物的技术。湿式电除尘器可有效去除细微颗粒物及经湿法脱硫后烟气中夹带的液滴，并协同脱除SO_3、汞及其化合物等	除尘效率一般为70%～85%；颗粒物排放浓度一般≤10 mg/m³，可达5 mg/m³以下；酸雾去除率达80%以上	可捕集湿法脱硫系统产生的衍生物，消除石膏雨，运行稳定	电力、钢铁、建材、石化化工、有色、工业锅炉等烟气除尘	推广技术
16	超净电袋复合除尘技术	一种电除尘与袋式除尘有机结合的复合除尘技术。工作时，含尘烟气先经过前级电区，80%以上的烟尘被脱除，大大降低了后级袋区的负荷，剩余的少量烟尘被后级袋区过滤拦截，实现了烟气净化。同时，未被电区捕集的烟尘荷电，带电烟尘在滤袋表面产生独特的荷电粉尘过滤效应，粉尘层排列有序、疏松、易剥离、透气性好，因此滤袋寿命长、运行阻力低	烟尘排放≤10 mg/m³或5 mg/m³，除尘效率>99.9%	烟尘排放不受煤质变化影响，长期可靠达到超低排放，在相同工况和运行条件下，运行阻力比袋式除尘器低。相对于袋式除尘器，滤袋使用寿命更长、操作更便捷、维护更简单	燃煤电站锅炉除尘、工业锅炉烟气除尘	推广技术
17	袋式除尘技术	一种利用纤维织物的拦截、惯性、扩散、重力、静电等协同作用对含尘气体进行过滤的技术。当含尘气体进入袋式除尘器后，颗粒大、比重大的烟尘由于重力的作用沉降下来并落入灰斗，烟气中较细小的烟尘在通过滤料时被阻留，使烟气得到净化。随着过滤的进行，阻力不断上升，须清灰	除尘效率为99.5%～99.99%，出口烟尘浓度最高可达10 mg/m³	烟尘排放不受粉尘性质变化影响，烟气处理能力强、除尘效率高、稳定可靠、操作便捷、维护简单	电力、钢铁、建材、石化化工、有色、工业锅炉等烟气除尘	推广技术

序号	技术名称	工艺路线	主要技术指标	技术特点	适用范围	技术类别
18	静电增强除雾技术	在传统除雾器的基础上增设电晕极，当湿冷烟气以一定流速通过除雾器各电场通道时，烟气中的液滴及颗粒等荷电，并在电场力、气流流经阳极板时产生的离心力和惯性力的多重作用下撞击到阳极板上，而后汇集形成水膜落至收集器内，从而实现除尘除雾	出口颗粒物浓度≤10 mg/m³。系统运行阻力<150 Pa	可提高除尘除雾效率	燃煤锅炉烟气深度净化	推广技术
19	湿式相变凝聚除尘及余热回收集成装置	将湿法脱硫后的烟气通入由众多氟塑料、小直径冷凝管组成的管束换热器中回收余热，适度降低烟气温度，使饱和烟气中的水蒸气在微细颗粒物表面冷凝，促进颗粒物凝聚，从而提高 $PM_{2.5}$ 的捕集效率	颗粒物排放浓度≤5 mg/m³，其中135 MW 机组每年可回收热量约83 000 GJ	同时净化湿法脱硫后烟气中的 $PM_{2.5}$ 和 SO_3，并可实现烟气余热利用	燃煤锅炉除尘	示范技术

（四）烟气多种污染物超低排放技术路线

序号	技术名称	工艺路线	主要技术指标	技术特点	适用范围	技术类别
20	低氮燃烧技术＋SCR 脱硝＋干式电除尘器辅以提效技术＋石灰石-石膏湿法脱硫协同除尘＋湿式电除尘器	主要设备包括煤粉锅炉（低氮燃烧）、SCR 脱硝装置、干式电除尘器、烟气冷却器、石灰石-石膏湿法脱硫装置、湿式电除尘器、烟气再热器等，其中烟气冷却器、烟气再热器可选择安装	湿式电除尘器出口的颗粒物排放浓度可达 10 mg/m³ 甚至 5 mg/m³ 以下，湿式电除尘器对颗粒物（含石膏）和 $PM_{2.5}$ 的去除率应>70%，对于金属极板湿式电除尘器，当要求烟尘去除率不低于 80% 时，一般需要 2 个电场；SO_2 排放浓度不高于 35 mg/m³；NO_x 排放浓度不高于 50 mg/m³；SO_3 的脱除率不低于 70%，最高可达 95% 以上	脱硝、除尘和脱硫装置等在脱除自身污染物的同时，可间接脱除颗粒物、SO_3 和烟汞等其他污染物，或为其他设备脱除污染物创造条件	燃煤电站锅炉（煤粉炉）	推广技术

序号	技术名称	工艺路线	主要技术指标	技术特点	适用范围	技术类别
21	低氮燃烧技术+SCR脱硝+干式电除尘器辅以低低温提效工艺和提效技术+石灰石-石膏湿法脱硫高效协同除尘的典型工艺技术路线	主要设备包括煤粉锅炉（低氮燃烧）、SCR脱硝装置、烟气冷却器、低低温电除尘器、石灰石-石膏湿法脱硫装置、烟气再热器等，其中烟气再热器可选择安装	湿法脱硫装置的协同除尘效率不低于70%，其出口颗粒物排放浓度可达到10 mg/m³以下；SO_2排放浓度不高于35 mg/m³；NO_x排放浓度不高于50 mg/m³；SO_3的脱除率不低于80%，最高可达95%以上	脱硝、除尘和脱硫装置等在脱除自身污染物的同时，可间接脱除颗粒物、SO_3、汞等其他污染物，或为其他设备脱除污染物创造条件	燃煤电站锅炉（煤粉炉）	推广技术
22	低氮燃烧技术+SCR脱硝+超净电袋复合除尘器（辅以电源提效技术）+石灰石-石膏湿法脱硫协同除尘的典型工艺技术路线	主要设备包括煤粉锅炉（低氮燃烧）、SCR脱硝装置、超净电袋复合除尘器、烟气冷却器、石灰石-石膏湿法脱硫装置、烟气再热器等，其中烟气冷却器、烟气再热器可选择安装	超净电袋复合除尘器出口颗粒物排放浓度可达到10 mg/m³甚至5 mg/m³以下；SO_2排放浓度不高于35 mg/m³；NO_x排放浓度不高于50 mg/m³；SO_3的脱除率不低于85%，最高可达98%以上；$PM_{2.5}$的脱除率不低于98%	脱硝、除尘和脱硫装置等在脱除自身污染物的同时，可间接脱除颗粒物、SO_3和汞等其他污染物，或为其他设备脱除污染物创造条件	燃煤电站锅炉（煤粉炉）	推广技术

二、工业炉窑烟气污染防治技术

（一）烟气脱硫技术

序号	技术名称	工艺路线	主要技术指标	技术特点	适用范围	技术类别
23	石灰石/石灰-石膏湿法烟气脱硫技术	采用石灰石或石灰作为脱硫吸收剂，在吸收塔内吸收剂浆液与烟气充分接触混合，烟气中的SO_2与浆液中的$CaCO_3$[或$Ca(OH)_2$]及鼓入的氧化空气进行化学反应从而被脱除，最终脱硫副产物为二水硫酸钙，即石膏	脱硫效率一般为95.0%～99.7%；SO_2排放浓度一般<100 mg/m³，可达35 mg/m³以下	技术成熟度高，可长期稳定运行并实现达标排放；对煤质变化、机组负荷波动等具有较强适应性	钢铁、焦化、有色等行业烟气脱硫	推广技术
24	循环流化床法烟气脱硫技术	以循环流化床原理为基础，通过物料的循环利用，在反应塔内吸收剂、吸附剂、循环灰形成浓相的床态，并向反应塔中喷入水，烟气中多种污染物在反应塔内发生化学反应或物理吸附；经反应塔净化后的烟气进入下游的除尘器，进一步净化烟气。此时，烟气中的SO_2和几乎全部的SO_3、HCl、HF等酸性成分被吸收而除去，生成$CaSO_3·1/2 H_2O$、$CaSO_4·1/2 H_2O$等副产物	脱硫效率一般为80%～98%；SO_2排放浓度一般<100 mg/m³，可达35 mg/m³以下	工艺流程简单、占地面积相对小、节能节水、排烟无须再热、烟囱无须特殊防腐、无废水产生，但运行稳定性较差	钢铁、焦化、有色等行业烟气脱硫	推广技术

序号	技术名称	工艺路线	主要技术指标	技术特点	适用范围	技术类别
25	旋转喷雾脱硫技术	将脱硫剂浆液经高速旋转的雾化器雾化成极细的雾滴喷淋烟气,脱硫剂与 SO_2 接触反应。为提高脱硫剂的利用率,除尘器收集的脱硫灰部分循环利用,脱硫灰定量加入循环脱硫剂,由输送器送入上支路烟气管道,与烟气混合后送至塔顶热风分配器中再进入塔顶的伞状雾化区,使循环脱硫剂粉被雾化器雾化的雾滴湿润而均匀活化,继续参与脱硫反应。净化后的烧结烟气由引风机送入烟囱排空	脱硫效率一般为 80%～98%; SO_2 排放浓度一般 <100 mg/m³,可达 35 mg/m³ 以下	工艺流程简单、占地面积相对小、节能节水、排烟无须再热、烟囱无须特殊防腐、无废水产生,但运行稳定性较差	钢铁、焦化、有色等行业烟气脱硫	推广技术
26	多孔碳低温催化氧化烟气脱硫技术	烟气经预处理系统除尘、调质,当温度、颗粒物浓度、水分、氧浓度等指标满足要求后进入装有多孔碳催化剂的脱硫塔。烟气经过催化剂床层时, SO_2、O_2、H_2O 被催化剂捕捉并催化氧化生成硫酸,脱硫塔出口烟气达标排放。饱和催化剂可水洗再生,再生淋洗液可用于制备硫酸铵	入口烟气中 SO_2 浓度 ≤ 8 000 mg/m³ 时,出口 SO_2 浓度 ≤50 mg/m³,出口硫酸雾浓度 ≤5 mg/m³。脱硫塔内反应温度为 50～200℃,空塔气速 ≤0.5 m/s	脱硫效率高,可适应烟气量及 SO_2 浓度波动大的情况	钢铁、焦化、有色等行业烟气脱硫	示范技术
（二）烟气脱硝技术						
27	焦炉烟气中低温 SCR 脱硝技术	脱硫后的烟气与喷氨段喷入的氨初步混合后通过烟气均布段进行充分混合,然后经管道送入低温 SCR 脱硝催化剂段,将烟气中 NO_x 还原为 N_2 和 H_2O	运行烟气温度为 200～280℃,入口 NO_x 浓度 ≤1 200 mg/m³,出口 NO_x 浓度 ≤130 mg/m³;系统氨逃逸 ≤3×10⁻⁶,阻力≤1 500 Pa	实现低温 SCR 脱硝,催化剂活性可原位恢复,反应器可模块化组装	焦炉烟气脱硝	推广技术
28	O_3 氧化脱硝技术	利用 O_3 发生器产生 O_3,将产生的 O_3 喷入烧结烟气脱硫前管道中;利用 O_3 作为强氧化剂,将烟气中难溶于水的 NO 转化为高价态易溶于水的 NO_2 及高价态 NO_x,被后续双塔双循环系统的吸收剂吸收,实现深度脱硝的目的	脱硝效率为 70%～95%	O_3 氧化脱硝技术运行负荷易调整,现有脱硫工程改造量小,投资费用低于活性炭和 SCR 法	烧结烟气脱硝	推广技术

序号	技术名称	工艺路线	主要技术指标	技术特点	适用范围	技术类别
（三）烟气除尘技术						
29	钢铁窑炉烟气颗粒物预荷电袋式除尘技术	钢铁窑炉高温烟气先经冷却器降温至 60～200℃后，经粉尘预荷电装置荷电，再经气流分布装置进入袋滤器，PM$_{2.5}$被超细面层精细滤料截留去除	颗粒物排放浓度<10 mg/m³，运行阻力为 700～1 000 Pa	采用复合式预荷电＋袋滤器结构，可显著降低设备运行阻力	钢铁及有色等行业窑炉除尘	推广技术
30	高温超净电袋复合除尘技术	一种将静电除尘和袋式除尘的机理与结构有机结合、采用耐高温合金滤袋作为核心过滤元件的新型高效除尘装备。含尘烟气先经过前级电区，80%以上的烟尘被脱除，大大降低了后级袋区的负荷，剩余的少量烟尘被后级袋区过滤拦截，实现烟气净化。同时，未被电区捕集的烟尘荷电，带电烟尘在滤袋表面产生独特的荷电粉尘过滤效应，粉尘层排列有序、疏松、易剥离、透气性好，因此滤袋寿命长、运行阻力低	烟尘稳定排放≤10 mg/m³或5 mg/m³，运行阻力≤1 000 Pa，耐温250～800℃，合金滤袋寿命长达 8 年以上且可回收利用，无二次污染	出口颗粒物排放浓度不受入炉颗粒粒度分布变化的影响，在相同工况和运行条件下，运行阻力比袋式除尘器低，寿命长达 8 年以上，大大优于化纤滤料的使用寿命（化纤滤袋一般为 4 年），而且可回收利用、无二次污染，操作便捷、维护简单	有色、钢铁、水泥、化工、煤电等领域高温烟气除尘	推广技术
31	静电滤槽电除尘技术	在电除尘器收尘板末端设置采用冷拔锰镍合金丝织成的微孔网状结构静电滤槽收尘装置，可有效捕集振打清灰产生的二次扬尘	颗粒物排放浓度<5 mg/m³	增加电除尘器有效收尘面积，有效控制振打清灰产生的二次扬尘	钢铁及有色等行业窑炉除尘	推广技术
32	转炉煤气干法电除尘及煤气回收成套技术	转炉出炉煤气经冷却降温并调质后，采用圆筒形防爆电除尘器除尘。当煤气符合回收条件时，经冷却器直接喷淋冷却至 70℃以下进入气柜；不符合回收条件时，通过烟囱点火放散。蒸发冷却器内约30%的粗粉尘沉降到底部，粗灰返回转炉循环利用	转炉炉口处烟气含尘量约为 200 g/m³，经除尘后颗粒物排放浓度<10 mg/m³；氧气（O$_2$）浓度<1%时，煤气完全回收利用	实现转炉煤气的干法深度净化、粉尘循环利用、煤气高效回收，以及全系统的自动化、智能化，保证了系统的运行安全	钢铁行业40～350 t/h转炉一次除尘	推广技术
33	转炉煤气湿法洗涤与湿式电除尘复合除尘技术	转炉一次烟气经湿法洗涤除尘后进入湿式电除尘器除尘，形成湿法除尘与双电场湿式电除尘器串联形式的复合除尘系统；湿式电除尘极板上收集的粉尘经水冲洗后送至水处理厂进行处理	出口颗粒物浓度<20 mg/m³	湿法洗涤结合湿式电除尘，大幅提高了转炉烟气除尘效率	钢铁行业转炉一次烟气除尘	示范技术

序号	技术名称	工艺路线	主要技术指标	技术特点	适用范围	技术类别
34	电炉烟气多重捕集除尘与余热回收技术	电炉炉内排烟经余热锅炉回收、余热降温后，经袋式除尘器除尘达标排放；采用半密闭导流烟罩＋屋顶贮留集尘罩＋铁水溜槽排烟罩相结合的方式全过程捕集电炉在加废钢、兑铁水、熔炼、出钢等过程中产生的排烟，烟气在半密闭导流烟罩及铁水溜槽排烟罩导流作用下流经屋顶贮留集尘罩，再经袋式除尘器除尘达标排放；采用炉内一次排烟和炉外移动半密闭罩二次排烟相结合的方式捕集钢包电弧炉烟气，经袋式除尘器除尘达标排放	电炉炉内排烟除尘系统入口颗粒物的平均浓度为 10～13 g/m³，钢包电弧炉除尘系统入口颗粒物的平均浓度为 16 g/m³；除尘后出口颗粒物的平均浓度＜10 mg/m³	余热锅炉回收电炉内排烟余热；采用组合式集气装置有效捕集烟气，除尘效率高	电炉冶炼过程中产生的高温含尘烟气治理	推广技术
（四）烟气多种污染物协同控制技术						
35	焦化烟气旋转喷雾法脱硫＋SCR 脱硝技术	采用高速旋转雾化器将碱性浆液雾化成细小雾滴后与烟气接触反应脱硫，雾滴被烟气热量干燥为固体颗粒物后经袋式除尘器去除；脱硫除尘后的烟气经热风炉升温后进入 SCR 脱硝系统，与喷入的氨气混合后在导流板作用下均匀流向催化剂床层，将其中的 NO_x 还原脱除后达标排放	出口烟气中的颗粒物浓度＜10 mg/m³，SO_2 浓度＜30 mg/m³，NO_x 浓度＜130 mg/m³	排除了 SO_2 对脱硝的影响，有利于减少脱硝催化剂的填装量，延长了催化剂的寿命	焦炉烟气净化	示范技术
36	SDS 干法脱硫＋SCR 脱硝技术	采用经磨制后的 90%以上为 20 μm 的超细小苏达粉末与烟气接触，小苏打粉末快速分解为活化的 Na_2CO_3，与 SO_2 反应进行脱硫；脱硫后的固体颗粒物后经袋式除尘器去除；脱硫除尘后的烟气经热风炉升温后进入 SCR 脱硝系统，与喷入的氨气混合后在导流板作用下均匀流向催化剂床层，将其中的 NO_x 还原脱除后达标排放	出口烟气中颗粒物浓度＜15 mg/m³，SO_2 浓度＜30 mg/m³，NO_x 浓度＜150 mg/m³	排除了 SO_2 对脱硝的影响，有利于减少脱硝催化剂的填装量，延长了催化剂的寿命	焦炉烟气净化	示范技术

序号	技术名称	工艺路线	主要技术指标	技术特点	适用范围	技术类别
37	碳基催化剂多污染物协同脱除及资源化利用技术	利用碳基催化剂的选择性催化还原性能,喷入氨将NO_x还原为氮气;利用碳基催化剂的吸附性能,吸附烟气中的SO_2,吸附饱和后催化剂可再生循环使用。解析出富含SO_2的气体用于生产浓硫酸、硫酸铵、液体SO_2等产品	入口SO_2浓度为500~3 000 mg/m³、NO_x浓度为200~650 mg/m³时,出口SO_2浓度≤10 mg/m³、NO_x浓度≤50 mg/m³,反应器入口温度为120~150℃	采用两级移动床工艺,实现多污染物协同脱除	燃煤工业锅炉、钢铁行业烟气净化	推广技术
38	电解铝烟气氧化铝脱氟除尘技术	采用氧化铝作为吸收剂净化电解铝烟气中的氟化物。利用离心力作用,通过旋转方式将氧化铝从烟道中心甩入四周烟气中,氧化铝和烟气混合后迅速吸附烟气中的氟化物,烟气进入袋式除尘器净化达标排放	出口颗粒物浓度<5 mg/m³,$PM_{2.5}$净化效率可达98%以上,氟化物浓度<0.5 mg/m³;系统运行阻力<600 Pa	无动力自离散旋转加料反应器加料混合均匀,同步做到除氟、除尘	电解铝行业烟气净化	推广技术
39	陶瓷触媒管式多污染物协同控制技术	烟气经换热降温至400℃以下,与烟道喷入的氢氧化钙粉充分混合脱除烟气中的酸性气体,再与喷入烟道的氨水雾化氨气、吸附剂粉混合,随后进入陶瓷一体化反应釜,通过陶瓷触媒滤管实现SCR脱硝及高效除尘,净化烟气经余热锅炉回收余热后达标排放	出口NO_x浓度<100 mg/m³,SO_x浓度<20 mg/m³,颗粒物浓度<5 mg/m³,HF浓度<5 mg/m³,氨逃逸<5 ppm	协同脱除烟气中的颗粒物、SO_x、NO_x、HF等污染物	玻璃窑炉烟气净化	示范技术
40	催化裂化再生烟气除尘脱硫技术	催化裂化烟气先经换热器降温后进入袋式除尘器除尘,然后采用NaOH溶液喷淋与烟气中的SO_2逆向接触进行湿法烟气脱硫,脱硫后的烟气经换热器升温后排放	出口颗粒物浓度<10 mg/m³,除尘效率和脱硫效率均可达99%以上	实现催化裂化烟气高效除尘,提高后续脱硫效率	催化裂化、催化裂解装置烟气净化	推广技术

（五）烟气多种污染物超低排放技术路线

序号	技术名称	工艺路线	主要技术指标	技术特点	适用范围	技术类别
41	干式电除尘器+氧化脱硝+石灰石-石膏湿法脱硫+湿式静电除尘器(可选)	主要设备包括干式电除尘器、氧化脱硝装置、石灰石-石膏湿法脱硫装置、湿式静电除尘器装置等	颗粒物排放浓度不高于10 mg/m³,SO_2排放浓度不高于35 mg/m³,NO_x排放浓度不高于50 mg/m³	通过技术组合和集成优化,可以满足钢铁烧结/球团烟气超低排放要求	钢铁烧结/球团	推广技术
42	干式电除尘器+氧化脱硝+循环流化床烟气脱硫	主要设备包括干式电除尘器、氧化脱硝装置、循环流化床烟气脱硫除尘装置等	颗粒物排放浓度不高于10 mg/m³,SO_2排放浓度不高于35 mg/m³,NO_x排放浓度不高于50 mg/m³	通过技术组合和集成优化,可以满足钢铁烧结/球团烟气超低排放要求	钢铁烧结/球团	推广技术

序号	技术名称	工艺路线	主要技术指标	技术特点	适用范围	技术类别
43	半干法脱硫＋袋式除尘器＋SCR 脱硝	主要设备包括半干法脱硫装置、袋式除尘器、SCR 脱硝装置等	颗粒物排放浓度不高于 10 mg/m³，SO₂ 排放浓度不高于 35 mg/m³，NOₓ 排放浓度不高于 50 mg/m³	通过技术组合和集成优化，可以满足钢铁烧结/球团烟气超低排放要求	钢铁烧结/球团	推广技术
三、VOCs 工业废气污染防治技术						
44	活性炭吸附回收 VOCs 技术	采用吸附、解析性能优异的活性炭（颗粒炭、活性炭纤维和蜂窝状活性炭）作为吸附剂，吸附企业生产过程中产生的有机废气，并将有机溶剂回收再利用，实现了清洁生产和有机废气的资源化回收利用	净化效率可达90%以上	净化效率高、设备简单、投资低	包装印刷、石油、化工、化学药品原药制造、涂布、纺织、集装箱喷涂及合成材料等行业有机废气的治理	推广技术
45	蓄热式催化燃烧（RCO）净化技术	在旋转阀式蓄热催化燃烧设备中，首先利用堇青石-莫来石复相材料的蓄热和放热性能，加热未反应的有机废气，在蓄热催化一体化材料上发生催化氧化反应，气体中的 VOCs 转化为 CO₂ 和水，并释放反应热，反应后的气体将热量传递给蓄热材料，以高于进口气体 20～30℃的温度排放	热回收效率可达90%，有机物净化效率在 95%以上	适用的有机物浓度范围为500 mg/m³以上，无二次污染物排放	化工、喷漆、绝缘材料、漆包线、涂料生产、加工制造等行业的 VOCs 治理	推广技术
46	蓄热式热力燃烧（RTO）净化技术	以蜂窝陶瓷蓄热体为核心材料制成的蓄热式热力氧化 RTO 系统经蓄热—放热—清扫过程，实现使工业生产过程中排放的 VOCs 的无害化燃烧，使 VOCs 排放达到法规要求	系统 VOCs 的脱除率大于 98%，能量回收率高于 95%	占地面积小、能耗较低	包装印刷、涂装、化工、电子等行业的中高浓度 VOCs 治理	推广技术
47	低浓度多组分工业废气生物净化技术	利用高效复合功能菌剂与扩培技术，强化废气生物净化的反应过程；针对不同类型废气应用新型的生物净化工艺（设备），强化废气生物净化的传质过程；装填具有高比表面积和生物固着力的生物填料，解决微生物附着难、系统运行不稳定的问题	H₂S 的去除率可达95%以上，VOCs 的去除率达 80%～90%	适用范围广，运行管理方便，二次污染少	石油加工、医药、化工、污水处理等典型行业的 VOCs 治理	推广技术

序号	技术名称	工艺路线	主要技术指标	技术特点	适用范围	技术类别
48	循环脱附分流回收吸附净化技术	采用活性炭作为吸附剂，采用惰性气体循环加热脱附分流冷凝回收的工艺对有机气体进行净化和回收，回收液通过后续的精制工艺可实现有机物的循环利用	对有机气体成分的净化回收效率一般大于90%，有的可达95%以上	回收有机溶剂液体中水分的含量很低，部分情况下可直接返回生产工艺重复利用，对于水溶性较大的溶剂更具回收优势，系统总耗能较低，技术成熟、稳定，可实现自动化运行	涂装、化工等行业的VOCs治理	推广技术
49	变温吸附有机废气治理及溶剂回收技术	采用活性炭或碳纤维为吸附材料，在吸附器内，废气中的有机成分得到净化，尾气达标排放。同时，通过热空气、水蒸气使有机废气脱附，经过冷却后回收利用。通过设置多组吸附器循环切换使用，实现装置连续自动运行	有机物净化效率一般大于90%，最高可达99.99%；非甲烷总烃排放浓度一般小于120 mg/m^3，最低可达2 mg/m^3	回收净化效率高，设备装置结构紧凑、安全节能，回收的有机溶剂可用于再生产，节约资源，环境效益与经济效益显著，投资回收期短	化工、石油、医药、农药等行业的VOCs治理	推广技术
50	冷凝与变压吸附联用有机废气治理技术	采用多级冷凝技术使废气中的有机成分在常压下凝结成液体析出，经净化的废气进入活性炭吸附器进行拦截，以确保达标排放，吸附饱和后采用负压脱附方式提取高浓度废气，并送回前端冷凝装置。冷凝与变压吸附联用处理工艺确保了废气的达标排放	有机物净化效率一般大于98%，最高可达99%；非甲烷总烃排放浓度一般小于120 mg/m^3	工艺简洁、净化效率高、运行成本低	石油、化工等行业化学品装卸、储运过程中高浓度有机废气的净化和治理	推广技术
51	高效吸附-脱附-（蓄热）催化燃烧 VOCs治理技术	利用高吸附性能的活性炭纤维、颗粒炭、蜂窝炭和耐高温高湿整体式分子筛等固体吸附材料对工业废气中的VOCs进行富集，对吸附饱和的材料进行强化脱附工艺处理，脱附出的VOCs进入高效催化材料床层进行催化燃烧或蓄热催化燃烧工艺处理，进而降解VOCs	该技术的VOCs去除效率一般大于95%，最高可达98%	运行安全稳定，所用吸附材料寿命长、耐水性强，再生方法简单，处理成本低廉	石油、化工、电子、包装印刷、机械制造、家具制造等行业高浓度有机废气的回收治理	推广技术

序号	技术名称	工艺路线	主要技术指标	技术特点	适用范围	技术类别
52	转轮与蓄热式燃烧联用有机废气治理技术	采用高浓缩倍率沸石转轮浓缩设备将废气浓缩 10～15 倍，浓缩后的废气进入蓄热式燃烧炉进行燃烧处理，被彻底分解成 CO_2 和 H_2O，反应后的高温烟气进入特殊结构的陶瓷蓄热体，95%的废气热量被蓄热体吸收，温度降到接近进口温度。不同蓄热体通过切换阀或者旋转装置随时间进行转换，分别进行吸热和放热	处理效率可达 95%～99%，热回收效率可达 95%以上	适用范围广泛，处理效率高、能耗低、安全性强、结构紧凑，无二次污染	有机化工、电子、半导体、涂装、涂布、印刷等行业	推广技术
53	O_3 协同常温催化恶臭净化技术	废气先经喷淋增湿去除粉尘及可溶性物质并初步降温，经平衡器再次降温并脱除水雾后进入催化氧化塔，利用复合催化剂活化 O_3 分子，将废气中可氧化成分氧化分解，实现低浓度恶臭净化并达标排放	恶臭净化效率可达90%以上	采用复合高效催化剂，实现恶臭常温净化	化工、制药、农药、纺织印染、碳纤维生产、污水处理等行业废气治理	推广技术
54	平版印刷零醇润版洗版技术	采用亲水性材料制作计量辊、串水辊、着水辊及水斗辊，仅用水就可完成平版印刷的润版和洗版过程，无须添加酒精、异丙醇及其他醇类、醚类物质。印品质量和生产效率不低于传统技术	挥发性工业有机废气排放削减量＞98%，润洗版废液排放削减量＞87%	无醇润版洗版，从源头减排 VOCs	包装印刷行业平版印刷系统 VOCs 减排	推广技术
55	包装印刷行业节能优化及废气收集处理一体化技术	将印刷车间进行区域划分，使车间内无组织废气流入节能型热风输出及废气预处理设备（ESO）；ESO 采用平衡式送排风方式，使各个干燥烘箱的排风可以多级利用，减风增浓；经 ESO 浓缩后的废气送入 VOCs 氧化设备净化处理	排风量减少70%以上，VOCs 浓度可提高 3 倍以上，减风增浓后可直接进入氧化设备进行净化	提高包装印刷行业 VOCs 废气浓度，有利于后续氧化燃烧及余热回收	包装印刷等行业 VOCs 治理	推广技术
56	人造板低温粉末涂装技术	粉末涂料通过静电喷涂于人造板表面，然后通过中红外波辐射固化形成漆膜。喷涂前对板件表面采用紫外光及热双固化的水性紫外光（UV）固化涂料体系进行喷涂封闭处理，喷涂后采用特殊打磨抛光工艺形成镜面效果，通过热转印生成纹理装饰效果	漆膜固化温度为90～115℃，一次性喷涂漆膜厚度可达50～80 μm，VOCs 接近零排放	封边采用水性紫外光固化涂料，边部光滑不开裂，粉末涂料固化温度低，VOCs 源头减排	人造板涂装	推广技术

序号	技术名称	工艺路线	主要技术指标	技术特点	适用范围	技术类别
57	木质家具水性涂料LED光固化技术	将水性涂料的环保性和发光二极管（LED）光固化的漆膜性能结合,实现在395 nm LED光源下的水性漆固化干燥,从源头上减少VOCs和O₃排放	水性涂料VOCs含量低,排气中O₃浓度<0.1 ppm。LED光源寿命长达2万~3万小时,能耗仅为UV光源的10%~20%	采用长波紫外LED灯光固化水性涂料,O₃产生量少,VOCs排放量小	木质家具制造业	示范技术
58	定型机废气余热回收及处理技术	废气先经具有自动清理功能的多级过滤装置去除毛絮,然后经气水换热装置回用热量;再经多级除蜡除杂装置除去蜡质、树脂等黏附物,喷淋降温除去部分颗粒物并使油烟冷凝,后经机械和静电装置去除油烟和颗粒物,并利用回收的热量对烟气加热升温后排放。废水经油水分离并净化后达标排放,废油委托有资质的单位处理处置	出口染整油烟排放浓度和颗粒物排放浓度均<10 mg/m³	集成多种污染治理技术和余热回收技术,实现节能减排	印染、化纤行业定型机废气治理	推广技术

注：①示范技术具有创新性、技术指标先进、治理效果好,基本达到实际工程应用水平,具有工程示范价值;推广技术是经工程实践证明了的成熟技术,其治理效果稳定、经济合理可行,鼓励推广应用。

②ppm代表10^{-6}。

4.5 小结

助力打赢蓝天保卫战需要一整套科学有效的大气污染防治体系,固定源典型行业也需要一批更高效、成本更低、多污染物协同脱除、资源化的防治技术。本章旨在分析处于不同发展阶段的大气污染治理技术,运用技术评价方法筛选出适用于典型行业的先进技术,并根据上述调查研究和分析评估得出了以下结论。

一是通过文献调研、专家咨询和企业实地考察等方式,以我国主要用能行业能源消费和污染物排放数据为依托,明确了大气污染防治先进技术行业的筛选对象,面向两个不同阶段（成熟推广、示范推广）研究了工业源典型行业大气污染防治关键技术与配套技术装备：基于"大气污染成因与控制技术研究"重点专项中污染源全过程控制方向,梳理了示范推广关键技术清单;基于典型行业大气污染防治关键技术装备水平与应用现状,厘清了成熟推广关键技术清单。

二是构建了具有可操作性的大气污染防治技术评价指标体系,该指标体系主要包括技术指标、经济指标、环境影响指标、运行管理指标四类准则层指标,并在后续工作中通过边评价、边筛选、边完善的方式最终确定了 12 项二级指标。

　　三是基于典型案例中相关指标的内容及数据，采用同行评价法中的专家打分法进行技术评价，最终筛选出大气污染防治先进技术清单。其中，锅炉烟气污染防治技术领域包括 19 项技术和 3 条技术路线，工业炉窑烟气污染防治技术领域包括 18 项技术和 3 条技术路线，VOCs 工业废气污染防治技术领域包括 15 项关键技术或组合技术。

第5章 大气污染防治技术商业化模式研究

5.1 技术商业化模式创新需求

5.1.1 大气污染防治技术商业化的意义

技术商业化是发挥技术创新驱动大气污染防治的重要保障。技术创新是推动大气污染防治攻坚战的重要支撑力量，但技术只有从知识形态转化为物质形态的生产力，才能真正创造价值，发挥其应有的作用。技术商业化模式创新的目标就是跨越"技术鸿沟"，推动实现环保技术产业化应用，从而最大限度地发挥科技创新在防治大气污染方面的效用。技术商业化是大气污染防治产业供给的核心驱动力。发展环保产业是我国培育发展新动能、建设现代化经济体系的重要内容，大气污染防治产业是环保产业的核心组成部分，技术商业化有利于提高大气污染防治产业的供给水平，推动产业发展壮大、经济高质量发展。

5.1.2 我国大气污染防治技术商业化面临的问题

当前，我国大气污染防治技术商业化主要面临以下问题。

一是政府部门对科技成果转化的监督管理引导力不足。科技成果的转化是政府科技主管部门职能的"后端"、产业主管部门的"前端"，从理论上来说有密切关系，在这些部门的文件报告中都不断强调要加快科技成果转化。当前情况下，项目由科技主管部门负责设立和组织评审，财政部门拨款，创新主体开展研究，在科研项目验收后，科技、财政部门的管理工作也随之结束，对后续科技成果产业化及商业化缺乏推进支持。

二是技术市场发育不完善，缺乏有活力的中介机构。科技成果的转化需要技术市场中介的推动。近年来，我国的科技中介服务从无到有，取得了一定进步。但是科技中介的基本功能仍不完善，缺乏统一的技术市场网络和科技成果信息网络，在服务方向上没有明确定位，只能起到联络沟通的作用，无法对成果进行深层次的评估和咨询。针对环保科技成果分散的问题，近年来已经安排了许多集成课题，但是集成效果不显著，主要原因在于集成技术仅靠科研单位很难真正完成，环保科技成果转化停留在工程层面的居多，而真正的科技产业化除了需要工程可行之外，还需要可行的稳定服务和连续生产，需要让企业作为商业化的主体。

三是企业作为商业化主体的动力和能力有所欠缺。我国大气污染防治企业的主体为中小企业，然而大部分中小企业没有研发活动，生产基本上是仿制和粗加工，非常需要改进技术，但是受企业规模限制，流动资金紧张，购买专利和改造生产线的能力弱，难以依靠科技进步提高企业经营水平。国有企业技术人才多、研发条件好，但因考虑科技投入风险大、见效慢，一般只对现有生产要求开展科研，一些科技含量高、市场潜力大但要过一段时间见成效的科技成果难以在企业实现商业化。

5.1.3　我国大气污染防治技术商业化模式创新要点

我国大气污染防治技术商业化模式创新的起点在于技术的成熟及细分市场的确定。并不是所有的技术都适合商业化，技术只有达到一定的成熟度且在大气污染防治领域有清晰的应用场景和真实需求时，才能真正具备商业化条件。

大气污染防治技术商业化模式创新需要充分发挥企业的主导功能，遵循市场规律，系统设计融资、生产、服务及营销等具体模式，以最低的成本获得充分的资源，打造优质的产品，为客户提供最优的服务，同时将利润最大化。

大气污染防治技术商业化应根据自身技术特征选择最佳模式。没有一种模式可以解决所有技术的商业化问题，大气污染防治技术商业化应结合下游应用客户集中度高、副产品资源化、产品设备权属可分割等技术特征选择最佳模式。

技术商业化模式应有助于降低技术商业化项目成长过程的不确定性和复杂性，规避风险，为新技术商业化项目的成长提供战略管理支持。商业本身就是风险的集合体，技术风险、政策风险、市场风险等无处不在，模式的创新不是消除所有风险，而是在商业模式设计时提前预知并有所防范，尽可能地将风险控制在可控范围内。

5.2　商业化模式特征与分类

5.2.1　大气污染防治技术商业化模式理论模型

基于技术商业化的概念和内涵及技术商业化模式的范畴和特征，通俗来讲，技术商业化模式有以下过程和方法（图 5-1）：市场上需要哪项技术或者技术系列（市场需求的技术、产品或服务），具体是谁需要（市场定位），要多少（市场规模），如何获得资本（融资模式），用什么做（材料、采购、物流），怎么做（生产方式、工程、运营服务），通过什么方式（服务模式）提供给谁（营销模式），获取利润（盈利模式）。

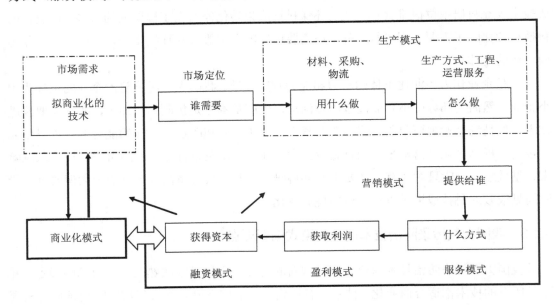

图 5-1　技术商业化模式构成

5.2.2　大气污染防治技术商业化模式分类

1. 融资模式

融资模式是指企业获取资金的方式。根据融资过程中企业和投资者所形成的不同关系，大气环保技术商业化的融资模式主要有股权融资、融资租赁等。

股权融资又称直接融资，是指企业的股东通过转让企业的部分股权，增加企业的资本金，引入新的股东，实现融资的方式。具体方式包括股权转让融资、增资扩股融资、私募股权融资、产权交易融资、风险投资融资等。股权融资是市场化资源配置的重点，也是我国创新驱动型社会发展的重要抓手。

融资租赁在 20 世纪 50 年代起源于美国，是一种特殊的金融业务，是以物为载体的新型融资方式。融资租赁主要是指承租人选择确定租赁物和供应商，出租人支付设备购置费用，为承租人提供融资服务，将租赁物按合同约定的条件租赁给承租人，承租人分期支付租金，并在租赁期限结束时支付约定的保留价，以取得设备所有权的交易活动。

2. 营销模式

营销模式是企业拓展客户的方式。大气污染防治技术商业化的营销模式主要有特许经营和环境多要素协同治理。

特许经营是指政府部门根据相关法律法规的要求，在选择市政公用事业的投资者或经营者时，采取市场化的竞争机制，规定在一定期限和范围内企业可以从事某种市政公用事业产品和服务的制度。通过特许经营，可使公共事业服务的价格保持在一个相对合理的水平，拥有特许经营权的企业也可以获得相对正常的利润。综合考虑成本和效益因素，特许经营是一种低成本、高效率的流通模式。BOT（建设—经营—转让）模式作为城市环境基础设施的特许经营模式，其实质是政府为吸纳资金、提高基础设施的运营效率，授权民间投资者对政府原本控制和实施的基础设施项目进行特许开发、建设和运营。私人投资者承担项目开发的风险，享受租期项目带来的收益。我国实施特许经营制度不仅是为了更有效地管理环境基础设施项目的价格，更是为了通过特许经营吸引非国有资本或非国有企业进入环境基础设施项目建设领域，以解决政府投资严重不足等主要问题。

　　环境多要素协同治理是指根据生态经济学、循环经济、系统工程等理论，以区域生态环境质量总体改善为目标，通过物质在不同要素治理工程之间的资源优化利用，实现水污染防治、大气污染防治、固体废物污染防治及生态修复等领域一种或多种污染物的全过程多要素协同治理，从而形成降低污染减排成本、提高区域环境效益的一种生态环境保护工程实施与管理模式。其核心是在生态环境整体保护和系统修复的理念下，通过污染控制副产物不同行业之间的合作关系，构建跨区域、多因素、全过程的环境治理共生网络，从而使多污染物协同控制的效益优于单一污染物控制的效益。

3. 服务模式

　　服务模式是企业为客户提供产品和服务的方式。大气污染防治技术商业化的服务模式主要有环境污染第三方治理、合同环境服务和区域环境整体绩效服务。

　　环境污染第三方治理（以下简称第三方治理）是污染者委托第三方环境服务公司进行污染治理，以有偿或按合同支付费用的一种新型治理模式。第三方治理能够有效发挥政府、排污主体、市场等多方优势，是提高环境污染治理效率并降低综合成本的重要模式，是推进环保设施建设和运营专业化、产业化的重要途径，也是促进环境服务业发展的有效措施。第三方治理遵循"污染者付费，专业化治理"的原则，根据污染责任主体的不同，"政企合作""企企合作"是最主要的两种形式。在"政企合作"中，对于垃圾处理、城市污水处理设施等具有一定经营性或者经营性收益较好的环境公共设施建设领域，可采取多种方式引入社会资本，如委托运营、特许经营［BOT、TOT（转让—经营—转让）、BTO（建设—转让—经营）等］等方式，"使用者付费"、一定情况下的"政府付费"等为主要付费方式。对于"企企合作"来说，合同环境服务是主要方式，排污企业通过与专业从事环境服务的第三方公司签订环境服务合同，从而获得第三方公司的环境服务，对于通过环境服务节省的减排费用，作为双方的收益进行共享。根据治污设施的产权归属，"企企合作"模式主要可分为两种类型：委托治理服务模式和托管运营服务模式。其中，委托治理服务模式中的治污设施产权全部或者部分归第三方服务公司所有，主要面向新改建项目并且覆盖工程设计、采购、安装、运营全过程；托管运营服务模式中的第三方服务公司不拥有现有的治污装置、设施的相关产权，只在企业的托管下从事治污设施的运营管理工作。

合同环境服务是一种环境服务新模式，也可以认为是一种新型环保机制。企业与环境服务第三方公司签订合同，获得环境服务公司提供的投融资、设计研发、工程建设与运营等环境综合服务，在达成既定的环境效果后根据合同约定向第三方服务公司付费。根据合同环境服务的需求不同，合同环境服务的责任主体可分为排污企业（工业企业）和地方政府两类。责任主体为企业的，收费方式为"谁污染谁负责"；责任主体为地方政府的，由政府集中采购服务作为收费的方式。虽然责任主体存在差异，但两类责任主体都是通过契约或合同的方式与第三方环境服务公司进行合作。环境服务公司提供明确的环境服务，并根据环境治理效果收取相应的服务费用。

区域环境整体绩效服务是环境服务的一种转型升级，即由一个环境综合服务商或者若干个环保企业组成的联盟，通过合同绩效服务的方式，为一个区域（可为地区、县域甚至市域）的生态环境治理需求提供整体打包、系统的综合治理服务。区域环境整体绩效服务的主要特点是政府作为主导，企业负主要责任，并且整合了供给需求。地方政府通过对当地生态环境问题的统筹考虑和系统规划提出生态环境治理工作的总体目标，并将此目标划分为若干个工程性指标，然后将这些工程进行统一打包，组成一个大的"项目包"，由具备一定综合实力的环境污染治理综合服务商竞争获得，提供打包式服务，这样既能发现问题、谋划项目，又能以自身实力解决问题，提供优质的综合环境服务。

4. 盈利模式

盈利模式是指企业获取利润的方式。大气污染防治技术商业化的盈利模式主要有资源化和生态环境导向的开发等。

资源化就是采用各种工程技术方法和管理措施，从废弃物中回收有用的物质和能源，从而获得经济效益的模式。废物资源化利用的目标是通过替代原材料投入并将废物从经济体系中产出的重新分配来实现环境的可持续性。资源化是循环经济的重要内容。

生态环境导向的开发（eco-environment-oriented development，EOD）是指以生态为导向的城市发展模式。EOD 模式的设计理念是基于生态建设在规划时序上的优先性和基础性。传统的城市规划通常以经济发展和城市土地扩张为重点。生态建设在城市规划子系统中仅体现在绿地系统的规划上，而且没有得到足够的重视。EOD 模式的重点是将生态作为城市规划的主脉，将生态建设作为区域发展的首要任务，以提高自然资源的生态服务功能，发挥生态价值，在建设良好生态环境基底的同时带动城市的可持续发展。

5. 商业化模式特征

不同商业化模式的特征见表 5-1。

表 5-1　不同商业化模式的特征

模式类型		模式特征
融资模式	股权融资	• 融资企业技术创新性较为突出，与物联网、云计算、人工智能等新兴行业关联性较强； • 商业化技术产品应用场景清晰，市场空间可观； • 部分投资机构可助力企业拓展市场、升级管理体系
	融资租赁	• 形式灵活多样，有直接租赁、售后回租等多种形式，可以缓解企业现金流压力，解决资金问题； • 可以实现更高比例的融资额，售后回租模式可以最大限度地按照设备净值给予环保企业融资； • 融资租赁期限更长，银行流动资金的周期一般较短，为 6～12 个月
营销模式	特许经营	• 有利于工程的建设管理，提高脱硫工程质量和设施投运率，特别是提高装置的长期可用率； • 减轻了投资方的资金压力，降低了火电厂后续的环保管理、运行和维护成本； • 有利于火电厂集中精力抓好主业，提高电力建设的质量和生产的效益
	环境多要素协同治理	• 有利于在技术层面合理布局处理工艺，提高污染的治理效果，也有利于体现污染者付费的原则，排污企业节省了环保设施建设的资金投入，也避免因治污不合格而造成的停产损失； • 环保企业对环保治理项目的整体宏观掌控降低了处理风险，同时从节省的成本和从企业收取的污染治理费中获得收益
服务模式	第三方治理	• BOO（建设—拥有—经营）模式下，污染物排放企业通过付费的方式将产生的污染交由专业化的环保企业负责，且对环保治理的最终结果负责，为了获得长期稳定的收益，环保企业有足够的动力引进先进技术，并在实践中不断升级项目工艺和产品技术，以保持环保设施的处理效率、运行的稳定性，延长环保设施的寿命，因此有利于技术的商业化。但投资风险大，私营资本可能望而却步，且不同利益主体的利益不同，单方面利益最大化的纳什均衡并非全社会最优。因此，BOO模式适合于钢铁、焦化等环保投入较高、运营专业化较强的企业，也适合政府空气污染治理等项目。 • 园区"PPP（政府和社会资本合作）＋第三方监测服务"模式是在园区范围内将政府行政职能大气环境监测与当地污染企业服务性大气环境监测打包，委托第三方监测机构（社会资本）投资、建设、运营环境空气质量监测设施
	合同环境服务	• 污染企业通过签订环境服务合同，将环境责任转移给环保企业，节省了投资及运行费用，避免了各种风险，同时又可以腾出大部分精力专注于经营主业； • 对环保企业而言，既可减少不必要的成本，又能利用自己掌握的技术变废为宝、物尽其用，另外借助于合同的约束，要保证环境治理效果，对企业排污进行监测； • 对政府而言，从监管分散的排放源变为监管集中可控的环境服务商，降低了执法成本； • 形成"三赢"的局面

模式类型		模式特征
服务模式	区域环境整体绩效服务	• 政府主导、企业主责，整合供给需求。具体而言，地方政府对本地区的生态环境治理实行系统规划、综合治理，将多个项目整合为一个"项目包"，企业承接这个"项目包"，提供优质的综合环境服务。 • 对治理环境的质量有很强的约束，终生负责的承诺能保证治理的持续性；政府主导整合全部环境治理需求，直接对接治理环境的产业联盟，可以有效屏蔽企业利益、部门利益的干扰，大大加快修复治理环境的进程，大大降低治理环境的总成本
盈利模式	资源化	不仅减少了企业废物处理费用，实现了行业的清洁生产、可持续发展和循环经济，而且为企业周边具有相关脱硫需求的企业提供了更经济的湿法脱硫方案，降低了脱硫装置运行成本
	EOD	• 以生态建设作为区域发展的首要任务，实现了生态环境保护的外部经济内部化； • 重点在于找寻经济发展与环境保护之间的平衡点，把环境资源转化为发展资源、把生态优势转化为经济优势； • 采取产业链延伸、联合经营、组合开发等方式，实现了溢价增值部分对生态环境保护投入的反哺； • 以引入专业项目承担单位为重要路径，吸纳社会投资

5.2.3　不同技术特征的商业化模式矩阵构建

不同的技术特征对技术商业化模式的选择影响较大，而每种商业化模式也均有自己的适用条件。通过对大气环保技术特性的分析可知，其主要可分为以下 9 个方面：① 与新兴技术交叉性广，且应用市场空间较大；② 设备产品可形成固定资产，权属易分割；③ 副产品可资源化利用；④ 技术适用性广，涉及多种污染物处理；⑤ 技术产品运营维护专业化；⑥ 技术产品主要为监测平台，网络化较强；⑦ 应用领域行业集中度较高；⑧ 产品效果可量化；⑨ 技术通用性较强。大气污染防治技术不同技术特征的商业化模式适用性见表 5-2。

表 5-2　大气污染防治技术不同技术特征的商业化模式适用性

技术特征	融资模式			生产模式		营销模式		服务模式			盈利模式	
	股权融资	融资租赁	担保融资	自主生产	代工生产	特许经营	环境多要素协同治理	第三方治理	合同环境服务	区域环境整体绩效服务	资源化	EOD
与新兴技术交叉性广，且应用市场空间较大	●●		●	●	●							
设备产品可形成固定资产，权属易分割	●	●●	●		●		●					
副产品可资源化利用	●								●		●●	
技术适用性广，涉及多种污染物处理	●						●●			●●		
技术产品运营维护专业化	●					●		●●				

技术特征	融资模式			生产模式		营销模式		服务模式			盈利模式	
	股权融资	融资租赁	担保融资	自主生产	代工生产	特许经营	环境多要素协同治理	第三方治理	合同环境服务	区域环境整体绩效服务	资源化	EOD
技术产品主要为监测平台，网络化较强	●				●	●			●●			
应用领域行业集中度较高	●								●			
产品效果可量化	●							●●	●●			●
技术通用性较强	●					●●						

注：●● 适用性高；● 适用性一般；空白代表根据单一特性无法确定。

5.3　商业化模式案例分析

通过模式征选、地方和企业推送、实地调研、专家咨询等方式，本研究共收集整理了 15 个适用于当前大气污染防治形势的技术商业化模式典型案例。其中，融资模式有 3 个案例（表 5-3）、营销模式有 2 个案例（表 5-4）、服务模式有 7 个案例（表 5-5）、盈利模式有 3 个案例（表 5-6）。

表 5-3　大气污染防治技术商业化融资模式案例简介

商业模式	案例名称	案例简介	推行举措
股权融资	因士科技私募股权融资	• 商业化技术：基于纳米传感技术及模式识别算法的工业气体智能监测及物联网解决方案，低功耗、高精度、高集成优势突出 • 商业化主体：因士科技 • 概要：参加"2016 环保创新创业大赛"后获得真格基金的天使轮投资和磐霖资本千万级 Pre-A 轮投资，在其助力下进入宝钢供应商体系	• 进一步完善政策措施，营造良好的融资氛围； • 坚定推进资本市场改革，构建技术资本协同机制，完善投资机构退出渠道 • 环保企业积极参加各类创新创业大赛，对接股权投资机构
融资租赁	华江环保-宝信租赁合作开展直接租赁	• 商业化技术：焦炉煤气制液化天然气系统技术 • 商业化主体：华江环保 • 概要：华江环保在开拓业务时向客户推荐宝信租赁提供的融资租赁方案，签订三方买卖合同。华江环保作为设备供应商提供产品和服务，宝信租赁向华江环保支付货款，焦化企业客户向宝信租赁分期支付租金。通过该模式，华江环保业务收入成果落地超过 7 个项目，创收超过 3 亿元	• 争取政策支持，利用补贴资金，通过行业政策、绿色金融政策等积极引导融资租赁公司加大对企业融资的支持力度； • 扩大行业宣传，提升社会人员认知； • 建立行业联盟，积极搭建融资租赁行业发展平台； • 发挥各自优势，加强产融合作
	三维丝生产设备售后回租	• 商业化技术：烟气岛系统集成技术、多污染物协同控制技术等 • 商业化主体：三维丝 • 概要：2016 年，三维丝以自有部分生产设备与广东博纳开展融资租赁业务，租赁方式为售后回租，设备原值 1.03 亿元，融资金额不超过 1 亿元，融资期限为 3 年	

表 5-4　大气污染防治技术商业化营销模式案例简介

商业模式	案例名称	案例简介	推行举措
特许经营	龙源环保火电厂烟气脱硫特许经营	• 商业化技术：双循环脱硫工艺技术、氨法脱硫技术、有机胺烟气脱硫并制硫酸技术等 • 商业化主体：龙源环保 • 概要：签订了首批大同、蚌埠和兰州 3 个脱硫特许经营试点项目，在设计、建设调试、运行维护等方面的专业化优势不断强化，整体提高了脱硫脱硝装置的建设、运行水平，保证了较高的投运率及可靠性	• 扩大融资渠道，促进多元融资，健全激励机制； • 实行特许项目区域化管理； • 加强技术创新，开展脱硫新技术
环境多要素协同治理	方洋水务-连云港徐圩新区环境协同治理	• 商业化技术：废气资源化、环境监测、智慧园区管理 • 商业化主体：方洋水务 • 概要：基于对徐圩新区的供排水服务，逐渐将服务领域延伸拓展至危险废物处理处置、废气资源化、环境监测、智慧园区管理等领域，形成了多领域、多要素的生态环境协同治理共生网络，探索了多环境介质污染协同增效治理机制	• 加强生态修复与污染治理技术创新，突破不同环境要素间协同治理的技术屏障； • 以降低治理成本为动力，延展资源循环利用链条，构建环境治理共生网络； • 试点开展环境综合治理托管模式工作，创新协同治理模式管理思路； • 培育系统性解决方案的综合服务商

表 5-5　大气污染防治技术商业化服务模式案例简介

商业模式	案例名称	案例简介	推行举措
第三方治理	江苏省镇江新区大气污染综合防治 PPP 项目	• 商业化技术：环境监测相关技术 • 商业化主体：首创大气 • 概要：构建园区大气污染物的实时在线监控系统和治理系统，并负责相关运营维护。项目融资采取 PPP 模式，由政府出资代表（江苏大港股份有限公司）和社会资本方（首创大气）成立 PPP 项目公司	• 建立和完善社会资本投资回报机制； • 建立公平公正的社会资本投资环境； • 健全社会资本投入风险防范机制； • 争取财政资金支持； • 加强监管与责任落实
	广西壮族自治区环境物联网项目	• 商业化技术：环境物联网技术 • 商业化主体：与中兴仪器（深圳）有限公司、聚光科技（杭州）股份有限公司 • 概要：建立全区 75 个县级空气质量自动监测点；建立统一的设备采集、传输协议，进行现场端设备的数据采集传输技术改造；建立空气质量在线监测、内部发布系统、设备运维管理系统和实时数据交换接口，实现对上报数据的审核，大数据智慧应用和数据质量控制，提供完整、有效的发布数据，实时交换到自治区环境信息中心的数据中心	

商业模式	案例名称	案例简介	推行举措
第三方治理	宝钢湛江钢铁环保 BOO 项目	• 商业化技术：钢渣处理、炼钢非工艺除尘、铁区非工艺除尘等技术 • 商业化主体：中冶建研院 • 概要：企业设立子公司——湛江环保公司，作为环保第三方治理的实施单位，负责湛江钢铁钢渣处理、炼钢及非工艺除尘等整个项目的设计、建设、融资、运营等全流程工作，实现环保项目建设、拥有、经营、服务的全过程一体化	
	山东国舜 BOO 项目	• 商业化技术：钢铁烧结机烟气脱硫除尘技术 • 商业化主体：国舜集团 • 概要：运用投资建设—产权所有—生产运营一体化的商业化模式对 12 家钢铁企业新建或现有的脱硫设施进行更新改造，建立高效节能的 SO_2 减排工程示范，使 SO_2 排放量达到 50 mg/m^3（标态）以下，满足了新标准要求；对 10 家烟尘排放浓度超标的钢铁企业开展了 $PM_{2.5}$ 脱除设施新建或改造，采用湿式静电除尘深度净化新技术使 $PM_{2.5}$ 排放浓度达到 20 mg/m^3（标态）以下	
合同环境服务	长沙华时捷低浓度 SO_2 烟气脱硫	• 商业化技术：低浓度 SO_2 烟气脱硫技术 • 商业化主体：长沙华时捷 • 概要：长沙华时捷与东港锑品签订了"锑冶炼烟气余热利用—可再生脱硫—硫资源回收"环境服务合同，实现企业 SO_2 减排目标和硫资源回收目标，通过销售副产品收回项目投资	• 拓宽环保企业融资渠道； • 建立第三方核算与监管机构
区域环境整体绩效服务	东营"PPP＋第三方监测服务"模式	• 商业化技术：VOCs 和特征污染物连续在线监测技术 • 商业化主体：东营市东建工程有限责任公司 • 概要：东营区化工园区及石化企业厂界 VOCs 和特征污染物连续在线监测任务采取第三方监测的方式委托投资方，实现系统体系的统一	• 完善现行法律法规，明确各方权责； • 加大环保监督执法力度，创新监管手段，释放环保服务需求； • 加强顶层设计，强化区域政策协调
	上海化学工业区托管模式	• 商业化技术：废气处置技术 • 商业化主体：上海化学工业区发展有限公司 • 概要：采用市场化运作的商业模式，与苏伊士、升达等先进环境科技企业成立合资企业，为上海化学工业区提供污水处理、废料处理、大气治理等环保治理服务，实现了供水、供电、供热统一配套，废水、废气、废渣协同处置，污泥、余热、蒸汽循环利用的治理格局	

表 5-6 大气污染防治技术商业化盈利模式案例简介

商业模式	案例名称	案例简介	推行举措
资源化	江苏井神盐化股份有限公司白泥湿法烟气脱硫	• 商业化技术：碱渣湿法脱硫工艺 • 商业化主体：江苏井神盐化股份有限公司 • 概要：引进南方碱业"利用氨碱厂白泥脱除锅炉烟气 SO_2 制取石膏的方法"的专利技术，在热电分公司高温高压循环流化床锅炉烟气脱硫工程中进行应用，产生的白泥脱硫石膏在进行筛分后制造石膏板等建材	• 加强环保技术创新与技术成果转化推广，建设以企业为主体的环保技术创新体系； • 加强政策扶持，推广资源化利用模式； • 实现资源共享，促进产业协同发展
	湖南凯美特气体股份有限公司石化尾气废气回收利用	• 商业化技术：工业尾气（废气）回收综合利用 • 商业化主体：凯美特公司 • 概要：以中石化、中石油、壳牌等大型石化企业排放的尾气、火炬气为原料，生产销售干冰、液体 CO_2、食品添加剂液体 CO_2 及其他工业气体，从而获取利润	
EOD	亿利生态库布齐沙漠治理	• 商业化技术：荒漠化治理、生物和生态核心专利技术等 • 商业化主体：亿利集团 • 概要：利用领先的生物和生态核心专利技术，实施山水林田湖草沙综合治理，如修复荒漠化、石漠化、盐碱化和城市退化土地；修复矿山生态、重金属和废弃物污染场地；恢复荒山退化林，建设国家储备林；综合治理修复城市河道与江河湖泊等水生态；治理西部沙漠	• 转变观念，深化改革路径，创新突破体制机制； • 做好生态环境与城乡发展及产业体系的协同规划； • 策划优质项目方案，强化财务筹划，注重实施联动； • 开展 EOD 模式试点，培育专业化、综合型环境服务企业

5.3.1 融资模式案例分析

1. 上海因士科技私募股权融资

上海因士环保科技有限公司（以下简称因士科技）成立于 2016 年年初，是一家提供工业气体智能监测及物联网解决方案的创新型高科技公司，致力于成为气体安全环保监测行业的突破者与行业领导者。因士科技的核心团队实力雄厚：创始人毕业于浙江大学与美国卡内基梅隆大学，曾入选 2017 年福布斯中国"30 位 30 岁以下精英"榜；其他核心成员由浙江大学、复旦大学、美国卡内基梅隆大学、美国帝国理工大学、美国斯坦福大学等高校的硕士生、博士生组成。因士科技团队主要从事气体泄漏检测传感设备的研发，将改性后的碳纳米气敏材料制成传感电极，使其能对特定的气体产生响应且有极高的响应速度和灵敏性，传感精度可以达到 ppm[①]级别，同时功耗和成本只有现有 VOCs 传感器的 10%，

---

① ppm 即 parts per million，代表百万分之一。

具有低功耗、高精度、高集成等领先优势。2016 年年初，核心团队回国创业，成立了因士科技，同年参加了"2016 环保创新创业大赛"并获冠军，还获得了知名创投机构——真格基金的天使轮投资，后于 2018 年年初获得磐霖资本千万级 Pre-A 轮投资，荣获清科 2018年度"中国最具投资价值企业 50 强"及创业黑马"2018 中国环保领域未来独角兽 TOP20"。在资本的助力下，因士科技于 2017 年进驻宝钢，完成了国内钢铁行业首个本质安全气体检测系统，产品和技术已经在钢铁行业得到应用，并获得宝钢的认可，行业范围进一步延伸至煤化工、涂料、医化等领域，并有望深入拓展至此类行业的健康、安全、环境（HSE）领域，实现原有非智能气体监测设备的取代。

2. 华江环保-宝信租赁合作开展直接租赁

西安华江环保科技股份有限公司（以下简称华江环保）成立于 2006 年 4 月，重点从事干熄焦余热发电、焦炉煤气制液化天然气及焦油深加工，以及工业烟气处理等系统工程的建设与服务，为钢铁、焦化等高污染、高能耗领域的企业提供高质量的工业废气达标处理和节能降耗等一体化专业服务，是国内焦化除尘行业的领军企业。宝信国际融资租赁有限公司（以下简称宝信租赁）成立于 2011 年 4 月，其股东背景雄厚。宝信租赁坚持供应商融资租赁模式，即融资租赁公司与供应商（一般为生产商）签订合作协议，由供应商或代理商推荐客户，融资租赁公司向供应商购买商品后再出租给客户使用，客户（承租人）按期向融资租赁公司支付租金。华江环保于 2013 年年底开始在干法熄焦、焦炉煤气制液化天然气（LNG）等工程项目上与宝信租赁开展了深度合作。借助供应商融资租赁模式，华江环保成功将焦炉煤气制液化天然气技术商业化，项目总额累计近 20 亿元。该模式极大地推动了华江环保的核心技术，尤其是焦炉煤气制液化天然气系统技术的商业化。华江环保于 2014 年成功签约乌海市华信煤焦化有限公司、河南宇天能源科技有限公司焦炉煤气制液化天然气项目，截至 2017 年 10 月，公司总包、建成或在建的液化天然气工程项目已达 7 个。华江环保焦炉煤气制液化天然气相关业务收入也从当年的 1.6 亿元增长到 2016 年的 6.6 亿元，增长了 4 倍多，成为华江环保的主导业务。

3. 三维丝生产设备售后回租

厦门三维丝环保股份有限公司（以下简称三维丝）成立于 2001 年，专注于工业高温烟气除尘，集高性能高温除尘滤料的研发、生产、销售和服务于一体，是国内第一家高温袋式过滤除尘上市企业。三维丝的主营业务包括高性能高温过滤材料、袋式除尘器核心部件与烟气脱硝核心部件的研发、生产和销售，以及环保行业烟气综合治理相关的 BOT、BT（建设—转让）业务；清洁能源投资运营与散物料输储系统的研发、生产和销售及大供应链贸易金融平台的搭建。2016 年，三维丝以自有的部分生产设备与广东博纳融资租赁有限公司（以下简称广东博纳）开展融资租赁业务，租赁方式为售后回租，设备原值为 1.03亿元，融资金额不超过 1 亿元，融资期限为 3 年。三维丝通过采用售后回租模式，利用公司生产设备进行融资，有效盘活了公司存量固定资产，拓宽了融资渠道。与传统的信贷相比，融资租赁的主要优势有三：一是形式灵活，可以缓解企业现金流压力，解决资金问题，如在环保项目建设过程中，BOT 项目建设初期因采购设备需要大量资金，而无法产生稳定的现金流，银行不承认特许经营权作为抵押品，因此很难获得贷款，融资租赁却可以为 BOT 项目提供资金支持；二是可以实现更高的融资比例，售后回租模式可以最大限度地按设备净值为环保企业融资；三是融资期限较长，银行流动性周期一般较短，为 6～12 个月，而融资租赁的融资周期较灵活，租期与租金可根据承租人的财务状况灵活安排，期限多为 3～5 年，甚至可达 8 年。

5.3.2 营销模式案例分析

1. 龙源环保火电厂烟气脱硫特许经营

北京国电龙源环保工程有限公司（以下简称龙源环保）隶属于国家能源投资集团有限责任公司，成立于 1993 年，致力于电力行业环境污染治理业务，是中国最早从事该方面业务的企业，目前已成为我国大气污染治理及水污染治理行业及领域的领军企业。龙源环保先后在脱硫脱硝、除尘等大气污染防治领域和废水零排放等水污染防治领域及关键技术环节研发了具有自主知识产权的先进技术与示范工程项目。自火电厂烟气脱硫特许经营试点政策实施以来，龙源环保积极响应并首批开展相关工作。自 2008 年以来，龙源环保签订了首批大同、蚌埠和兰州 3 个脱硫特许经营试点项目，其第三方运营业务经过几年的快速发展，整体规模在行业内处于前列。自获得电力行业特许经营权以来，龙源环保在设计、建设调试、运行维护等方面的专业化优势不断强化，整体提高了脱硫脱硝装置的建设、运行水平，保证了较高的投运率及可靠性。同时，龙源环保紧紧围绕环保领域的发展方向，加大研发投入，培育出许多具有自主知识产权并在国际、国内领先的技术。将工业企业的环境污染防治设施交由专门的环保公司建设、运营与管理，一方面解决了工业企业运营时出现的环境基础设施建设工程建设不过关、设施投运率低、运行维护专业化水平低、运行效果差、技术创新进展慢等问题；另一方面可以吸引外资和国内民间资本，从根本上解决设施建设投资不足的问题。

2. 方洋水务-连云港徐圩新区环境协同治理

徐圩新区位于江苏省连云港市区东南部。2011 年 5 月，国务院批复在连云港设立国家东中西区域合作示范区，徐圩新区作为示范先导区，已初步形成以石油化工为主导的临港产业体系。徐圩新区的污染物种类较多，涵盖废水、废气和废渣三大类。江苏方洋水务有限公司（以下简称方洋水务）于 2012 年成立，为江苏方洋集团有限公司出资设立的国有全资子公司。该公司的主要业务包括徐圩新区内国有水务资产的运营管理工作，解决区内居民日常生活用水及企事业单位供水不足、污水处理等问题。基于对徐圩新区的供排水服务，方洋水务逐渐将服务领域延伸拓展至危险废物处理处置、废气资源化、环境监测、智慧园区管理等领域，并探索环境综合治理托管服务，开展多污染要素协同治理工作。方洋水务通过环境综合治理托管服务的开展，将徐圩新区石化基地内的水、大气、固体废物等多污染要素治理进行协同综合整治。预计到 2022 年年底，徐圩新区污水处理（包括东港污水厂一期工程、连云港石化基地工业废水第三方治理工程、徐圩新区再生水厂工程和徐圩新区高盐废水处理工程）、固体废物处理（连云港市徐圩新区固废处理处置中心项目）、废气处理（湖南凯美特气体股份有限公司连云港徐圩项目）、环境监测等项目均能实现落地实施。环境综合治理效益方面，在保证园区废水、废气和固危废达标处理处置的基础上，提升了园区内企业废水及尾气的回收利用率，降低了园区危险废物的环境风险。

5.3.3　服务模式案例分析

1．江苏省镇江新区大气污染综合防治 PPP 项目

江苏省镇江新区大气污染综合防治 PPP（政府和社会资本合作）项目由北京首创大气环境科技股份有限公司（以下简称首创大气）作为社会资本方（也是第三方）负责建设及运营。该项目主要负责镇江新区新材料产业园、临港工业园及其他重点污染区域的大气污染综合防治，项目融资采取 PPP 模式，由政府出资代表（江苏大港股份有限公司）和社会资本方（首创大气）成立 PPP 项目公司，项目总投资合计 1.2 亿元，通过对镇江新区新材料产业园、临港工业园区大气污染物的监控系统、治理系统的构建，实现区域范围内全部产业与企业大气污染物全天候监控，构成对 $PM_{2.5}$、VOCs 等主要大气污染物监控"天网"，实现"对症下药"，并采用先进的技术和工艺有针对性地对违规违法企业进行治理。该项目建立了系统完善的绩效考核体系，将治理考核结果同政府绩效付费支付挂钩，在全国范围内率先实现了大气污染综合防治的"镇江模式"。该项目的成功落地实施有效解决了地方迫切需要解决的大气环境污染治理问题，打破了多个治理项目分散实施的运营模式，通过整体设计和规模化、一体化建设运营，保证了大气污染防治取得实效。

2．广西壮族自治区环境物联网项目

中兴仪器（深圳）有限公司于 1999 年开始致力于环境监测仪器的研制、生产、销售，专注于业界前沿环境监测技术的研究与应用开发，产品涵盖空气质量在线监测系统、超低排放烟气在线监测系统等多个产品。聚光科技（杭州）股份有限公司成立于 2002 年，主营环境与安全监测管理等智慧环保业务。两家企业基于物联网的空气质量在线监测技术产品在作为第三方共同承担的广西环境空气质量监测 PPP 项目中得到商业化应用。该项目在广西壮族自治区建设了 75 个县级空气质量自动监测站点（12 个站点在建或已建成），每个站点统一采用模式化的环境空气质量在线监测系统，监测指标为 PM_{10}、$PM_{2.5}$、SO_2、NO_x、O_3、CO 共 6 项污染物及 5 个气象参数，有效解决了广西壮族自治区环境空气质量监测力量难以有效满足环境保护工作需求的问题，有效解决了自治区各县（市）环境空气质量监测站建设资金紧缺、县（市）环保局缺乏专业信息化人员和机构、软硬件配套不足的问题，加速了自治区环境监测能力建设的进度。

3. 宝钢湛江钢铁环保 BOO 项目

中冶建筑研究总院有限公司（以下简称中冶建研院）在多年前就率先开展了钢渣处理等环保技术研究，技术水平已达国际先进水平，其除尘技术曾荣获原环境保护部技术进步一、二等奖，钢渣处理技术荣获国家科技发明二等奖。宝钢湛江钢铁有限公司（以下简称湛江钢铁）是宝钢重组韶关钢铁和广州钢铁在湛江市建设的钢铁基地，是宝钢二次创业的重要战场，也是引领中国钢铁工业未来发展的国家重点工程。中冶建研院于 2009 年与宝钢明确合作，同年设立了湛江环保公司，以该公司为环保第三方治理的实施单位，负责整个项目的设计、建设、融资、运营等全流程工作，从而实现了环保项目建设、拥有、经营、服务的全过程一体化。宝钢湛江钢铁环保 BOO（建设—拥有—经营）项目主要基于第三方治理模式建立，对湛江钢铁生产过程中产生的废气与钢渣固体废物进行处理，同时以湛江钢铁为科研生产基地进行环保新技术、新装备的研发和应用。项目自投产以来产生的环保效益及经济效益均远超预期，项目总投资额与批复金额相比减少了 1.5 亿元，运营费用同比下降 20%，非工艺除尘系统平均粉尘排放浓度达到 5 mg/m^3（标态），仅为国家超低排放标准值的 1/2，钢渣金属铁含量低于 2%，金属资源回收达到 3 亿元/年。

4. 山东国舜 BOO 项目

山东国舜建设集团有限公司（以下简称国舜集团）是我国工业烟气超低排放领域的领军企业，依托企业在环保、节能等领域的核心绿色技术，在钢铁及电力等行业率先采用 BOO 模式为有相关需求的企业提供一体化链条式服务。国舜集团在钢铁烧结机烟气脱硫除尘方面采用投资建设—产权所有—生产运营一体化的商业化模式，对 12 家钢铁企业新建或现有脱硫设施进行了更新改造，建立起高效节能的 SO$_2$ 减排工程示范，使 SO$_2$ 排放浓度达到 50 mg/m^3（标态）以下，满足了新标准要求。对 10 家烟尘排放浓度超标的钢铁企业开展了 PM$_{2.5}$ 脱除设施新建或改造，采用湿式静电除尘深度净化新技术使 PM$_{2.5}$ 排放浓度达到 20 mg/m^3（标态）以下。12 家脱硫项目成功改造后，新建脱硫设施综合脱硫效率提高到 95% 以上，对现有脱硫设施进行更新改造的脱硫设施综合脱硫效率提高到 90% 以上。此外，还建立了高效节能的 PM$_{2.5}$ 湿式静电除尘深度净化技术与工程示范。该项目使企业业绩上升，2014 年钢铁烧结脱硫除尘设计和施工项目达到 17 项。

5. 长沙华时捷低浓度 SO$_2$ 烟气脱硫

湖南东港锑品有限公司（以下简称东港锑品）创建于 1994 年，位于湖南省永州市，致力于锑、铅、金、银等金属的收购、加工、销售，同时回收与销售有色金属尾矿、废渣等。在火法冶炼过程中，硫元素形成 SO$_2$ 气体与焙烧烟气一同作为污染物排出，在造成大气环境污染的同时，也造成了硫资源的大量浪费，成为困扰有色金属冶炼企业的难题。针对有色金属冶炼企业现有脱硫设施无法达标、脱硫成本高、产生大量无法利用的固体废物的问题，面对东港锑品更新改造脱硫设施的资金压力大的突出难题，长沙华时捷环保科技发展股份有限公司（以下简称长沙华时捷）创新商业模式为有色金属冶炼企业提供环境服务合同，按照投资—建设—运营及副产品销售—收回投资及收益的总体思路开发"余热利用—可再生脱硫—硫资源回收"路线，实现有色金属冶炼企业 SO_2 的减排目标，同时实现对硫资源的有效回收，并通过销售副产品的方式获取收益，收回项目投资。该模式有效解决了有色金属等工业脱硫设施更新改造（建设）的技术难题，破解了盈利模式、建设投资的"瓶颈"和专业化运行管理、运行费用等关键问题。

6. 东营"PPP + 第三方监测服务"模式

山东省东营市史口镇东营区化工园区（以下简称园区）以石油化工为主，属于石油化工、精细化工类化工园区，在创造产值的同时也严重污染了大气环境。园区采用"PPP + 第三方监测服务"模式，推进园区及石化企业厂界 VOCs 和特征污染物连续在线监测体系项目的实施。该项目建设了完整的园区大气特征污染物监测体系，包括覆盖全区的监测网络、在线监测预警平台及配套设施，建成后的系统具备 7×24 小时在线监测、高风险预警、应急处理方案专家支持等功能。项目的开展将弥补园区在大气特征污染物监测预警能力方面的不足，提升园区应对突发环境污染事故的能力，保障东营区大气环境保护工作的顺利进行。园区采取 PPP 模式吸引社会资本参与环境保护项目的投资建设和运营维护，承担合作期限内的项目管理工作，发挥了政府和社会资本的优势，合理延长设施运营期限，降低了政府年度直接投资的压力，提高了环保设施、污染源在线监测服务的质量和效率。

7. 上海化学工业区托管模式

上海化学工业经济技术开发区（以下简称上海化学工业区）是改革开放以来第一个以石油和精细化工为主的专业开发区，是国家级经济技术开发区、首批新型工业化示范基地和国家生态工业示范园区。2019 年 5 月，生态环境部办公厅发布《关于推荐环境综合治理托管服务模式试点项目的通知》（环办科财函〔2019〕473 号），提出向各地区征集环境综合治理托管服务模式试点备选项目，上海化学工业区积极参与试点申报工作并成功入选。上海化学工业区结合目前园区环境综合治理现状，确定了包括项目咨询、协同处置、合规管理和智慧管理 4 项托管服务内容，涵盖园区企业在污染治理和达标方面全周期、全过程的需求，如项目规划建设、污染综合诊断、多要素协同治理、智慧监测监管及运营环境风险控制和合规管理。上海化学工业区发展有限公司是园区第三方治理的主导企业，采用市场化运作的商业模式，与苏伊士、升达等先进环保科技企业成立合资企业，为园区提供污水处理、废料处理、大气治理等环保治理服务，实现了供水、供电、供热统一配套，废水、废气、废渣协同处置，污泥、余热、蒸汽循环利用的治理格局，为完善、优化园区的投资环境发挥了巨大的作用，并探索形成了一整套园区生产性服务业的配套模式和商业模式。

5.3.4　盈利模式案例分析

1. 江苏井神盐化股份有限公司白泥湿法烟气脱硫

江苏井神盐化股份有限公司下属分公司淮安碱厂年产纯碱约 50 万 t。淮安碱厂每年因纯碱生产产生的碱渣和碱液分别达到 17.5 万 t 和 450 万 m^3。江苏井神盐化股份有限公司下属热电分公司属于火力发电厂，距离淮安碱厂仅 1 km，以原煤为原料。为了更好地实现碱渣及白泥资源的处置和资源化利用，热电分公司于 2014 年引进了南方碱业"利用氨碱厂白泥脱除锅炉烟气 SO_2 制取石膏的方法"的专利技术，并在 2×240 t/h 高温高压循环流化床锅炉烟气脱硫工程中进行应用。该技术采用低成本方式降低白泥中的脱硫有害成分，制成白泥浆液后直接用于燃煤锅炉烟气的脱硫，脱硫效率大于 95%，同等烟气条件下比石灰石粉脱硫效率高 2%～3%，副产物石膏纯度大于 85%，石膏含水率小于 4%。经过净化的高品质脱硫石膏可应用于水泥调凝剂、制硫酸联产水泥、纸面石膏板等，品质较低的脱硫石膏可应用于矿山填充、改良土壤、道路基层材料、粉煤灰催化剂等领域。

2. 湖南凯美特气体股份有限公司石化尾气废气回收利用

湖南凯美特气体股份有限公司（以下简称凯美特公司）成立于 1991 年 6 月 11 日。2011 年 2 月，凯美特公司在深圳证券交易所挂牌上市，成为国内第一家以回收利用工业尾气（废气）为主营业务的上市公司。凯美特公司主要以中石化、中石油、壳牌等大型石化企业排放的尾气、火炬气为原料，生产销售干冰、液体 CO_2、食品添加剂液体 CO_2 及其他工业气体。2014 年，国家标准化管理委员会、国家发展改革委批准该公司开展工业尾气（废气）回收综合利用国家循环经济标准化试点。凯美特公司紧紧围绕中石化、中石油、壳牌公司等世界 500 强石油化工企业进行产业布局，充分借助自身独创的成熟的自主知识产权优势，开发生产氩气、氢气等各种气体及其他稀有惰性气体，逐步扭转了国内目前稀有气体完全依赖进口的局面，真正实现了"中国制造"的历史性转变。凯美特公司对尾气进行深度加工，每年可大量减少 CO_2 排放，对改善空气质量、减少温室效应有着极其重要的作用，成为典型的资源节约型和环境友好型企业。

3. 亿利生态库布齐沙漠治理

库布齐沙漠是中国第七大沙漠，也是距离北京最近的沙漠，是京津冀地区三大风沙源之一。库布齐沙漠是黄河流域生态最为脆弱的地带，水土流失严重，泥沙进入黄河，威胁黄河下游安全，曾被称为"死亡之海"，恶劣的生态环境问题曾是当地经济发展的最大障碍。亿利集团采用 EOD 理念与模式，通过"生态修复+"开发模式实现了生态环境治理与产业开发项目的有效融合。经过不断探索与完善，通过"锁住四周、渗透腹部、以路划区、分而治之"和"南围、北堵、中切"的策略，库布齐建设了逾 240 km 防沙锁边林和大漠腹地保护区。在生态环境改善的基础上，通过土地、植被等自然资源的综合利用导入与当地资源禀赋与环境承载力相适应的绿色产业，将生态环境治理项目与资源产业开发项目有效融合形成产业链条。近 30 年，亿利集团利用领先的生物和生态核心专利技术，实施山水林田湖草沙综合治理。经过生态修复后的库布齐利用得天独厚的沙漠资源，以国际赛事及体育运动为核心联动相关产业发展，同时配套商务会议、温泉度假及竞技运动休闲项目，形成了国际沙漠体育运动基地，打造了国内独具特色且充满经济活力的沙漠体育旅游经济开发区，同时改善好的生态环境也成功打造了七星湖、草原情、生态道德教育、蓝海光伏、沙漠产业、沙漠绿洲等旅游景区。

5.4　不同类型商业化模式实施路径

在新技术商业化的过程中，有很多的利益相关者选择不同的路径来实现商业化。其实现途径主要包括两种：一种是政府驱动，由政府主导，用于实现特定的政策目标；另一种是产业驱动，其主要目的是满足私营企业的商业利益，这是技术商业化的主导途径。

5.4.1　政府主导的技术商业化

对于政府主导的技术商业化，政府在技术的立项、研究、产业化战略及政策的制定过程中起推动作用，以确保所鼓励发展的高新技术在后续的转化过程中实现了商业化发展。在这条路径的实践（图 5-2）中，政府针对每类前提条件都制定了相应的规划和配套政策，如制定国家创新战略、《中国制造 2025》等国家重大政策，以推动 R1 阶段的基础理论发展；鼓励高校等科研机构通过科技成果转化、促进军民融合发展等政策推动 R2 阶段的技术发展；实施供给侧结构性改革，优化基本工商政策，以支持 R3 阶段的公司化实践；通过评估技术金融及相关业务服务政策，以支持 R4 阶段的金融发展；制定产业转型升级政策，以支持 R5 阶段的工业化发展；通过高科技园区和落地配套政策，打造产业集群。毫无疑问，政府在促进技术商业化方面发挥着非常重要的作用。除这些政策支持外，政府还为相关技术研发提供专项资金支持，鼓励激活技术存量，加快实现科技成果商品化。这种路径从技术的供给侧开始促进商业化，因此被称为供给导向路径。

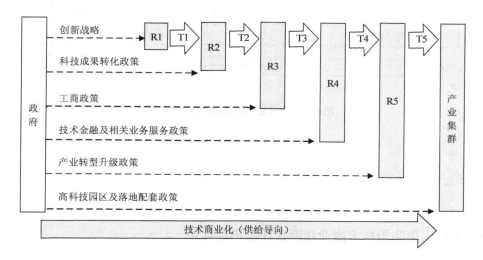

图 5-2　政府主导的技术商业化路径

5.4.2 产业主导的技术商业化

产业主导的技术商业化与供给导向相反，其产业组织和市场投资者在技术启动、研究、产业化战略和政策制定的过程中起主导作用，确保研究的技术用于自身的商业化发展是其出发点。在这条路径的实践（图 5-3）中，产业组织和相关投资者从实际需求出发，对现有存量技术库进行逆向商业化，从基础阶段开始对技术研发进行投资。其目的是从事相关理论研究，满足投资需求，从而实现技术的商业化。产业投资机构和投资者参与政府主导的重大技术开发和相关课题研究，以推动 R1 阶段的理论实现；与高校等科研机构合作，以推动 R1 理论由 T1 发展到 R2；通过与交易平台、中介机构合作，推动 R2 技术由 T2 向 R3 发展；最后通过类比、产业集群运营，与投行、资本市场进行产业整合，实现了初期商业技术发展的战略目标。这种对产业主体和投资者的反向"孵化"，从需求出发，进而进行商业化相关技术的研发，以满足其长期战略发展需求的路径，是一条以需求为导向的实践路径。

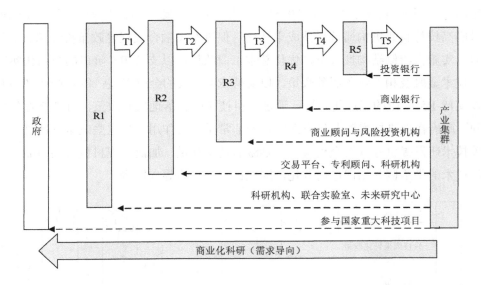

图 5-3　产业主导的技术商业化路径

5.5　商业化模式评价指标体系与实证研究

5.5.1　大气污染防治技术商业化模式评价指标体系

大气污染防治技术商业化模式的评价对象为拟选择适合的商业化模式推行大气环保技术的企业，评价目的为该商业化模式实施的成效，具体评价流程分为以下几个方面。

　　一是确定评价指标体系。基于评价指标体系设计原则及技术商业化模式评价目的、模式特征、构成及所需资源等内容，初步构建大气污染防治技术商业化模式评价指标体系。综合专家意见完善指标体系，最终确定大气污染防治技术商业化模式评价指标体系。

　　二是评价指标赋权。评价指标体系确定后，基于德尔菲法、层次分析（AHP）法或因子分析法等确定各指标权重。

　　三是单项指标评价。根据指标体系要求，收集每项指标信息，对每项指标进行打分并将其标准化。

　　四是综合指标评价。结合各项指标权重，求和计算综合得分。

　　基于研究梳理，表 5-7 给出了大气污染防治技术商业化模式的评价指标体系。

表 5-7　大气污染防治技术商业化模式评价指标体系

基准层	因素层	指标描述
适用条件	技术确权	拟商业化的技术有明确知识产权并享有使用权
	技术成熟度	拟商业化的技术比较成熟，满足大气污染防治需求
	生产资源可得性	拟商业化的技术上游原料、中间产品易获得
	企业家能力	企业管理团队谋求长远，具备创新精神和思维方式，具有承担风险的意愿和能力，能够合理应对复杂问题，能够处理企业内外部关系，善于纠正问题和提炼经验
	企业生产能力	企业具有较强的生产组织、管理与控制能力（人力、资金、工器具、进度、物流、场地、仓储等）
	企业销售能力	企业具有实力较强的销售团队和完备的营销渠道
	企业服务能力	企业具有专业化的运营维护能力
市场优势	顾客价值	企业运用该模式为顾客最终提供的产品或服务的价值差异化特征显著，能够满足市场新生需求或者催生顾客新需求
	市场需求	拟商业化的技术市场需求旺盛，企业运用该模式可以有效突破商业化过程中的"瓶颈"
	竞争优势	竞争对手很难在短时间内效仿或突破该模式
	用户满意度	用户对该模式有较高的认可度，自愿二次采购及协助宣传推广
	节约成本	企业运用该模式可以有效降低企业经营成本
	价格可接受	企业运用该模式的商业化产品或服务价格较低或上调幅度用户可接受
外部支持	法规制度	相关法规制度较健全
	支持政策	政府对该模式有政策上的扶持，包括资金补助、税收优惠、融资支持、试点示范等
	社会文化	社会文化对该模式较为认可，持鼓励和支持的态度
	基础设施	该模式应用推广所需的基础设施较为完备
	社会服务	该模式应用推广所需的社会服务较为完善
	联盟组织	该模式能够获得相关组织的认可，较易合作或结盟
运营效率	规避短板	该模式可以有效规避企业在技术商业化过程中的短板，如资金短缺、人力不足、缺少仓储场地等
	减少环节	商业化过程环节较少，企业基本可以独立完成或者较易、较快地与相关单位联合
	较短时间	商业化过程时间较短，投入后相对较快地获利，投资回收期短

基准层	因素层	指标描述
风险规避	技术风险	该模式可以有效规避技术风险，如技术复杂性风险
	政策风险	该模式可以有效规避政策风险，如排放标准提高、货币紧缩、费改税等政策
	市场风险	该模式可以有效规避市场风险，如市场需求转移等
	过程风险	该模式可以有效规避生产过程风险
	组织风险	该模式可以有效规避团队组织风险
商业化效益	销售毛利率	企业运用该模式的商业化项目预计销售毛利率较高
	销售净利率	企业运用该模式的商业化项目预计销售净利率较高
	总投资收益率	企业运用该模式的商业化项目预计总投资收益率较高
	资产收益率	企业运用该模式的商业化项目预计资产收益率较高
	品牌价值提升	客户感知产品或服务特质的显著程度较高

5.5.2 大气污染防治技术商业化模式评价实证研究

本节选取浙江菲达环保科技股份有限公司（以下简称菲达环保）新技术——相变凝聚除尘及余热回收利用集成装置作为商业化模式案例。

相变凝聚是一种重要的节能措施，特别适合烟气中含湿量较高的过程，将其与湿式洗涤除尘、湿法烟气脱硫相结合是实现工程应用的重要途径。与传统除尘设备相比，相变凝聚除尘系统对颗粒物的适应性大幅改善，特别对 $0.1\sim1.0\ \mu m$ 颗粒物的脱除效率很高，可在湿法脱硫设备后直接添加，改造成本较低，具有很好的工业应用前景。菲达环保于 2015 年开始研究相变凝聚除尘技术，成立了以副总工程师为首的技术研究小组，在分析调研国外技术的基础上，根据产品技术原理和产品国外工程应用情况，经过大量试验成功开发出国内首台（套）相变凝聚除尘及余热回收利用集成装置。该技术可有效促进颗粒物长大、团聚和脱除，实现颗粒物、SO_3 和痕量元素协同高效控制，并回收大量烟气含水和汽化潜热，具备"收水＋除尘＋余热回收"等多重功能。2017 年 6 月，该产品成功在巨化热电厂 $8^{\#}$ 机组 280 t/h 锅炉投运。从运行情况来看，产品除尘效率高、节能可靠。经西安格瑞电力科技有限公司测试，在高、低压负荷工况下，相变凝聚器出口粉尘排放浓度分别为 $2.95\ mg/m^3$ 和 $1.61\ mg/m^3$，粉尘脱除效率分别为 53.17% 和 71.55%，满足燃煤烟气超低排放要求。同时，通过实际测试对比，产品节水量为 4.3 t/h，炉后环保岛水耗降低约 28%。该技术适用于燃煤电厂、垃圾焚烧发电、工业锅炉等行业。通过一系列运作，该技术成功实现商业化。

通过收集企业信息及项目实施方案，针对评价体系的各项指标进行具体分析，得出各项指标分数。综合各单项指标得分及各项指标权重，得出该商业化模式的综合得分为 0.78，属于较好水平，说明菲达环保相变凝聚除尘及余热回收利用集成装置的技术商业化模式较为成功。

从单维度（图 5-4）来看，风险规避和商业化效益得分相对较低。原因在于该技术商业化时间较短，可能存在一定的风险，如故障率等，但设计总承包的模式较难规避。除了加强售后服务，及时收取客户的反馈外，结合节能效果较好及余热回收的副产品收益，可探索 BOO 或合同能源管理等模式以有效规避该风险，也可通过扩展盈利来源获取更高的利润回报。

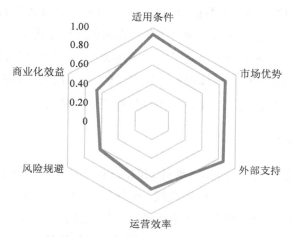

图 5-4　相变凝聚除尘技术商业化模式评价单维度得分情况

5.6　商业化模式创新与政策建议

5.6.1　与物联网、互联网技术融合发展

近年来，我国不断投入大量的人力、物力和财力，出台了一系列政策，加快环保物联网的发展。2004 年年底，环境保护部启动国家环境数据中心建设项目，建立了 113 个监测城市空气质量、城市流域水质及城市污染源的系统，为环境管理与决策提供了环境信息支持和服务。2015 年 3 月，李克强总理提出制订"互联网+"行动计划，推动移动互联网、云计算、大数据、物联网等与现代制造业结合，以促进电子商务、工业互联网和互联网金融健康发展，引导互联网企业拓展国际市场。物联网技术在大气污染防治中主要应用于大气监测过程。在生态环境敏感区域或人流相对集中的区域，根据网格分布点的要求设置多个自动监测站，实时监测空气中的 PM_{10}、CO、SO_2 和 NO_x 等各种常规污染因素，收集的数据通过网络传输至监测中心进行自动反馈，最后实现环境空气的自动检测，以确保该区域的空气质量。

我国当今信息化的发展尤其迅速，互联网、云计算已是目前主流技术，大气污染防治就是其中最重要的一个组成部分。《国务院关于印发打赢蓝天保卫战三年行动计划的通知》（国发〔2018〕22 号）明确提出，开展大气污染防治行动，要综合运用经济、法律、技术和必要的行政手段。其中，人工智能、大数据、云计算、5G 通信、物联网等在大气污染防治及蓝天保卫战中发挥着重要的作用，也颠覆了环境治理的传统手段。在污染源监测方面，构建"天空地"立体监测体系，无人机、传感器、感知技术是常用的人工智能技术。空气监测站或小微站借助通信技术，结合移动式的监测遥感器，可基本确定一个地区的污染变化情况。在分析预警方面，大数据分析系统、云计算平台通过综合分析大量卫星数据、地面物联网监测点数据，可提前布置预警工作，靶向追踪污染源。例如，对于北方的重污染天气，北京市利用相关技术及时启动了空气重污染预警，做好风险防控工作。而在智慧治理方面，人工智能技术则更多地体现在环保设备的智能化调控方面，智能设备使前期监测、数据分析、中端治理走向一体化，使治理过程更加便捷化。

5.6.2　与金融融合发展

《国务院关于印发大气污染防治行动计划的通知》中指出，要拓宽投融资渠道，鼓励民间资本和社会资本进入大气污染防治领域，引导银行业金融机构加大对大气污染防治项目的信贷支持。各个地方印发的大气污染防治行动计划文件中，均突出强调了绿色信贷在大气污染防治工作中的作用。在大气污染防治领域，绿色信贷是激励与约束并存的双向机制，其主要方向一是强化对大气污染防治项目的信贷支持，二是强化对企业工艺改进和清洁生产改造的信贷支持，三是强化能源结构调整和清洁能源行业的信贷支持，四是强化对低能耗低排放产业的信贷支持。

京津冀地区是目前我国大气环境污染最严重、资源环境和发展矛盾最尖锐的地区。2016 年，华夏银行与世界银行联合推出了京津冀大气污染防治融资创新主权贷款项目，项目总规模达到 100 亿元，项目期限最长可到 20 年，是全球第一个应用于能效领域的结果导向型贷款项目，主要用于支持我国京津冀地区降低煤耗、绿色新能源、脱硫脱硝等多个领域。该项目实施后，可每年减少碳排放逾 240 万 t。目前，华夏银行的绿色金融服务已经形成八大特色产品体系，包括京津冀大气污染防治融资创新贷款、世界银行能效融资贷款、法国开发署绿色中间信贷贷款、碧水蓝天基金、合同能源管理融资、未来收益权资产证券化、融资租赁、特许经营权质押融资，涵盖清洁能源融资、能效融资、绿色装备供应链融资及环保金融四大领域。通过绿色信贷对大气污染防治项目及其企业在大气环保技术和工艺方面的支持，推动了大气环保技术的商业化进程。

融资租赁作为一种特殊的金融业务，是指出租人购买承租人所选定的租赁物件，为后者提供融资服务，随后以收取租金为条件将该物件长期出租给该承租人使用的融资模式。2015 年 9 月 7 日，国务院办公厅发布《关于加快融资租赁业发展的指导意见》，确立了融资租赁的重要地位。在环保行业融资需求大、回报期长的大背景下，融资租赁随着环保产业投资大幕的拉开逐渐进入环保领域。在我国，融资租赁已逐步应用于飞机、船舶、医疗、教育、物流、电信、工程机械、基础设施、节能环保等多个行业。在环保领域，从 2010

年开始，融资租赁首先在污水处理、垃圾发电等领域得到了应用，随后逐渐拓展到大气污染防治，管网、河道等的环境综合治理中。从现阶段来看，在大气污染防治领域中，脱硫脱硝领域的融资租赁开展得较好。

5.6.3　与"走出去"战略融合发展

目前，我国的环保产品与技术在发展中国家具有较大优势。一方面，我国仍处于发展阶段。同其他发展中国家一样，我国也面临着发展经济和保护环境的双重任务。我国的环保企业更能充分了解其他国家的具体困难和现实，更容易根据其他国家的实际需求提出解决方案。另一方面，与欧洲、美国高标准、高成本的环保技术和设备相比，我国高质量、低成本的环保产品和服务具有更大的竞争优势。"十五"时期以来，我国在大气污染物排放治理方面，围绕电力行业烟气超低排放、非电力行业（钢铁、水泥、焦化、玻璃等）等研发了袋式除尘器、湿式静电除尘器、干湿脱硫、SCR 脱硝、蓄热式燃烧 VOCs 等一批具有自主知识产权的非常规污染物减排技术和设备。我国总体技术水平与国际先进技术水平相当，部分成果达到国际领先水平。

近年来，随着新修订的《环境保护法》和《大气污染防治行动计划》的实施，以及各种环保配套政策和监管措施的出台，对烟气、SO_2、NO_x 排放提出了更加严格的要求，推动我国燃煤电站、钢铁等行业的污染治理技术不断突破和创新、设备不断升级换代。大气环境保护政策措施的密集出台和发布极大地促进了我国大气环境保护产业的发展，也提升了我国与共建"一带一路"国家在大气污染监测技术、大气污染治理技术、大气污染治理设施与设备、大气环境保护工程的设计和运行等领域的合作。随着大气污染区域之间合作的推进，在大气环境监测技术和监测设备、大气环境保护工程设计、大气污染控制技术、大气污染防治技术、大气环境污染防治技术等方面，共建"一带一路"国家的需求非常旺盛，大气环保市场巨大，投资合作前景广阔。

随着"一带一路"倡议的不断深化，以及我国大气环保企业的不断创新升级，我国大气污染治理企业"走出去"战略呈现不断增强的态势。从技术方面来说，我国在颗粒污染物净化技术和防尘装置技术等方面均处于国际领先地位，在垃圾焚烧处置及烟气脱硫脱硝技术方面均具有丰富的经验和先进的技术。同时，我国不断强化自主知识产权技术的研发和创新，在大气环保领域拥有了种类齐全并具有自主知识产权的技术装备，一批具有自主品牌并掌握核心技术、具有市场竞争力的龙头企业应运而生。例如，中自环保科技股份有限公司基于承担的大气专项项目，研发了满足国Ⅵ天然气车和国Ⅳ摩托车污染排放控制催化剂及临界催化剂制备技术，开发了催化材料和催化剂产业化关键工艺，开发并应用天然气车和摩托车尾气净化后处理催化系统进行了示范运行。航天凯天环保科技股份有限公司在焊接烟尘治理、油烟油雾治理及 VOCs 治理方面均形成了自主产权系列产品，并应用于各个领域。2018 年，航天凯天环保科技股份有限公司承接了徐工集团 22 个焊接、切割粉尘烟尘与 VOCs 废气治理项目，采用新型的吹吸式治理方法与工艺显著提升了车间工作环境，在国内第一次采用转轮＋RTO 催化燃烧治理工艺对徐工集团油漆喷涂车间废气进行治理，有效解决了有机废气达标排放的问题。此外，在具有较高难度的工业废气处理处置、清洁回用及零排放等领域，我国大气治理企业通过"走出去"战略的实施和深化将会有更多机会。我国以各类协定、协议形式，在大气污染监测技术、大气污染控制技术方面加强合作，在大气环境污染机理研究、合作机制、监控体系建立等方面均建立了合作关系。

第6章 大气环保产业园创新链研究

6.1 技术创新链运行机制

6.1.1 概念内涵与主要特征

技术创新链是指围绕技术创新过程的某个核心主体，以满足市场需求为导向，通过技术发明创造、现有知识和技术的应用与转化、成熟技术的扩散等将技术发明主体、技术首次商业化使用主体和技术扩散主体连接起来，以实现知识的经济化与技术创新系统优化目标的功能链结构模式，它是技术创新的过程表现形态。整条技术创新链是在现有知识和技术的基础上，由技术发明、技术首次商业化使用和技术扩散等基本环节有机衔接而成。从经济角度来看，技术创新链是价值增值链；从各个环节的关系来看，技术创新链是供应链；从目标追求来看，技术创新链是产业链。技术创新链相关概念辨析见表 6-1。

表 6-1　技术创新链相关概念辨析

概念	内涵	特征	差异
技术链	产业生产活动中触及的许多相关技术按照生产过程中的上下游关系相互联系，形成的包含这些技术的链条形式	包括技术本身可能存在的承接关系，以及上下游产品间的物化与产品中技术的链接关系，表现形式包括只有单源构成的星形发散状结构、多点间相互关联所形成的复杂网络结构等	各环节的相互关联性取决于核心技术，仅关注技术本身
产业链	建立在劳动分工与协作关系上的产业内企业之间的物流链、产品链、资金链和信息链	为了完成最终产品的生产，在企业之间、劳动者之间存在劳动分工协作，从而形成在生产制造单元之间的物质流动，并构成链接关系	强调围绕产品生产和销售在企业之间形成的链式关系

概念	内涵	特征	差异
创新链	围绕某一个创新的核心主体，以满足市场需求为导向，通过知识创新活动将相关创新参与主体连接起来，以实现知识的经济化过程与创新系统优化目标的功能链结构模式	为生产出能满足市场需求的产品，而将相关知识创新活动在各参与主体之间进行分工，通过参与主体之间的有机配合及其知识创新活动的有效衔接，产出能用于最终产品生产的技术	由不同知识创新活动连接而成的链条
技术创新	将科技导入新产品与新制造程序，并且在产品与制造程序上有显著的技术革新	技术的新构想经过技术组合或研究与开发等活动转化到实际应用阶段，并最终产生效益的商业化全过程。内涵包括企业是技术创新的主体，技术创新以新的发明或引进新的技术为基础，技术创新包含"硬件"创新与"软件"创新，技术创新的效果是增加效益或提高市场份额	注重技术创新与应用的过程，淡化了技术创新各环节的关联和各主体之间的关系

本章的研究对象是在大气环保产业集聚区的技术创新链。它是以改善大气环境质量为目标，以提供大气污染治理的产品、服务为目的，以价值增值为导向，由大气环保产业链、技术链和创新链组成，由提供大气污染治理的技术、产品、设备、信息、服务等多部门相互合作，在大气环保产业集聚区的一定空间范围内推进大气污染防治技术创新和产业发展的活动链，是一个系统的整合行为。从特征分析来看，技术创新链主要表现为以大气污染防治目标需求拉动为主的链结构模式，其构成主体具有多元性和层次性，主体之间的合作是其生命线，追求知识的经济化与整体优化。

6.1.2 形成机理与构成要素

技术创新链是指以市场需求为导向，围绕核心技术，整合各创新要素，实现创新技术从研发到产业化的全过程。技术创新链主要经历技术的基础研究与研发、技术的应用转化与产品开发、技术的产业化3个阶段。结合技术创新的形成机理，技术创新链的核心要素分为主体要素、客体要素，以及支撑主客体发展的支撑要素，共3种类型。

1. 主体要素

技术创新链的主体要素是指以人为核心构成的群体，主要包括政府、用户、技术发明主体、技术转移转化主体和技术产业化主体等。技术创新链中各环节活动的有机衔接和各环节主体的高度协同是其形成、发展的重要保障。其中，技术发明主体主要包括科研机构、高等院校、企业等；技术转移转化主体和技术产业化主体主要包括技术中介机构、行业协会、企业等。另外，政府和用户对技术创新链的发展也有重要影响。政府利用政策引导或推动技术创新和成果转化，用户既是技术创新活动的重要实施主体，又是技术的主要需求主体。

2．客体要素

客体要素是指技术创新链中的创新对象，主要包括发明技术、实用新型技术，以及它们的供求信息。其中，发明技术是技术创新主体的直接产出，同时也是技术创新链的起点；实用新型技术是技术产业化的前提条件。发明技术和实用新型技术的供求信息源于某类主体，又作用于其他主体，它们是联结主体和推动技术创新链发展的序参量，在整个技术创新链中起到纽带连接作用。

3．支撑要素

支撑要素是指技术创新链的主体从事正常活动和实现相互之间有机结合所必需的共性要素，主要包括人力、知识和技术、资金、物质、信息和管理等。支撑要素是技术创新链形成、发展的前提和基础，直接影响主体的正常生产活动及其产出成效。其中，人力和资金是支撑要素中最为关键的要素，知识、技术等积累离不开前期人力和财力的投入。而知识和技术、信息、物质等资源是技术创新链中的共享性资源，对创新主体间的协作起到链接与黏合的作用。

综上分析，主体要素是技术创新链的主导要素，客体要素和支撑要素都是通过主体要素影响技术创新链的形成和发展的；主体要素通过对支撑要素的整合产出客体要素，并通过客体要素在主体要素之间的扩散、转移和转化实现它们之间的融合，进而推动技术创新链的形成和发展。

6.1.3　演变过程与动力机制

1．演变过程

不同要素以不同方式作用于技术创新链。其中，主体要素直接作用于技术创新链，客体要素和支撑要素都要通过主体要素对技术创新链产生影响。促进技术创新链发展不仅要提高直接主体的技术创新能力，增强它们之间的有机结合，而且要推动直接主体与政府、用户之间形成良性互动关系。只有这样，才能增强主体要素对客体要素的生产、利用能力，以及它们对支撑要素的获取、应用能力，进而促进技术创新链发展。主体要素对技术创新链演变的作用过程包括以下四种情况，如图6-1所示。

（1）用户和企业通过相互作用影响技术创新链的过程

用户的技术需求与企业的技术创新是相互作用、相互影响的。一方面，用户的技术需求影响企业的发展和技术创新：①用户是产品和技术的需求主体，他们对新技术和新产品的需求影响技术创新；②用户对技术和产品的需求会影响企业收入，收入会影响企业对生产资料的投入，进而决定了企业的技术创新和企业发展；③用户对技术和产品的反馈进一步刺激了企业对技术创新的追求，从而实现了技术创新链的循环发展。另一方面，企业的技术创新影响用户的技术需求。企业的技术创新有利于提升产品性能和服务的质量，推进延长产业链，促进提升行业标准等，同时又能进一步刺激用户对新技术、新产品的需求。只有当用户的技术需求与企业的技术创新行为实现良性互动时，才能促进技术创新和技术创新链的发展。其中，用户的技术需求起着引擎作用，因为没有用户对技术和产品的需求，企业将无法获得技术创新的资源和动力，也就会进一步影响技术创新链的循环发展。

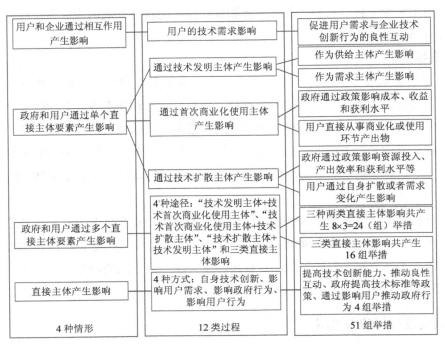

图 6-1 主体要素对技术创新链演变的作用过程

（2）政府和用户通过单个直接主体影响技术创新链的过程

政府通过推动科技创新与产业、土地、财税、金融、人才等政策的衔接，进而影响技术基础研究、技术研发、成果转移转化等技术创新链循环的全过程。政府和用户可以通过4 种途径影响单个直接主体，进而实现技术创新链的发展。一是通过技术发明主体影响技术创新链的过程，如政府通过科技政策影响科研机构和高等院校的人、财、物及信息供给，进而影响它们的技术发明活动，用户作为技术发明主体或增加对技术发明的需求有利于推动技术创新链的发展。二是通过技术转化主体影响技术创新链的过程。技术首次商业化使用主体是连接技术发明和技术扩散的纽带和桥梁。政府通过政策影响技术转化主体技术创新活动的成本、收益和获利水平，从而影响技术的转化效率。三是政府和用户通过技术扩散主体影响技术创新链发展的过程。当技术扩散主体的研发投入过高时，政府可以通过一系列的优惠扶持政策指导企业研发，或通过拨给研发资金以降低技术扩散主体的资源投入成本和风险，从而对技术扩散和技术创新链发展起到一定的推动作用。四是通过用户影响技术创新链发展的过程，如政府的政策有利于刺激用户的技术需求，有利于推动用户需求与企业技术创新之间形成良性互动关系。

（3）政府和用户通过多个直接主体影响技术创新链的过程

政府和用户可以通过两种途径影响多个直接主体，进而影响技术创新链的发展。一是政府和用户通过两类直接主体影响技术创新链发展的过程。根据直接主体组合的不同，可将政府和用户通过两类直接主体影响技术创新链发展的过程分为 3 种类型，即"技术发明主体 + 技术首次商业化使用主体"、"技术首次商业化使用主体 + 技术扩散主体"和"技术扩散主体 + 技术发明主体"。若政府的政策或用户的行为既能提高技术发明主体的发明能力，又能提高技术首次商业化使用主体的商业化使用能力，还能增强技术发明主体和技术首次商业化使用主体的有机结合，则对技术创新链发展具有很强的促进作用。二是政府和用户通过三类直接主体影响技术创新链发展的过程。当政府的政策或用户的行为有利于同时提高三类直接主体的技术创新能力，并有利于增强三类直接主体之间的有机结合时，政府和用户对技术创新链发展的推动效果最明显。

（4）直接主体影响技术创新链的过程

直接主体影响技术创新链的过程主要有 4 种方式。一是通过自身技术创新能力的提升，以及与其他直接主体关系的转变影响技术创新链的发展。当直接主体不断提高自身技术创新能力，并积极开展与其他直接主体之间的协同合作，实现主体要素之间有机结合和技术创新链各环节的有效衔接时，则能促进技术创新链的发展。二是直接主体通过影响用户技术需求而影响技术创新链的发展。若直接主体的技术创新活动与用户的技术需求形成良性互动，则能推动技术创新链的发展；反之，则可能制约技术创新链的发展。三是通过影响政府行为而影响技术创新链的发展。直接主体通过影响政府行为，使政府制定和实施有利于增强主体创新活力和创新能力、增强主体之间有效衔接的政策，则能推动技术创新链的发展。四是直接主体通过技术创新活动影响用户行为，并通过用户间接影响政府行为，使政府制定和实施有效政策，进而影响技术创新链的发展。

2．动力机制

（1）运行模式

在技术创新链理论研究的基础上，本研究选取了美国硅谷高科技园区（IT 产业）、德国慕尼黑高科技工业园区（电子信息产业）、新加坡科学园（高科技产业）、日本北九州环保产业集聚区（环保产业）等典型高新区、孵化园类创新型集聚区，以及英国石油、宁德时代等典型技术创新型企业，开展了技术创新链运行机制研究，总结了技术创新链常见的运行模式，分析了推进技术创新链形成发展的动力机制等，并提出主要举措建议，见表 6-2。

表 6-2 技术创新链运行模式

模式类型	运行模式	优点	缺点
模式一：政府推动模式（案例：德国慕尼黑高科技工业园区、新加坡科学园）	政府通过要素整合和服务为技术创新链中主体之间的协同、不同环节之间的有效衔接创造必要条件，从而推动技术创新链的运行。在技术创新链搭建形成的初期，基本均为由政府主导，产业、技术逐步导入的政府推动模式	政府能有效利用资源整合功能和服务功能，可以在较短的时期内将技术导入生产系统，带动增收	政府不直接参与具体的经济活动，难以有效利用资源，其他主体都处于被动状态
模式二：企业主导型模式（案例：英国石油、宁德时代）	企业自主研发或通过合作获取技术，并将技术或产品进行推广从而获取利益。具体包括自行研发、从外部引进、与科研单位联合或委托科研单位进行联合创新、与用户合作开展技术创新活动 4 种情形	企业使科技成果供需双方得以互动交流，实现供需平衡；企业有动力和能力建立有效的机制，创造推动模式运行的要素条件	在一定程度上会受到现有技术供给状况的制约，企业和科研机构、用户之间的信息沟通和技术流动情况会影响技术创新链的有效运行
模式三：科研机构主导型模式（案例：美国硅谷高科技园区）	科研单位利用自身的技术、人员优势，主动与当地政府或用户建立联系。通过为用户提供生产资料、技术和服务，在获得经济及社会效益的同时实现了科技成果的转化，从而形成了科研单位与用户之间的良性互动关系	用户以较低的价格及时获得所需的技术，享受高质量的技术服务，且技术风险较小；解决了科研单位成果产生和转化的问题	科研单位自身筹集资金、推广技术、为用户的产品打开销售市场的能力弱，缺乏模式有效运行的保障机制
模式四：园区共建型模式（案例：日本北九州环保产业集聚区）	在经济相对发达的城市中划出一定区域，并由社会各方共同投资兴建，以科研、教育和推广单位为技术依托，引进国内外先进、适用的高新技术，对新产品和新技术进行集中投入、集中开发，形成高新技术的开发、中试和生产基地，以调整区域生产结构、增加收入的一种综合开发方式	园区集技术的引进（或发明）、首次商业化使用和示范推广于一体，解决了示范技术的区域适应性；用户自愿采用示范性技术，有利于发挥积极性和创造性	需要政府提供系统的宏观指导，并有相应的政策作保障；政府很容易搞形象工程，使科技园区的建设和运行失败；园区运行机制、活力对模式的影响较大

（2）运行动力

在市场经济条件下，技术创新链主体之间的相互作用主要是通过供求机制、竞争机制、协同机制和信用机制 4 个主要机制进行的。上述机制是诱导技术创新链的主体扩大对外开放、打破平衡、增强相互影响，进而优化主体要素的重要保障机制。在技术创新链形成和发展的过程中，起到主要作用的供求机制、竞争机制、协同机制和信用机制是相互影响、相互作用的，它们共同作用于技术创新链的各要素，使它们不仅能通过内部资源的有效整合解决自身面临的主要问题，而且能使它们相互合作，实现技术创新链不同环节之间的平稳过渡和有效衔接，进而促进技术创新链的形成和发展。动力机制对技术创新链的作用如图 6-2 所示。同理，推动技术创新链形成和不断发展的主要举措包括持续扩大技术需求、不断提高创新供给、促进形成有效竞争、鼓励推进合作共赢、建立完善的信用体系等。

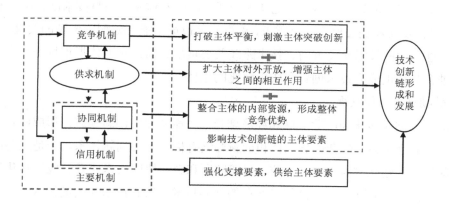

图 6-2　动力机制对技术创新链的作用

① 持续扩大技术需求

技术创新的动力与市场的用户需求相互促进。持续扩大技术需求受用户需求、技术性能属性、技术运用设施条件等因素的影响。因此，增加用户的技术需求必须重点从提高用户需求、降低技术价格、提高技术性能和完善技术配套等方面入手。推动上述工作，需要做好前沿研究和创新引导，研究部署技术科研专项、技术创新行动计划。围绕国家发展目标，突出技术创新重点，筛选出若干重大战略产品、关键共性技术、先进创新模式作为重大专项，力争取得突破。通过补贴新技术价格的方式，有效降低新技术的使用成本，增加用户试用产品的积极性，培植用户需求。

② 不断提供创新供给

提供创新供给，逐步建立适应市场机制运行的财政、税收、金融等政策体系。完善财政税收政策、产业发展政策、人才政策、采购政策、消费政策、金融政策等，为技术创新创造良好的政策环境。对技术创新实行税收、融资、信贷等优惠政策，降低技术创新的成本，推动技术示范应用、先进技术集成创新、引进吸收二次创新等。统筹研究相关税收支持政策，合理制定税收优惠政策，以降低投资机构的投资成本，促进投资行为。持续深入实施促进技术创新型企业发展的税收优惠政策。探索创建国家新兴产业创业投资引导基金、风险投资基金等政府引导基金，并与市场金融机构相结合，为中小企业提供全方位的融资服务。

③ 促进形成有效竞争

以市场交易为手段，促进产、学、研、金、介主体高度发展、充分竞争，促进市场对各种生产要素进行创新组合、优化配置，提高技术产业化的速度和水平。强化技术知识产权的认定与交易，保护技术创新主体的产权，提高其竞争力。加快推进知识产权服务、创业孵化、第三方检验检测认证等机构的专业化和市场化改革，壮大技术交易市场，以激发中介机构的竞争活力，增强其技术转移服务能力。发挥市场对技术研发方向、路线选择和各类创新资源配置的导向作用，优化技术和新产品研发体系，调整技术创新决策和组织模式。国家科技发展规划要聚焦战略需求，重点部署市场不能有效配置资源的关键领域研究。对于竞争性产业的技术研发方向、技术路线及要素配置需由企业依据市场需求自主决定，从而促进企业真正成为技术创新和成果转化的主体。

④ 鼓励推进合作共赢

推动技术创新转化为产业发展和经济增长点，需要完善创新模式，形成研发主体、转化主体、产业化主体、配套服务主体和创新要素有机融合的创新体系。一是完善产学研政协同创新机制，建立政府引导，高校、科研院所和企业协同技术研发、成果转化等创新机制，大力支持三者共同攻关一批新兴产业的基础技术、核心技术和关键技术。二是培育发展以企业为主的创新体系，市场导向明确的科技创新项目应由企业牵头、政府引导、联合高等学校和科研院所协同实施。三是加强技术创新服务力度，提高科技成果转化率。培育一批高水平的技术中介服务机构，加强技术创新主体与创新要素拥有者的沟通与联系，进一步提高科技成果的转移转化效率。

⑤ 建立完善的信用体系

一是实行严格的知识产权保护制度，强化技术研发、示范、应用、推广和产业化各环节的知识产权保护。完善知识产权保护相关法律，强化知识产权保护，提高专利服务水平，研究降低侵权行为追究刑事责任门槛，提高创新主体开展创新活动的积极性。二是建立健全知识产权审查、确权、维权一体化的综合服务体系。优化专利申请机制，缩短专利申请到授权之间审核期的时间，降低企业的机会成本和运营压力。完善权利人的维权机制，合理划分权利人的举证责任。健全知识产权侵权查处机制，强化行政执法与司法衔接，加强知识产权综合行政执法，健全知识产权维权援助体系，将侵权行为信息纳入社会信用记录，防范知识产权滥用行为，整治盗版、侵权、限制竞争、谋求垄断等问题。三是研究商业模式等新形态创新成果的知识产权保护法。完善商业秘密保护法律制度，明确商业秘密和侵权行为界定，研究制定相应的保护措施，探索建立诉前保护制度。四是加强多部门联动，提高知识产权保护水平。充分发挥行业协会、基金会等非营利组织的作用，规范技术创新秩序，营造良好的技术创新法律环境。

6.2 技术创新链设计

技术创新链是以满足市场需求为导向，通过技术发明创造、现有知识和技术的应用与转化、成熟技术的扩散等将技术相关主体连接起来，贯穿产品生产制造的各个环节，涵盖产品设计、研发、材料供应、零部件加工等过程的系统表现形态，实现知识的经济化与技术创新系统优化目标的功能链结构模式。本章的研究对象是大气环保产业集聚区技术创新链（以下简称大气环保技术创新链）。它是以满足大气环境质量改善为目标，提供本章提出的大气污染治理的装备、产品、服务，以价值增值为导向，由提供大气污染治理的技术、产品、设备、信息、服务等多部门相互合作，在大气环保产业集聚区的一定空间范围内，推进大气污染防治技术创新和产业发展的活动链，是一种系统的整合行为。基于以上技术创新理论研究，借鉴案例，结合大气环保技术创新链的概念内涵，在理顺了主体要素、客体要素和支撑要素之后，本研究设计了大气环保技术创新链结构图（图 6-3）。

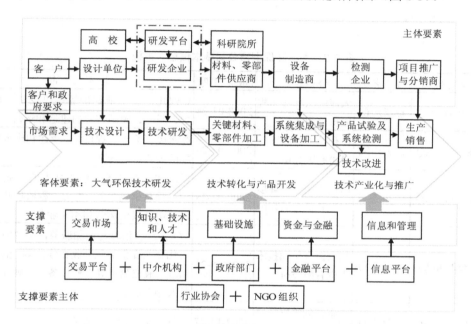

图 6-3　大气环保技术创新链结构

6.3　创新主体布局

基于大气环保技术创新链结构图（图 6-3），我国大气环保技术创新的主体要素主要包括企业（提供大气污染防治技术、产品和服务的环保企业及有大气污染防治需求的企业）、环保产业集聚区、科研机构、政府（或园区管理部门），以及提供相关支撑的服务机构。本节重点研究大气环保技术创新企业、创新园区、科研机构、重点实验室等创新主体的布局情况，形成了调查清单，以评价我国大气环保技术创新主体发展的总体情况，并结合大气污染防治技术创新的需求与趋势提出相应的对策建议。

6.3.1　大气环保技术创新企业

本节以大气上市公司为主要研究对象。2020 年，我国已在国内外上市的以大气污染治理为主营业务的上市公司共有 52 家，其中主板上市公司有 27 家，A 股上市公司有 22 家，港股上市公司有 3 家，具体企业清单详见表 6-3～表 6-5。2020 年，我国 52 家大气环保上市公司共实现环保业务营收 426.09 亿元，业务净利润 20.52 亿元。其中，业务营收最高的 10 家公司是龙净环保、清新环境、远达环保、菲达环保、中环装备、中创环保、博奇环保、雪浪环境、先河环保、凯龙高科（表 6-6）；业务净利润最高的 10 家公司是龙净环保、力合科技、清新环境、博奇环保、同兴环保、先河环保、百川畅银、建龙微纳、艾可蓝、盛剑环境（表 6-7）。

表 6-3   大气环保上市公司基本信息（主板）

序号	证券代码	股票名称	公司全称	成立日期	主 营 产 品
1	430412.NQ	晓沃环保	天津晓沃环保工程股份公司	2008-07-24	燃煤电厂、工业锅炉等燃煤设备的烟气除尘、脱硫、脱硝装置的建造和运营
2	831154.NQ	益方田园	广州益方田园环保股份有限公司	2001-07-24	废水废气治理工程设计、承建和废水治理设施的委托运营管理
3	831588.NQ	山川秀美	山川秀美生态环境工程股份有限公司	2000-03-28	以袋式除尘技术为核心技术的工业废气除尘工程总承包业务、电力工程监理及太阳能光伏电站投资运营和相关业务
4	832145.BJ	恒合股份	北京恒合信业技术股份有限公司	2000-06-21	VOCs 综合治理与监测服务，主要为石油、石化企业提供油气回收在线监测、油气回收治理、液位测量等专业设备、软硬件集成产品及相关服务
5	832496.NQ	首创大气	北京首创大气环境科技股份有限公司	2002-12-27	大气污染综合防治服务
6	832774.NQ	森泰环保	武汉森泰环保股份有限公司	2005-04-27	废水、废气和固体废物治理新技术、新工艺开发，环保工程总承包和环保设施运营管理服务
7	833167.NQ	乐邦科技	重庆乐邦科技股份有限公司	2006-12-31	为废水、废气（含烟气脱硫脱硝、工业除尘）及固体废物（含城市生活垃圾、工业废弃物）处理等项目提供从技术咨询、工艺设计、工程建设、设备集成与安装调试到后期运营与管理的一体化、专业化服务
8	833772.NQ	天蓝环保	浙江天蓝环保技术股份有限公司	2000-05-18	大气污染防治设备、环境治理设备的研发、成果转让；脱硫脱硝大气污染防治设备、环境治理设备及工程的安装、承包、运行管理；环保工程施工；脱硫脱硝大气污染防治设备的生产；本公司生产产品的销售
9	834952.NQ	中化大气	中化环境大气治理股份有限公司	2004-10-27	为客户提供大气和水污染治理工程的设计、咨询、设备供货及安装调试等综合集成服务
10	835217.NQ	汉唐环保	北京汉唐环保科技股份有限公司	2009-07-27	工业烟气治理及水处理药剂销售

序号	证券代码	股票名称	公司全称	成立日期	主 营 产 品
11	835425.NQ	中科水生	武汉中科水生环境工程股份有限公司	2002-04-10	环境工程（废水、废气、固体废物、土壤污染修复）及市政工程投资、勘测、咨询、设计、技术服务、运营、总承包建设；水污染防治、污/废水处理、受污染水体生态修复、水源地保护和水资源综合利用等环境工程项目的技术咨询、设计、施工和运营；污水处理生态工程技术的研发、服务和转让；水污染防治产品的研发、生产、销售和智慧水务等相关产品的代理；"PPP＋EPC"模式污水处理项目的投资建设、运营移交；园林景观设计；园林绿化工程施工及园林维护（不含苗木种植）；机电设备的设计、制造、销售及安装
12	835542.NQ	广翰科技	浙江广翰科技集团股份有限公司	2006-04-14	火力发电企业烟气脱硫、脱硝等工程项目的工程设计、设备成套、脱硝催化剂生产、安装调试及 IDC 建设、运营服务
13	835688.NQ	平安环保	湖南平安环保股份有限公司	2007-04-04	与工业废气、污水治理相关的环保设备销售和工程总承包服务
14	835702.NQ	国力通	武汉国力通能源环保股份有限公司	2009-12-16	工业气体硫化氢治理
15	835729.NQ	佰能蓝天	北京佰能蓝天科技股份有限公司	2012-10-30	烟气净化系统、余热利用系统、新能源应用等
16	836263.BJ	中航泰达	北京中航泰达环保科技股份有限公司	2011-12-19	为钢铁、焦化等非电行业提供工业烟气治理全生命周期服务，具体包括工程设计、施工管理、设备成套供应、系统调试、试运行等工程总承包服务及环保设施专业化运营服务
17	837146.NQ	天成环保	河南天成环保科技股份有限公司	2003-07-17	城镇污水处理、工业废水治理、化工废水治理、矿井水处理、电厂锅炉烟气治理、焦化公司烟气治理、水泥行业粉尘治理、工业噪声治理、煤场和灰场等扬尘治理及工矿产业的节能、节电、煤矿安全等领域的工程设计、工程施工、产品生产，研发生产设备并进行相关的技术服务
18	837324.NQ	益生环保	益生环保科技股份有限公司	2004-08-04	水处理填料、曝气器、智能污水处理设备、滤袋、滤料、尘器、脱硫脱硝设备、空气净化器等产品的研发、生产与销售
19	838654.NQ	ST 融通	重庆融通绿源环保股份有限公司	2005-06-13	废气及废水治理工程
20	839099.NQ	道博尔	盘锦道博尔环保科技股份有限公司	1998-04-09	油田伴生气脱硫净化及回收利用服务、污水处理服务及油田化工助剂产品生产

序号	证券代码	股票名称	公司全称	成立日期	主营产品
21	870302.NQ	世品环保	广州世品环保科技股份有限公司	2006-03-28	根据客户需求为油站油库提供油气回收系统的整体方案设计、系统集成及设备的销售、指导安装调试等全套服务
22	871856.NQ	琪玥环保	北京琪玥环保科技股份有限公司	2014-10-14	提供综合性环境治理服务，主要从事烟气脱硝、脱硫，危险废物综合处理的研发、销售、工程施工及运营，为客户提供环境治理的整体解决方案
23	872634.NQ	宏福环保	湖南宏福环保股份有限公司	2008-10-07	专业从事大气污染治理业务，为煤炭、电力、石化等企业提供全方位大气污染治理方案，具体业务有大气污染处理、水处理和固体废物处理相关项目的设计、建设、安装
24	872642.NQ	XD 联博化工	天津联博化工股份有限公司	1999-12-27	CO_2 及其他工业气体的生产、销售及异丁烷提纯加工服务
25	872655.NQ	正明环保	湖南正明环保股份有限公司	2011-04-29	大气污染治理
26	873139.NQ	格林斯达	格林斯达（北京）环保科技股份有限公司	2009-07-13	废气（主要为有机挥发性气体、酸碱废气等）处理，即废气处理技术研发、为客户提供相关废气处理方案、配套环保设备与安装、环保工程项目承包及运营维护等与大气污染治理有关的服务
27	873332.NQ	美辰环保	湖北美辰环保股份有限公司	2012-12-07	大气污染治理、水污染治理及环保设备销售

表 6-4 大气环保上市公司基本信息（A 股）

序号	证券代码	股票名称	成立日期	主营产品
1	600388.SH	ST 龙净	1998-02-23	专注于大气污染控制领域环保产品的研究、开发、设计、制造、安装、调试、运营，主营除尘、脱硫、脱硝、电控装置、物料输送五大系列产品
2	002573.SZ	清新环保	2001-09-03	以工业环境治理为基础，逐步延伸至市政水务、工业节能、生态修复及资源再生等领域，是集技术研发、工程设计、施工建设、运营服务、资本投资于一体的综合环境服务商，目前已形成以"生态化、低碳化、资源化"为战略发展方向，聚焦工业烟气治理、城市环境服务、土壤生态修复、低碳节能服务和资源再生利用五个业务板块
3	600292.SH	远达环保	1994-06-30	脱硫脱硝除尘工程总承包、脱硫脱硝特许经营、水务工程及运营、脱硝催化剂制造，以及再生、除尘器设备制造及安装等业务
4	600526.SH	菲达环保	2000-04-30	大气污染治理设备的生产及销售
5	300385.SZ	雪浪环境	2001-02-12	烟气净化与灰渣处理系统设备的研发、生产、系统集成、销售及服务

序号	证券代码	股票名称	成立日期	主营产品
6	603324.SH	盛剑环境	2012-06-15	泛半导体工艺废气治理系统及关键设备的研发设计、加工制造、系统集成及运维管理
7	300056.SZ	中创环保	2001-03-23	有色金属材料、过滤材料和环境治理（烟气治理工程、危险废物处置、城乡环卫一体化、污水处理）
8	300140.SZ	中环装备	2001-03-28	节能环保装备、电工专用装备、大气污染防治工程建造及运营管理业务、环境能效信息监测设备、系统集成及运营服务类等业务
9	300137.SZ	先河环保	1996-07-06	生态环境监测装备、运维服务、社会化检测、环境大数据分析及决策支持服务、VOCs 治理、农村分散污水治理等
10	300187.SZ	永清环保	2004-01-19	环境工程服务板块主要业务为土壤修复和大气治理，环境运营服务板块主要业务为固体废物运营、危险废物运营及新能源光伏项目，环境咨询服务包括环境咨询及环境检测业务
11	003027.SZ	同兴环保	2006-06-19	为钢铁、焦化、建材等非电行业工业企业提供超低排放整体解决方案，包括除尘、脱硫、脱硝项目总承包及低温 SCR 脱硝催化剂
12	300800.SZ	力合科技	1997-05-29	环境监测系统的研发、生产、销售及运营服务
13	688357.SH	建龙微纳	1998-07-27	医疗保健、清洁能源、工业气体、环境治理及能源化工等领域的相关分子筛吸附剂和催化剂的研发、生产、销售及技术服务，是一家具有自主研发能力及持续创新能力的新材料供应商和方案解决服务商
14	300816.SZ	艾可蓝	2009-01-21	发动机尾气后处理产品的研发、生产和销售
15	300912.SZ	凯龙高科	2001-12-12	内燃机尾气污染治理装备的研发、生产和销售
16	002549.SZ	凯美特气	1991-06-11	以石油化工尾气（废气）、火炬气为原料，研发、生产和销售干冰、液体 CO_2、食品添加剂液体 CO_2、食品添加剂氮气及其他工业气体
17	688501.SH	青达环保	2006-10-09	节能降耗、环保减排设备的设计、制造和销售，为电力、热力、化工、冶金、垃圾处理等领域的客户提供炉渣节能环保处理系统、烟气节能环保处理系统、清洁能源消纳系统和脱硫废水环保处理系统解决方案
18	603177.SH	德创环保	2005-09-06	烟气治理产品的研发、生产和销售，烟气治理工程总承包，以及固体废物和危险废物的收集、贮存、利用、处置服务，可提供科学、高效的环境治理整体解决方案
19	688659.SH	元琛科技	2005-05-16	过滤材料、烟气净化系列环保产品的研发、生产、销售和服务，服务于国家生态环境可持续发展战略，长期致力于烟气治理领域产品的研发生产，依托核心技术取得快速发展；产品主要应用于电力、钢铁及焦化、垃圾焚烧、水泥和玻璃等行业和领域；主要客户为龙净环保、国家电投集团、中电国瑞、清新环境、首钢京唐、安丰钢铁、华润水泥和信义玻璃等企业
20	300614.SZ	百川畅银	2009-04-02	沼气（主要为垃圾填埋气）治理项目的投资、建设与运营

序号	证券代码	股票名称	成立日期	主营产品
21	300786.SZ	国林科技	1994-12-13	专业从事 O_3 产生机理研究、O_3 设备设计与制造、O_3 应用工程方案设计与 O_3 系统设备安装、调试、运行及维护等业务
22	688021.SH	奥福环保	2009-07-15	蜂窝陶瓷技术的研发与应用，以此为基础面向大气污染治理领域为客户提供蜂窝陶瓷系列产品以及以蜂窝陶瓷为核心部件的工业废气处理设备；生产的直通式载体、DPF 产品主要应用于柴油车，尤其是重型柴油车尾气处理，VOCs 废气处理设备主要应用于石化、印刷、医药、电子等行业 VOCs 的处理

表 6-5　大气环保上市公司基本信息（港股）

序号	证券代码	股票名称	公司全称	成立日期	主营产品
1	01452.HK	迪诺斯环保	迪诺斯环保科技控股有限公司	2014-11-07	集高中低温 SCR 脱硝催化剂研发、销售和售后服务于一体的大气污染治理企业，是中关村高新技术企业、中国能够生产板式脱硝催化剂的高科技环保企业，也是国内以脱硝催化剂为主营业务的香港上市环保企业；生产的脱硝催化剂产品可以广泛应用于电力、钢铁及移动源等行业，市场涵盖国内外，与五大电力集团及 VATTENFALL、EON 在内的国内外知名企业有良好合作
2	02377.HK	博奇环保	中国博奇环保（控股）有限公司	2015-01-30	以烟气污染控制技术为核心，全面提供脱硫、脱硝、除尘等大气污染物控制的综合性环保工程技术公司。着力推进工业企业炉后"环保岛"系统减排服务，同时积极开展水污染治理、固体废物处理、节能及新能源等业务，并可提供工程总承包、运行维护、特许经营等多种模式的服务。与各大发电集团、地方发电企业、大型钢铁集团、冶金企业、化工企业及大型境外总包公司都保持着良好的业务关系，业绩遍布中国近 30 个省（区、市）。此外，在东南亚、欧洲、拉丁美洲、非洲等海外区域均占有市场份额，先后承接了土耳其、塞尔维亚、委内瑞拉、巴基斯坦、越南、苏丹等 10 余个脱硫脱硝工程
3	01527.HK	天洁环境	浙江天洁环境科技股份有限公司	2009-12-28	环保产品的设计、制造、安装和服务，是各类除尘器、脱硫脱硝设备及浓相流态化仓式泵气力输送系统专业化生产厂家。自行研发的低低温电除尘、湿式电除尘、超净电袋除尘、超净布袋除尘、高效湿电除尘、回转窑配套湿法脱硫和 SCR 脱硝、烟气脱白等多项产品技术在全国排名靠前，环保装备在国内外占有较高的市场份额。目前，自行研制开发的各类电除尘器环保设备遍布全国各地，实现了产品从国内到国外、从单一产品到系统工程、从总承包到服务化转型，产品远销俄罗斯、印度、印度尼西亚、泰国、菲律宾、土耳其、日本等 20 多个国家和地区

表 6-6　2020 年营业收入位于前十的大气环保上市公司　　　　单位：亿元

序号	证券代码	股票名称	公司全称	成立日期	2020 年营业收入
1	600388.SH	ST 龙净	福建龙净环保股份有限公司	1998-02-23	101.81
2	002573.SZ	清新环境	北京清新环境技术股份有限公司	2001-09-03	41.23
3	600292.SH	远达环保	国家电投集团远达环保股份有限公司	1994-06-30	36.78
4	600526.SH	菲达环保	浙江菲达环保科技股份有限公司	2000-04-30	31.11
5	300140.SZ	中环装备	中节能环保装备股份有限公司	2001-03-28	18.84
6	300056.SZ	中创环保	厦门中创环保科技股份有限公司	2001-03-23	18.40
7	02377.HK	博奇环保	中国博奇环保（控股）有限公司	2015-01-30	16.46
8	300385.SZ	雪浪环境	无锡雪浪环境科技股份有限公司	2001-02-12	14.88
9	300137.SZ	先河环保	河北先河环保科技股份有限公司	1996-07-06	12.48
10	300912.SZ	凯龙高科	凯龙高科技股份有限公司	2001-12-12	11.23

表 6-7　2020 年净利润收入位于前十的大气环保上市公司　　　　单位：亿元

序号	证券代码	股票名称	公司全称	成立日期	2020 年净利润收入
1	600388.SH	ST 龙净	福建龙净环保股份有限公司	1998-02-23	7.11
2	300800.SZ	力合科技	力合科技（湖南）股份有限公司	1997-05-29	2.61
3	002573.SZ	清新环境	北京清新环境技术股份有限公司	2001-09-03	2.13
4	02377.HK	博奇环保	中国博奇环保（控股）有限公司	2015-01-30	2.07
5	003027.SZ	同兴环保	同兴环保科技股份有限公司	2006-06-19	1.77
6	300137.SZ	先河环保	河北先河环保科技股份有限公司	1996-07-06	1.38
7	300614.SZ	百川畅银	河南百川畅银环保能源股份有限公司	2009-04-02	1.28
8	688357.SH	建龙微纳	洛阳建龙微纳新材料股份有限公司	1998-07-27	1.27
9	300816.SZ	艾可蓝	安徽艾可蓝环保股份有限公司	2009-01-21	1.26
10	603324.SH	盛剑环境	上海盛剑环境系统科技股份有限公司	2012-06-15	1.22

6.3.2　大气环保技术科研机构

1. 科研院所

在我国历次科技体制改革的推动下，我国大气环保科技建设能力得到明显提升。在组织机构上，截至 2020 年年底，我国建有国家级环保科研机构 3 个（中国环境科学研究院、生态环境部南京环境科学研究所、生态环境部华南环境科学研究所）、省级科研院所 30 个、地市级科研院所 221 个。在研究队伍建设上，各级科研机构共有科研人员 6 000 余名。同时，各所高校也在从事大气污染防治政策与技术研究。以 VOCs 污染防治为例，经检索查阅专利检索网，相关专利最多的十大高校如表 6-8 所示。

表 6-8　VOCs 污染防治相关专利数量位于前十的高校

高　校	相关专利数量/个	VOCs 污染防治特色技术专利
天津大学	17	• 基于纳米稀土的 VOCs 常温催化氧化技术； • 微波辐射协同双液相生物过滤塔去除 VOCs 技术
北京工业大学	15	• 等离子处理技术； • 基于 SCST-3 模型的工业面源 VOCs 监测技术； • 吸附式 VOCs 回收技术； • Cs 低温降解催化剂（层状氧化锰材料）
清华大学	14	• 负载型 VOCs 催化燃烧催化剂； • 内运行生物流化床系统； • 快速测定 SVOCs（半挥发性有机物）吸附特性的装置及方法； • 回收 VOCs 的微胶囊技术
中国计量学院	12	• 基于光子晶体的 VOCs 测量技术； • 远距离 VOCs 多点检测传感装置
北京化工大学	10	• 等离子体协同紫外光处理 VOCs 技术； • 离子液体吸附技术； • 光生 O_3 催化氧化去除 VOCs 的方法
浙江大学	10	• 用于降解 VOCs 的四元复合氧化型催化剂； • 用于 VOCs 催化氧化反应的金属氧化物纳米纤维； • 基于活性炭纤维的工业 VOCs 吸收装置
重庆大学	10	• 含工业漆雾的 VOCs 预处理和分离系统； • 基于四线式传感器的微痕量 VOCs 气体检测系统； • 降解 VOCs 的微生物燃料电池
江苏大学	9	• 便携式土壤 VOCs 前处理装置； • O_3 协同微波诱导自由基的 VOCs 降解方法
浙江工业大学	9	• 光热双驱动催化耦合生物净化 VOCs 的方法基于真菌-细菌复合微生态制剂的 VOCs 混合废气处理技术； • 疏水性的硅胶复合树脂基 VOCs 吸附剂
华南理工大学	8	• 金属有机框架/聚二乙烯基苯复合 VOCs 吸附剂一体式 VOCs 吸附浓缩-催化氧化降解转轮装置

数据来源：专利检索网站"innojoy.com"；检索式为 TI=（挥发性有机物或 VOCs）；检索日期为 2019 年 6 月。

2．重点实验室

（1）国家级实验室

2014 年，环保系统第一个国家重点实验室——环境基准与风险评估国家重点实验室通过了科技部的验收（2011 年获批准建设），为我国环境基准与风险评估领域的研究搭建了高水平的科研平台。1999 年，国家环保总局批准建立首批国家环境保护重点实验室。到 2021 年年底，批准建设并验收及在建的大气复合污染来源与控制、饮用水水源地保护等国家环境保护重点实验室有 40 个，大气、土壤等领域的国家环境保护工程技术中心有 46 个。

如表 6-9 所示，截至 2021 年年底，通过生态环境部验收并命名的大气相关重点实验室有 18 家，通过生态环境部批准建设的与大气相关的重点实验室有 3 家。

表 6-9 国家环境保护重点实验室

序号	实验室名称	依托单位	批准文号	批准时间	批准建设时间
1	国家环境保护恶臭污染控制重点实验室	天津市环境科学研究院	环发〔2002〕128 号	2002 年 9 月 12 日	—
2	国家环境保护城市空气颗粒物污染防治重点实验室	南开大学	环函〔2007〕138 号	2007 年 4 月 23 日	—
3	国家环境保护环境与健康重点实验室	华中科技大学、中国辐射防护研究院	环函〔2007〕491 号	2007 年 12 月 25 日	—
4	国家环境保护二噁英污染控制重点实验室	中日友好环境保护中心	环函〔2008〕61 号	2008 年 2 月 18 日	—
5	国家环境保护大气有机污染物监测分析重点实验室	沈阳市环境监测中心站	环函〔2011〕198 号	2011 年 7 月 25 日	—
6	国家环境保护生态工业重点实验室	东北大学、中国环境科学研究院、清华大学	环函〔2010〕360 号	2010 年 11 月 23 日	—
7	国家环境保护化工过程环境风险评价与控制重点实验室	华东理工大学	环函〔2012〕76 号	2012 年 3 月 29 日	—
8	国家环境保护煤炭废弃物资源化高效利用技术重点实验室	山西大学	环函〔2015〕98 号	2015 年 4 月 30 日	—
9	国家环境保护重金属污染监测重点实验室	湖南省环境监测中心站	环科技函〔2016〕30 号	2016 年 2 月 18 日	—
10	国家环境保护大气物理模拟与污染控制重点实验室	国电环境保护研究院	环科技函〔2016〕260 号	2016 年 12 月 24 日	—
11	国家环境保护大气复合污染来源与控制重点实验室	清华大学	环科技函〔2017〕71 号	2017 年 4 月 17 日	—
12	国家环境保护环境影响评价数值模拟重点实验室	环境保护部环境工程评估中心	环科技函〔2017〕97 号	2017 年 5 月 15 日	—
13	国家环境保护污染物计量和标准样品研究重点实验室	中日友好环境保护中心	环科技函〔2017〕129 号	2017 年 6 月 23 日	—
14	国家环境保护城市大气复合污染成因与防治重点实验室	上海市环境科学研究院	环科技函〔2017〕275 号	2017 年 12 月 25 日	—
15	国家环境保护区域空气质量监测重点实验室	广东省环境监测中心	环科技函〔2018〕116 号	2018 年 9 月 5 日	—
16	国家环境保护环境监测质量控制重点实验室	中国环境监测总站	环科财函〔2018〕148 号	2018 年 10 月 18 日	—

序号	实验室名称	依托单位	批准文号	批准时间	批准建设时间
17	国家环境保护机动车污染控制与模拟重点实验室	中国环境科学研究院	环科财函〔2018〕196号	2018年12月17日	—
18	国家环境保护环境污染健康风险评价重点实验室	生态环境部华南环境科学研究所	环科财函〔2019〕63号	2019年5月5日	
19	国家环境保护危险废物鉴别与风险控制重点实验室	中国环境科学研究院	环科财函〔2020〕42号	—	2020年6月5日
20	国家环境保护生态环境损害鉴定与恢复重点实验室	生态环境部环境规划院	环科财函〔2021〕8号	—	2021年1月28日
21	国家环境保护大气臭氧污染防治重点实验室	北京大学	环科财函〔2021〕42号	—	2021年4月26日

（2）典型省份实验室

以广东省为例，广东省高度重视科技体制改革的持续深化和基础研究体系的不断完善，如制（修）订《广东省自主创新促进条例》《广东省促进科技成果转化条例》等地方性法规，出台《关于进一步促进科技创新的若干政策措施》等50余项政策。通过政策体制改革创新，推进基础设施研究体系持续完善。截至2020年年底，广东省已建立国家实验室2家，拥有国家重点实验室30家、省实验室10家、省重点实验室430家，成建制、成体系引进21家高水平创新研究院落地建设，建成省级新型研发机构251家。

3. 国家环境保护工程技术中心

国家环境保护工程技术中心（以下简称工程技术中心）是国家组织重大环境科技成果工程化、产业化，聚集和培养科技创新人才，组织科技交流与合作的重要平台。截至2021年12月，生态环境部共建设了46家工程技术中心，涵盖水、气、固体废物、土壤、噪声、监测、农村、生态、重点污染工业行业、技术管理与评估等主要污染防治领域和技术支持领域。其中，涉及大气领域的工程技术中心，批准建成的有11家，批准建设的有1家（表6-10）。

表6-10 国家环境保护工程技术中心

序号	工程技术中心名称	依托单位	批准文号	批准时间	批准建设时间
1	工业烟气控制工程技术中心	中钢集团天澄环保科技股份有限公司	环发〔2002〕125号	2002年9月3日	—
2	工业污染源监控工程技术中心	太原罗克佳华工业有限公司	环函〔2015〕4号	2015年1月12日	—
3	钢铁工业污染防治工程技术中心	中冶建筑研究总院有限公司	环科技函〔2016〕1号	2016年1月4日	—

序号	工程技术中心名称	依托单位	批准文号	批准时间	批准建设时间
4	纺织工业污染防治工程技术中心	东华大学	环科技函〔2016〕1号	2016年1月4日	—
5	燃煤大气污染控制工程技术中心	浙江大学	环科技函〔2016〕1号	2016年1月4日	—
6	燃煤工业锅炉节能与污染控制工程技术中心	山西蓝天环保设备有限公司	环函〔2016〕258号	2016年12月24日	—
7	垃圾焚烧处理与资源化工程技术中心	重庆三峰环境集团股份有限公司	环科财函〔2019〕96号	2019年8月21日	—
8	石油石化行业挥发性有机物污染控制工程技术中心	海湾环境科技（北京）股份有限公司	环科财函〔2019〕96号	2019年8月21日	—
9	汞污染防治工程技术中心	中国科学院北京综合研究中心	环函〔2019〕96号	2019年8月21日	—
10	石油石化行业挥发性有机物污染控制工程技术中心	海湾环境科技（北京）股份有限公司	环函〔2019〕96号	2019年8月21日	—
11	电力工业烟尘治理工程技术中心	福建龙净环保股份有限公司	环函〔2019〕96号	2019年8月21日	—
12	工业炉窑烟气脱硝工程技术中心	江苏科行环保科技有限公司	环函〔2013〕73号	—	2013年4月19日

4. 企业孵化器

企业孵化器在中国也称高新技术创业服务中心，它通过为新创办的科技型中小企业提供物理空间、基础设施和一系列的服务支持，降低创业者的创业风险和创业成本，提高创业成功率，促进科技成果转化，培养成功的企业和企业家。

（1）国家级企业孵化器

截至 2020 年，我国共有 1 307 个国家级科技企业孵化器。2022 年，科技部公布的 2021 年度国家级科技企业孵化器名单中共涉及 149 家企业，从而使国家级企业孵化器的数量达到 1 456 个。其中，2021 年度公布的国家级科技企业孵化器名单中涉及生态环保类的企业有 1 家（表 6-11）。

表 6-11　国家级科技企业孵化器

孵化器名称	运营主体名称
阳澄湖节能环保科创园	苏州达博产业园管理有限公司

（2）典型省级企业孵化器

以湖北省为例，自 1987 年我国第一家科技企业孵化器在湖北武汉成立以来，经过多年发展，截至 2019 年，全省共有省级科技企业孵化器 174 家。2021 年 12 月 30 日，根据《湖北省科技企业孵化器认定和管理办法》（鄂科技通〔2011〕111 号），在各单位申报、市州科技局推荐的基础上，经专家评审和研究讨论，拟认定武汉天惠城科技孵化器有限公司等 10 家单位为湖北省省级科技企业孵化器。

安徽省科技资源丰富，依靠科技创新推动高质量发展具有独特优势。科技部火炬中心的统计显示，2021 年安徽省列统的科技企业孵化器有 223 家，其中国家级 38 家、省级 97 家、地市级 88 家。省级以上科技企业孵化器较 2020 年增加了 22 家，增长 29.33%，主要分布在合肥、芜湖、马鞍山、宿州等地。

6.3.3　大气环保技术创新园区

1. 国家级大气环保产业园

截至 2020 年年末，经生态环境部批准创建的国家级大气环保产业园有 9 家，国家级环保产业基地有 3 家，由生态环境部及其他部委批复的其他类型的国家级环保产业集聚区有 5 家（表 6-12）。

表 6-12　国家级大气环保产业园

序号	园区类型	批复年份	园区名称	发展重点	所在城市	批复部门
1	国家环保科技产业园	2001	苏州国家环保高新技术产业园	水污染治理设备、空气污染治理设备、固体废物处理设备、风能设备与技术、太阳能技术与设备、电池修复	江苏苏州	国家环保总局
2		2001	常州国家环保产业园	节水和水处理技术、大气污染治理技术、环境监测技术、节能和绿色能源技术、资源综合利用技术、清洁生产技术	江苏常州	国家环保总局
3		2001	南海国家生态工业建设示范园区暨华南环保科技产业园	环保科技产业研发、孵化、生产、教育等	广东南海区	国家环保总局
4		2001	西安国家环保科技产业园	以科技服务产业为核心，发展环境友好型产品和环保设备	陕西西安	国家环保总局
5	国家环保科技产业园	2002	大连国家环保产业园	以"三废"及噪声治理设备及产品、监测设备及产品、节能与可再生能源利用设备及产品、资源综合利用与清洁生产设备、环保材料与药剂、环保咨询服务业为主导产业	辽宁大连	国家环保总局
6		2003	济南国家环保科技产业园	环保、治水、冶气、节能、新材料、新能源等高新技术产品的研发和产业化基地	山东济南	国家环保总局

序号	园区类型	批复年份	园区名称	发展重点	所在城市	批复部门
7	国家环保科技产业园	2005	哈尔滨国家环保科技产业园	清洁燃烧及烟气污染物控制技术与装备、典型重污染行业废水处理技术与装备、城镇污水资源再生利用核心技术与装备	黑龙江哈尔滨	国家环保总局
8		2005	青岛国际环保产业园	以企业为主导、以运行经济概念为开发理念的环保产业园，定位为中外产业合作的主体平台	山东青岛	国家环保总局
9		2014	贵州节能环保产业园	节能环保装备制造、资源综合利用和洁净产品制造、环保服务业，产学研为一体	贵州贵阳	环境保护部
10	国家级环保产业基地	1997	沈阳市环保产业基地	现代装备制造业基地，发展再生资源产业，打造规模化、现代化环保产业示范基地	辽宁沈阳	国家环保总局
11		2000	国家环保产业发展重庆基地	以烟气脱硫技术开发和成套设备生产为重点，逐步开发适合西部发展需求的生活垃圾处理、城市污水处理及天然气汽车的相关技术和设备	重庆	国家环保总局
12		2002	武汉青山国家环保产业基地	固体废物资源综合利用和脱硫成套技术与设备	湖北武汉	国家环保总局
13	其他环保产业集聚区	1992	中国宜兴环保科技工业园	环保（除尘脱硫技术）、电子、机械、生物医药、纺织化纤	江苏宜兴	国家环保局、国家科委
14		2000	北方环保产业基地	水处理技术与装备、脱硫除尘设备、固体废物处理处置、膜技术与应用产品	天津津南区	国家科委
15		2002	北京环保产业基地	重点发展能源环保产业服务业、能源环保制造业核心生产和总装环节，积极发展与能源环保产业和基地发展相配套的金融、会计、咨询、会展等商务服务业	北京通州区	经贸委
16		2009	江苏盐城环保产业园	环保装备制造、节能设备、水处理、大气污染防治、固体废物利用	江苏盐城	环境保护部、国家发展改革委、科技部等
17		2011	国家环境服务业华南集聚区	污染治理设施社会化运营管理服务、环保技术服务、环境金融与环境贸易服务	广东佛山	环境保护部

　　长三角地区是环保产业发展最早的区域，经济发达、环保产业基础最好，是我国环保产业聚集最多的地区，目前已初步形成以宜兴、常州、苏州、南京、上海等城市为核心的环保产业集群。环渤海地区在人力资源、技术开发转化方面优势明显：北京、天津分别为

我国北方环保技术开发转化中心和国家北方环保科技产业基地；山东、辽宁工业基础雄厚，资源综合利用、环保装备和技术方面优势逐渐显现。珠三角地区是我国改革开放前沿地区，对外开放程度高，有利于我国环保产业开拓国际市场。此外，随着中西部地区的经济发展，武汉、西安、重庆、贵阳等城市也纷纷打造自身的环保产业园，形成了本地区的环保产业发展模式。

2. 集聚区空间布局分析

从集聚区空间布局来看，我国的环保产业园目前已形成"一横两纵"的总体分布特征，即以环渤海、长三角、珠三角三大核心区集聚发展的"沿海发展带"，以中部地区的陕西省、重庆市、贵州省为代表的"中部发展带"和东起上海沿长江至中部地区的"沿江发展带"，环保产业集聚化趋势凸显，行业集中度逐步提升。根据本章统计的环保产业园和环保产业基地及环保企业的分布可知，环渤海地区依托人力资源和技术开发转化方面的明显优势，集聚发展的环保产业园有大连国际生态工业园、沈阳市环保产业基地、青岛国际环保产业园、济南国际环保科技产业园等。其中，北京市是我国北方环保技术开发转化中心，其环境污染防治专用设备产量超过浙江、江苏、上海等省（市），天津市拥有我国北方最大的再生资源专业化园区，山东省在水处理和大气污染治理技术和设备方面具有优势。长三角地区作为我国环保装备制造业最为集聚的地区，已初步形成以常州、宜兴、苏州、南京等城市为核心的产业集群。其中，江苏及浙江两省是我国环保装备制造业最为集中的区域，其产值占全国的半数左右。珠三角地区的环保产业以广东省为主，环保技术服务业发达，有南海国家生态工业建设示范园区暨华南环保科技产业园和国家环境服务业华南集聚区等产业园，广州市、深圳市是环保产业两大核心区域，其环保技术服务年收入位居全国第二，资源综合利用和洁净产品年收入位居全国第三。在中部的长江流域带，湖南有6个节能环保产业基地、2个循环经济工业园，湖北有国家级武汉青山环保产业基地，陕西有关中、陕南、陕北大气污染防治产业园，重庆有4个国家级环保成套设备研发基地。近年来，在国家供给侧结构性改革推进、环境保护力度加大、环保产业发展环境日趋向好的背景下，在以改善环境质量为核心、强化污染治理效果导向、大力推行PPP模式、环境污染第三方治理、EOD等机制模式的带动下，环保产业集约化发展得到了促进，行业优势企业对产业链上下游和跨领域企业的并购整合有所加速，环境项目的综合化、大型化、区域化趋势凸显。在政策推动和市场需求的导向作用下，环保产业加快了从以环保装备制造和工程建设为主向以污染治理设施运营等环境服务为核心的转型升级，环境服务业进入综合服务发展新阶段，环保产业向生态环境综合治理和全产业链服务方向发展，引导业内企业通过内延式增长和外延式扩张扩大其资产运营及服务能力，行业集中度得到了一定提升。

环保产业的发展与区域经济的发展密切相关，环保产业聚集区自东向西逐步扩散。东部地区凭借较强的经济实力、投资能力、外贸优势，在环保技术研发、环保项目设计和咨询、环保企业投融资服务等领域处于全国领先地位；中部地区由于经济基础薄弱、资源和要素限制等，环保产业的发展相对滞后。随着我国环保产业促进政策的不断出台及其他发达地区环保技术的支持援助，中西部地区的环保产业发展速度逐步提升。中西部地区的省（市）凭借自身较好的经济发展基础，在国家政策的支持下也发展形成了很多环保产业基地。其中，安徽省正在打造具有全国竞争力的环保装备制造业基地，湖北省在脱硫脱硝、固体废物处置、水处理设备制造业等领域具有相当强的竞争力，湖南省正在大力发展以水处理、大气污染防治和固体废物利用为主的环保装备产业，重庆市则在烟气脱硫技术和环保成套装备等领域具有发展优势。随着沿长江发展带逐步走向成熟，环保产业由长三角地区沿长江发展带逐渐向内陆地区延伸。

6.4　技术研发布局

基于大气环保技术创新链结构图（图 6-3），技术创新链的客体要素是其创新的对象，主要包括发明技术、实用新型技术及其供求信息。发明技术是技术发明主体的产出，也是技术创新链的起点；实用新型技术是技术发明被首次商业化使用主体用于生产实践的产出，也是技术扩散主体开展工作的前提条件。本节重点研究我国大气环保发明、实用技术的布局情况，提出相应的推进技术创新的对策建议。

6.4.1　大气污染防治政策与技术演变

改革开放以来，我国大气污染问题主要经历了 3 个阶段（表 6-13）。第一个阶段是1979—1997 年，这一阶段是我国大气污染防治的起步阶段，该阶段的大气污染问题主要是煤烟型污染，主要污染物以 SO_2、悬浮物、大颗粒物为主。第二个阶段是 1998—2012 年，这一阶段是我国大气污染防治的转型阶段，该阶段的主要污染防治对象转变为煤烟、酸雨、SO_2，大气污染呈现区域性、复合型特征。第三个阶段是 2013 年至今，这一阶段是我国大气污染防治的攻坚阶段，大气污染问题更加复杂，灰霾、光化学污染、有毒有害物质等大气污染物不断增多，大气污染的区域性和复合型特征更加突出。

表 6-13　我国主要的大气污染防治政策与技术演变

发展阶段	主要控制污染物	主要政策文件	重点防控区域	重点防控行业	技术需求
1979—1997 年（煤烟型污染治理）	SO_2、TSP、PM_{10}	《中华人民共和国环境保护法（试行）》（1979 年）、《征收排污费暂行办法》（1982 年）、《中华人民共和国大气污染防治法》（1987 年）	局部地区	工业、燃煤	脱硫、除尘等工业污染防治技术

发展阶段	主要控制污染物	主要政策文件	重点防控区域	重点防控行业	技术需求
1998—2012 年（复合型污染治理）	煤烟、酸雨、SO_2	《中华人民共和国大气污染防治法》（1995 年修订、2000 年修订）、《国务院两控区酸雨和二氧化硫污染防治"十五"计划的批复》（国函〔2002〕84 号）	"两控区"共涉及175个地级以上城市和地区	燃煤、工业、机动车、扬尘、生活源	脱硫、脱硝、除尘
2013 年至今（区域联防、减污降碳协同）	SO_2、NO_x、$PM_{2.5}$、PM_{10}、VOCs、O_3、氨、有毒有害物质等	《大气污染防治行动计划》（国发〔2013〕37 号）、《"十三五"生态环境保护规划》（国发〔2016〕65 号）、《"十三五"节能减排综合工作方案》（国发〔2016〕74 号）；《国务院关于印发打赢蓝天保卫战三年行动计划的通知》（国发〔2018〕22 号）	京津冀、长三角、珠三角等重点区域	燃煤、工业、机动车、扬尘	节能减排、脱硫、脱硝、除尘、VOCs、$PM_{2.5}$ 污染防治技术

随着我国大气污染问题与特征的不断变化，我国大气污染防治政策不断进行调整和完善。大气污染防治由传统的工业废气治理、消烟除尘逐步扩大到综合型、复合型大气污染治理，治理时空范围从局部向区域污染控制转变。大气污染防治技术需求也从脱硫、脱硝等单一常规污染物控制技术逐渐向脱硫脱硝除尘一体化等多污染物协同控制技术，以及 $PM_{2.5}$、VOCs 等非常规污染控制技术发展。当前，我国生态文明建设同时面临实现生态环境根本好转和碳达峰碳中和两大战略任务，生态环境多目标治理要求进一步凸显，协同推进减污降碳已成为我国新发展阶段经济社会发展全面绿色转型的必然选择。

6.4.2 年度变化趋势

以 TS（主题词）=（大气污染 or 烟气 or 烟尘 or 粉尘 or 尾气 or 颗粒物 or 二氧化硫 or 三氧化硫 or 氮氧化物 or 挥发性有机化合物 or VOC or NO_x or SO_2 or SO_3 or $PM_{2.5}$ or PM_{10} or 汞蒸气 or 氧化汞 or 脱硫 or 脱硝 or 减碳）and（协同 or 防治 or 治理 or 控制 or 减少 or 催化 or 氧化 or 浓缩 or 吸附 or 分离 or 处理）为检索式，以智慧芽专利数据平台为入口进行检索，共检得专利 1 507 226 条。检索时间跨度为 1985—2021 年，检索日期为 2022 年 1 月 11 日。将检索到的全部专利数据集导出，利用 Excel 软件进行数据分析，重点从专利技术的申请变化趋势、区域布局、行业分布、专利类型、专利申请人、技术发展趋势和市场价值评估等方面进行分析。

伴随大气环境污染治理出现的 3 个阶段问题，我国大气污染防治技术相关专利的申请情况基本也可以分为 3 个阶段（图 6-4）。第一阶段是 1985—1997 年，这一阶段我国大气污染防治工作处于起步阶段，专利申请也处于萌芽探索阶段，这一阶段的专利申请量维持在较低水平；第二阶段是 1998—2012 年，这一阶段我国大气污染防治技术研究处于缓慢增长阶段，专利申请量逐年增加，但增长率比较低；第三阶段是 2013 年至今，这一阶段研究成果的产出量快速增加。2013 年出现的严重雾霾天气使人们认识到大气中的二次污染物对大气环境造成了严重影响，大气污染防治工作逐渐受到政府管理部门及社会各界的关注，大气污染防治技术的研发逐步成为社会各界的关注焦点，因此催生研究成果不断涌现，专利申请量不断增加，特别是 VOCs 防治技术和颗粒物污染防治技术的增长趋势尤其显著。未来几年，随着我国大气污染防治工作的不断深入推进，大气污染防治技术研发仍是我国污染防治需求的热点，脱硫、脱硝、除尘多污染物协同处置一体化技术及 VOCs 防治技术在未来具有较大的需求市场。

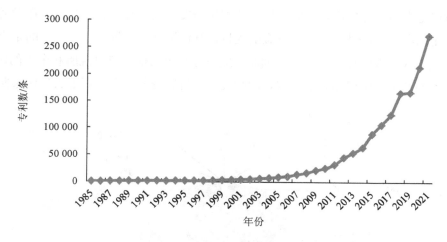

图 6-4　我国大气污染防治技术相关专利年度分布

从搜索的专利类型来看，大气污染防治技术专利以发明专利为主，占所有专利数的53.5%，实用新型专利占 46.4%，外观设计专利仅为极少数，如图 6-5 所示。

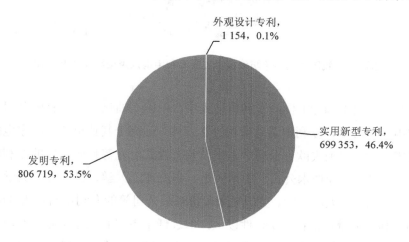

图 6-5　我国大气污染防治技术专利类型数量及占比

6.4.3　主要专利申请人

经统计分析，我国大气污染防治技术专利申请人中，企业专利申请数量占比达 74%，其次为高校、科研院所，其专利申请数量占比为 14%，个人申请人占比为 12%，医院、政府机构、银行及其他专利申请数量总和占比不足 1%（图 6-6）。由此可见，企业是大气污染防治技术创新的主体。企业直接参与市场竞争，需要通过技术的不断革新、新工艺的不断使用、新产品的不断推出来获得市场占有率。无论是从利益出发点考虑，还是从资金支持保障方面考虑，企业更愿意投入大量资金来开展专利技术创新，以便带来更大的经济效益和社会效益。院校、研究所和个人通常因自身具备发展平台优势，对国内外政策与技术的发展方向把握得更加精准，因此在技术的理论研发方面往往更具前瞻性，在发明创造上也具有一定的潜力，但是由于缺少资金的支持，其创造动力远远不足，更多的是出于科研项目验收要求或个人职称评审要求。因此，应充分利用高校、科研院所和个人的创造力，通过政府资助及与产学研结合的方式，激励高校、科研院所和个人开展大气污染防治技术创新。

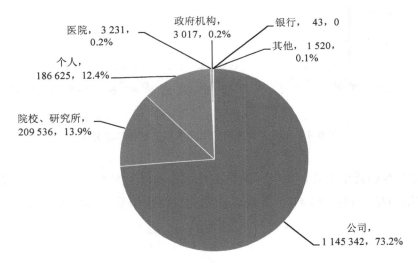

图 6-6　我国大气污染防治技术主要专利申请人类型申请数及占比

经统计分析，排名前 20 位的专利申请人中，中国石油化工股份有限公司及其下属的研究院专利申请量最多，专利申请总量超过 2 万件，远高于其他单位；国家电网公司、浙江大学、清华大学、巴斯夫欧洲公司、丰田自动车株式会社等科研院校的专利申请量均在 4 000 件以上；福特全球技术公司、中南大学、华南理工大学、昆明理工大学、中国石油天然气股份有限公司、天津大学、美的集团股份有限公司等的专利申请量为 3 000 件以上；其余机构的专利申请量也都在 2 000 件以上，但远低于中国石油化工股份有限公司。从图 6-7 可以看出，我国大气污染防治技术研发的集中度较高，中国石油化工股份有限公司作为国企且为该领域的龙头企业，能够在国家宏观政策的引导下积极开展大气污染防治技术研发，其专利技术成果丰硕，能够为企业自身发展提供强有力的支撑。另外，科研院校的技术研发也占据重要地位，需要进一步加强政策与资金引导，提升技术创新人员的研发水平。

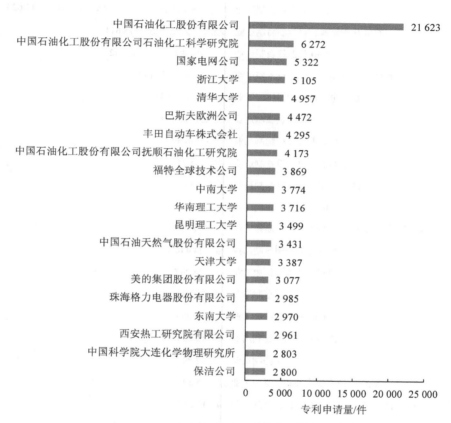

图 6-7　我国大气污染防治技术主要专利申请人及申请量

6.4.4　专利技术行业分布

经统计分析，排名前 20 位的国民经济行业申请的专利数约占总专利数的 93.50%。其中，通用设备制造业、化学原料和化学制品制造业、仪器仪表制造业、金属制品机械和设备修理业四大国民经济行业的专利数量最多，均在 10 万件以上，占总专利数的 64.63%；水的生产和供应业，酒、饮料和精制茶制造业，计算机、通信和其他电子设备制造业，非金属矿物制品业，金属制造业，电气机械和器材制造业的专利申请量均达到 3 万件以上，约占总专利数的 21.43%；机动车、电子产品和日用产品修理业等其他行业占总专利数的 13.95% 左右。如图 6-8 所示，从专利申请的行业布局分布分析，专利技术申请不仅局限于大气污染防治的重点行业，也会带动大量相关上下游行业的创新发展，如 SO_2、NO_x、烟尘等污染物控制过程要求火电、石化、水泥、钢铁、工业炉窑等重点防控行业均配备脱硫、脱硝、除尘等环境治理专用设备，从而促进了设备制造业的科技创新，带动其专利技术数量的显著增加。

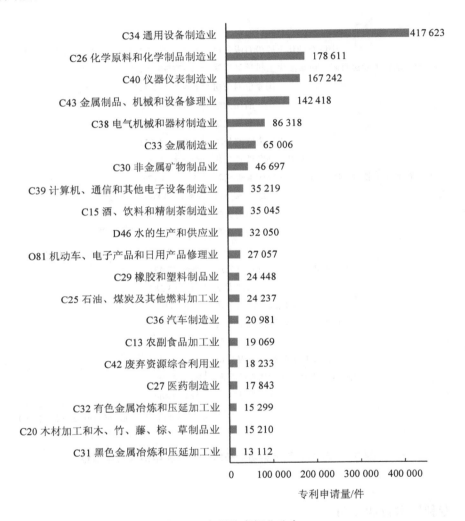

图 6-8　专利技术行业分布

6.4.5　专利技术分布与发展趋势

　　大气污染物主要有 SO_x、NO_x、CO、总悬浮颗粒（如 $PM_{2.5}$、PM_{10}、粉尘、烟雾等）、VOCs、重金属等，这些污染物还会在空气中反应产生二次污染物，给大气环境带来更加严重的危害。研究者根据不同污染物的性质和特点，分别研究了相应的污染治理技术。我国大气污染防治主要技术领域的专利分布见图 6-9。

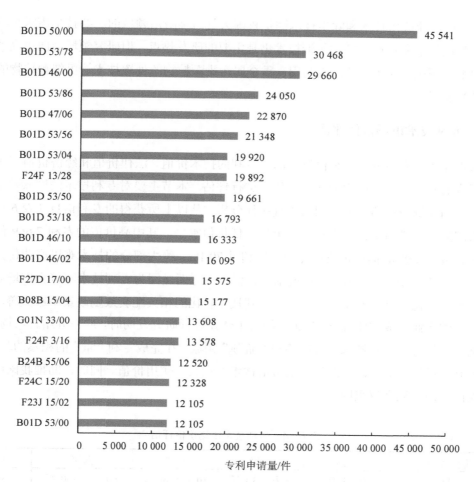

图 6-9 大气污染防治主要技术领域专利分布（按 IPC 分类排名）

可以看出，按照 IPC 分类排名，我国大气污染防治技术领域涉及的专利主要分布在 B01D 50/00（一种从气体或蒸气中分离粒子的装置）、B01D 53/78（气液接触法废气处理技术）、B01D 46/00（气体过滤技术）、B01D 53/86（催化分离技术）、B01D 47/06（喷洗技术）、B01D 53/56（脱氮技术）、B01D 53/04（吸附剂去除技术）、F24F 13/28（过滤器配置/安装技术）、B01D 53/50（脱硫技术）9 个技术领域，专利申请数均在 19 000 件以上。

我国从 20 世纪末开始对 NO_x 和 SO_x 进行污染控制，对于脱硫脱硝的技术研究比较早，工艺技术相对成熟。对于复合型污染物的研究开始于 2000 年，随着大气环境的不断恶化，研究者逐渐开始研究大气颗粒物中的 VOCs、放射性物质及重金属等污染物对环境的影响，对这些污染物防治技术的研究是近年来的研究热点。从我国大气污染防治技术专利布局来看，大气污染防治技术主要集中在脱硫脱硝技术、焚烧烟气运行与净化技术、空气质量监测技术、湿式静电除尘技术、电袋除尘技术等。由此可见，受我国经济结构和能源消费结构的影响，我国一直以来对煤炭使用长期依赖，氮、硫污染物和粉尘是我国空气中的主要污染物，而脱硫脱氮技术和除尘技术则是我国大气污染防治领域的主要技术需求领域，未来脱硫脱氮技术和颗粒污染物防治技术仍是主要的研发热点，但研究领域会向更高效、更具体的细分领域（如废气的回收利用、重金属污染颗粒物的处置技术、更细颗粒物的处置技术等）发展。

6.4.6 专利技术市场价值评估

根据相关学者研究，专利价值可以从专利的技术价值、法律价值和经济价值三个维度构建相应的专利价值评价模型和指标体系进行评估。本节主要对专利技术的同族数量，以及所产生的经济效益两个主要因素进行统计分析。从以上所获得的专利信息（表6-14）来看，我国大气污染防治技术专利总体上处于低价值水平，其中高价值的专利7 669件，不足专利总数的0.9%，而低价值的专利占比超过79.1%，绝大部分的技术难以产业化并获得经济效益（图6-10）。我国专利价值水平较低，一方面是因为专利技术不符合市场需求，难以实现产业化；另一方面是因为支持专利技术转化的相关配套鼓励政策不够完善，致使专利技术的产业化成本比较高。因此，创新主体在进行研究发明时，应充分结合市场需求，准确把握大气污染防治技术发展趋势与"瓶颈"领域，在完成专利"量"的积累的基础上，实现专利"质"的提升，使大气污染防治技术专利具有实用价值。同时，助推我国由知识产权大国迈向知识产权强国。

表 6-14　专利技术市场价值评估

价值评级	一级	二级	三级	四级	五级
价值区间/美元	0～3万	3万～30万	30万～60万	60万～300万	>300万
简单同族数量/件	686 000	135 000	8 802	29 900	7 669

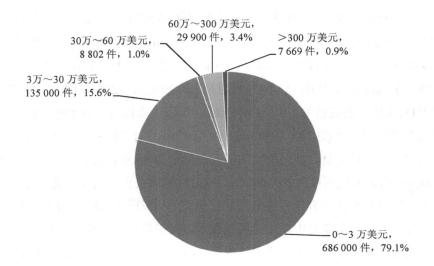

图 6-10　我国大气污染防治主要专利技术市场评估

6.4.7 专利技术区域分布情况

从图 6-11 来看，江苏是我国大气污染防治技术专利申请量最多的省份，有近 20 万件；其次为广东、北京、浙江、山东、上海、安徽、四川、河南各省（市），专利申请量均在 5 万～14 万件；上海、安徽、四川、河南、湖北、辽宁、湖南、河北、福建、天津、陕西、重庆、江西各省（市）的专利申请量均在 2 万件以上。由此可见，大气污染防治技术专利申请量与区域发达程度密切相关，经济越发达的地区，对大气环境污染防治的关注程度越高，取得的技术成果也相对较多。过去很长时间，我国经济的高速增长在一定程度上是以牺牲环境质量为代价的，经济结构过度依赖以煤和石油为主的化石燃料，工业化和城镇化进程中向环境排放了大量的污染物，给大气环境造成了严重的污染，从而导致我国的大气污染区域性特点明显，京津冀、长三角、珠三角、辽宁、山东、武汉及其周边、长株潭、成渝、福建、山西、陕西等重点区域既是我国经济活动水平活跃的区域，也是污染排放高度集中的区域，大气环境问题尤为突出。为此，我国出台了一系列重点区域大气污染综合防治政策，规定重点区域严格控制污染物排放，降低污染物排放量。

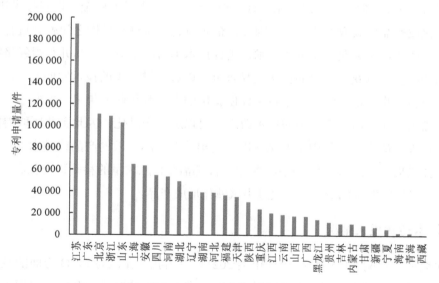

图 6-11　我国大气污染防治主要专利技术区域分布情况

6.5　大气环保技术转化布局

本节对"技术转化"一词的界定与"科技成果转化"一致。我国对"科技成果转化"一词的最新定义源于 2015 年修订的《中华人民共和国促进科技成果转化法》，其认为科技成果转化是指为提高生产力水平而对科技成果进行的后续试验、开发、应用、推广直至形成新技术、新工艺、新材料、新产品，发展新产业等活动。由此可见，科技成果转化过程包括"基础研究—应用开发研究—研究应用"各个阶段及"基础理论成果—应用开发技术成果—现实生产力"各个环节中的推进和过渡，本节中大气环保产业技术创新链强调的是大气环保技术从以满足大气污染防治需求为导向，通过技术发明、转化与应用再到成熟技术产业化与扩散的过程中各相关主体的相关作用关系。因此，通过对我国现行科技成果转化情况的分析可以发现，其研究成果同样适用于我国大气环保技术转化布局特征分析。

科技成果转化可以分为以下几个阶段：

一是科技成果研究阶段。该阶段主要依靠大量的科研资源、先进的科研设备及优秀的科研人才对基础理论和应用技术等方面进行研究，其研究成果主要为技术专利、科研论文和科研著作等。这一阶段是科技成果转化的基础阶段，研究成果水平和技术的可实施性是科技成果转化水平的决定因素之一。

二是科技成果交易阶段。高校和科研机构拥有优秀的科技人才和大量的科研资源，往往会创新出高水平的研究成果，但研究成果需要通过大量资金进行进一步开发才能实现产品化，但是高校和科研机构缺乏进行成果转化的资金。企业虽然缺乏高质量的科技人才，原始创新水平不高，但其对市场需求比较了解，而且拥有大量的资金可以对技术进行转化，使技术转化成产品以获取经济效益。因此，企业与高校和科研机构之间就会进行技术成果的交易，企业通过交易获得先进的技术，进行技术革新，创造新产品并获得经济收益，而科研机构和高校可以获得大量的技术交易资金，以进行进一步的技术发明。

三是科技成果产品化阶段。创新主体创新出的大多数科研成果来自实验室，有可能不符合市场需求，或者需要进一步的技术改造才可以进行产品化，因此企业所取得的研究成果需要通过大量的资金进行中试熟化，以创造出符合实际需求的产品或技术。

在科技成果转化的这 3 个阶段中，每个阶段都需要投入大量的科研资金和优秀的科研人才进行科技成果的发明创造，最后通过中试熟化形成产品。

6.5.1　技术转化投入情况

本研究通过查阅《中国科技统计年鉴 2021》得出我国在试验 R&D 方面的经费投入情况，并且通过经费类型、创新主体等对 R&D 经费的投入情况进行分析。根据该年鉴指标解释，基础研究是指为了获得关于现象和可观察事实的基本原理的新知识而进行的实验性或理论性研究，它不以任何专门或特定的应用或使用为目的；应用研究是指为了确定基础研究成果可能的用途，或是为达到预定的目标探索应采取的新方法或新途径而进行的创造性研究，主要针对某一特定的目的或目标；试验发展是指利用从基础研究、应用研究和实际经验所获得的现有知识，为产生新的产品、材料和装置建立新的工艺、系统和服务，以及对已产生和建立的上述各项作实质性的改进而进行的系统性工作。各类型经费的投入情况会直接或间接影响科技成果的转化水平。

1. R&D 经费投入

由 2010—2020 年我国 R&D 经费投入情况（图 6-12）来看，我国技术产业 R&D 经费投入总体情况比较乐观，主要体现在 R&D 经费投入情况逐年增加，投入强度也保持稳定增长趋势，基础研究、应用研究和试验发展的经费投入都呈稳步增加趋势。

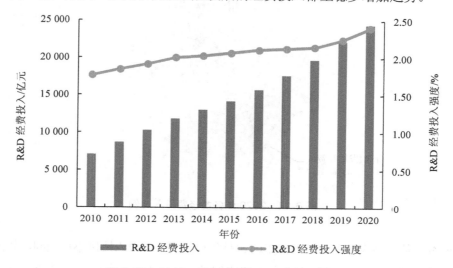

图 6-12　2010—2020 年 R&D 经费投入情况

注：R&D 经费投入强度是指 R&D 经费占 GDP 的比例。

从各类型经费投入情况（图 6-13、图 6-14）来看，基础研究、应用研究和试验发展经费投入所占比例近几年保持稳定不变，分别约为 6%、11% 和 83%，其比值约为 1∶2∶14。一般来说，成果转化资金投入的比例从研发、试点到最终产业化大约是 1∶10∶100。因此，资金不足是限制科技成果转化的主要因素之一。

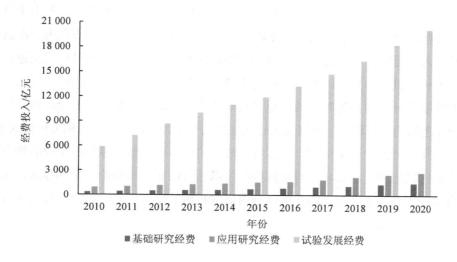

图 6-13　2010—2020 年各类型经费投入情况

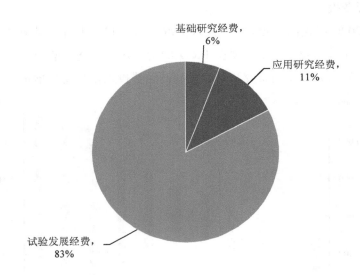

图 6-14　2020 年各类经费投入比例

从研究主体类型来看，不同主体在这 3 种类型经费上的投入比例不尽相同，如图 6-15～图 6-17 所示。企业在基础研究方面所占的比例较低，基本可以忽略，在试验发展方面的经费投入比例较高，占全部投入的 95%左右；高等院校在试验发展方面的经费投入明显不足，经费主要投入在基础研究和应用研究；研究机构在试验发展方面的投入也明显高于高等院校，基础研究经费投入则较低。由此可见，高等院校由于在研究阶段投入的经费比较多，其科研成果产出水平就会比较高，但由于缺乏试验发展经费，很难将技术成果进行市场化，就会导致高等院校科技成果转化水平就会比较低。而对于企业来说，其在技术研究上投入的经费比较少，技术水平比较低，但由于企业与市场接触较多，更能了解市场需求，因此创新技术更易市场化，而且企业拥有大量的资金可对技术进行技术转化，但由于企业的技术水平比较低，导致进入市场的新产品和新技术的经济效益比较差。研究机构在试验发展经费上的投入明显高于高等院校，相较于高等院校更能将研究阶段的科研成果进行成果转化，但由于科研机构的数量比较少，科技成果转化水平仍然比较低。因此，提高科技成果转化率就需要充分利用高等院校的高质量科研成果，以及企业雄厚的资金，需要提高高等院校和企业之间的合作程度，可以通过建立信息共享平台，向企业提供相关科技成果信息，增加企业与高校之间的信息交流，提高科技成果的交易量，然后再利用企业的资金对技术进行中试熟化以适应市场需求。科研机构既可以拥有创新高水平的资金和技术，又可以利用大量的资金实现技术转化，因此可以利用研究机构的研发模式，为企业与高等院校之间的合作提供一定的支持。

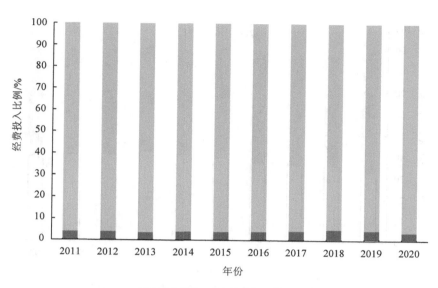

图 6-15　2011—2020 年我国企业各类型经费投入情况

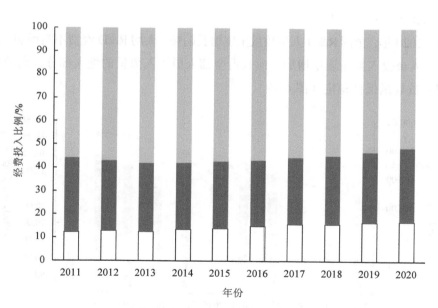

图 6-16　2011—2020 年研究机构各类型经费投入情况

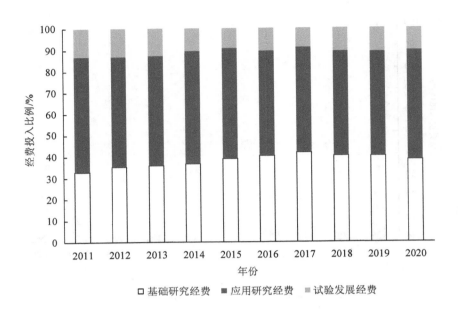

图 6-17 2011—2020 年高校各类型经费投入情况

2. R&D 人员投入

2010—2020 年，全国 R&D 人员数量呈现增长趋势，人均 R&D 经费不断增加（图 6-18）。企业 R&D 人员投入数量逐年增加，而且占全部人员投入数量的绝大部分，高校和研究机构的研究人员数量保持稳定（图 6-19）。

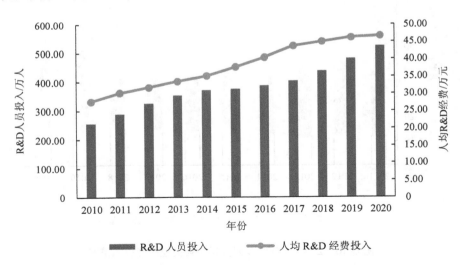

图 6-18 2010—2020 年 R&D 人员投入及人均 R&D 经费投入情况

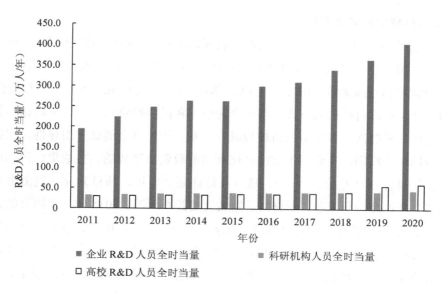

图 6-19　2011—2020 年研究主体的 R&D 人员投入情况

3. R&D 机构投入

根据统计可知，2011—2020 年 R&D 机构数量逐年增加，有 R&D 活动的企业数增加明显，而研究机构和高校机构数增加并不明显（图 6-20）。研究机构和高校一直以来都是基础理论研究和技术研究的主体，受体制机制影响，其机构数量接近饱和，其增量发展空间并不大。但是对于企业来说，随着市场的不断发展，企业之间的竞争日益激烈，只有通过技术革新来降低成本才能提高自身竞争力，而且基础理论的发展推动了技术的创新，越来越多的企业利用自身的资金条件进行新产品的研发，推动创新技术的有形化和产业化。目前，企业已经成为技术创新的主体，也担负着科技成果转化的重大责任。

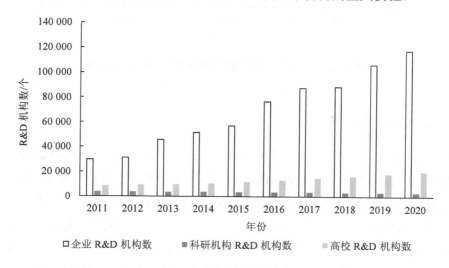

图 6-20　2011—2020 年进行 R&D 活动的机构数情况

4．国家科技成果转化引导基金

为贯彻落实《国家中长期科学和技术发展规划纲要（2006—2020 年）》，加速推动科技成果转化与应用，引导社会力量和地方政府加大科技成果转化投入，科技部、财政部于 2011 年设立国家科技成果转化引导基金（以下简称转化基金），充分发挥财政资金的杠杆和引导作用，创新财政科技投入方式，带动金融资本和民间投资向科技成果转化集聚，进一步完善多元化、多层次、多渠道的科技投融资体系。转化基金遵循"引导性、间接性、非营利性、市场化"原则，主要用于支持转化利用财政资金形成的科技成果，包括国家（行业、部门）科技计划（专项、项目）、地方科技计划（专项、项目）及其他由事业单位产生的新技术、新产品、新工艺、新材料、新装置及其系统等。2015 年，我国开始设立第一批子基金；2021 年，转化基金达到 500 多亿元（图 6-21）。转化基金能够促进科技和金融深度结合，改善科技型企业的融资环境，加快科技成果转化，激励科技创新创业，引导金融资本和社会资本加大科技创新力度。但由于转化基金成立时间比较晚、资金投入不足，还难以较大地提高科技成果转化率。

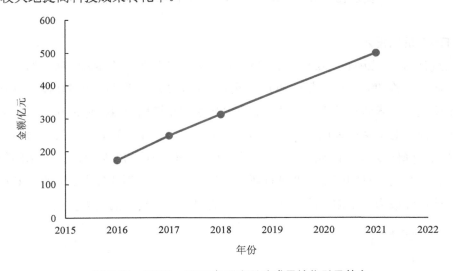

图 6-21　2015—2022 年国家科技成果转化引导基金

6.5.2　科技成果产出情况

相较于专利数和论文数，重大科技成果产出数更能体现我国的科技创新能力。由统计数据可知，我国的科技成果产出数不断增加，但增加趋势并不明显（图 6-22）。这也表明我国的科技创新还处在稳定期，基础研究理论和应用性研究水平不高，重大成果产出量比较低。从重大科技成果的研究主体分布（图 6-23）来看，企业的产出数比较高，但并没有体现其在专利申请上的绝对优势。从这一方面可以看出，重大科技成果的产出需要大量的科研资源、高水平的技术人才，因此企业在这方面就处于较劣势的地位，而高校和研究机构在这方面的优势比较明显，科技成果产出数比较多。但是，随着企业对科技研究的愈加重视，企业的重大科技成果产出数不断增加，而且企业的科技成果由于有资金的支持，更容易转化形成高水平产业。

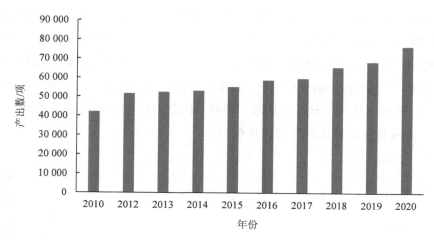

图 6-22　2010—2020 年科技成果产出数

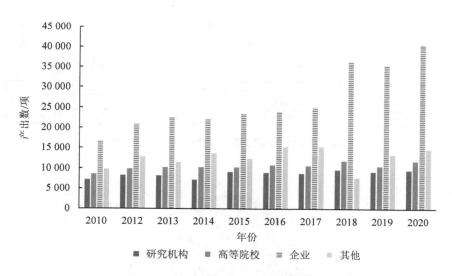

图 6-23　2010—2020 年各研究主体的科技成果产出数

6.5.3　技术成果转化情况

1．技术合同成交额

技术合同及其成交额是技术交易规模的直接体现，也在一定程度上体现了技术转化为现实生产力和技术市场应用化的能力，也是创新驱动战略实施效果的重要体现。2011—2020 年，我国技术市场成交额总体上呈稳步上升的趋势，环境保护技术成交额的增长趋势也比较明显，如图 6-24 所示。技术合同按技术收入类型可以分为技术开发、技术转让、技术咨询和技术服务四类，从图 6-25 中可以看出，技术开发和技术服务所占比例较大。技术开发又可以分为委托开发和合作开发，委托开发可以充分利用其他机构的科研团队和科研人员，提高创新技术水平，避免受自身研究水平的限制；合作开发是指融合不同机构的科研资源创新出具有高水平技术。技术服务可以分为一般性技术服务、技术中介和技术培训。技术服务中技术创新机构和技术使用机构不一致，因此技术创新机构需要对技术进行解释或者培训，以提高技术的使用水平，技术服务在技术合同中所占比例较大。技术合同成交额在一定程度上体现了技术的扩散和转移，因此可以表示科技成果的转化水平，由数据可知，我国的科技转化水平在逐年提高。

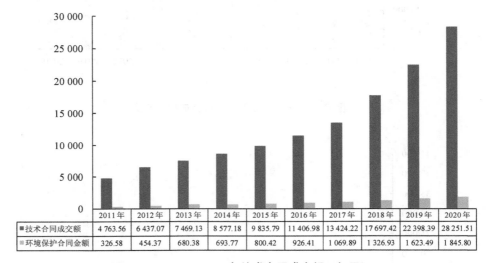

	2011年	2012年	2013年	2014年	2015年	2016年	2017年	2018年	2019年	2020年
技术合同成交额	4 763.56	6 437.07	7 469.13	8 577.18	9 835.79	11 406.98	13 424.22	17 697.42	22 398.39	28 251.51
环境保护合同金额	326.58	454.37	680.38	693.77	800.42	926.41	1 069.89	1 326.93	1 623.49	1 845.80

图 6-24　2011—2020 年技术合同成交额（亿元）

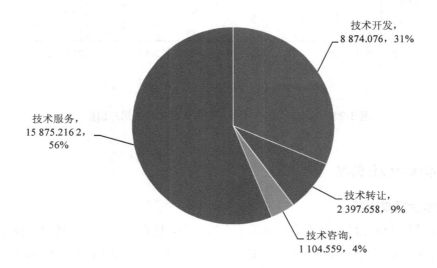

图 6-25　技术合同类型

2．新产品项目开发数

新产品项目开发数是科技创新成果转化的重要项目载体，对新产品进行开发的目的是规模化生产，为企业带来经济收入，因此新产品项目开发数可以间接体现企业的新技术和新成果转化为新产品的能力。新产品开发经费投入是指企业科技活动经费用于新产品研究开发的经费投入，是创新成果转化的重要资金投入，一般来说新产品开发经费投入与科技成果转化产出成正比。由图 6-26 可知，我国 2011—2022 年的新产品项目开发数不断增加，这说明我国的科技成果转化能力不断增强。但是与科技成果产出相比，我国的成果转化水平依然比较低。与科技成果产出量相比，我国的成果转化情况仍旧不理想，在专利产出到新产品开发这一过程中需要投入大量的资金才可以完成技术成果的转化，但是我国的转化经费投入量仍然比较低，现有的经费投入水平难以满足技术转化所需的资金投入，因此我国的有效专利数比较高，但是技术转化率严重不足，不到 10%。

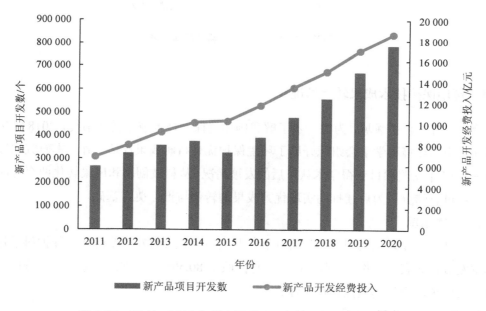

图 6-26　2011—2020 年新产品项目开发数及其开发经费投入

3．新产品销售收入

新产品销售收入是指企业创新成果转化为新产品后，通过在市场上销售而获得的销售收入，它是创新成果转化产出和企业经济利润的重要衡量指标。从图 6-27 中可以看出，2011—2020 年，我国新产品销售收入不断增加，这说明我国的科技成果转化能力不断增强，而且科技成果转化产品能够实现较高的销售收入。新产品销售收入的增加又能够为新一轮的新产品研发提供大量的资金支持，从而进一步提高技术成果的转化水平。

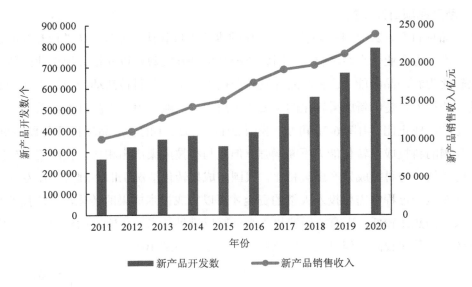

图 6-27　2011—2020 年新产品销售收入

6.5.4　环境保护技术成果转化情况

聚焦到环境保护领域，为进一步了解我国环境保护技术成果转化情况，2018 年生态环境部联合中国环境科学学会组织开展了环境保护优秀科研成果评估工作。本研究通过调研 2015—2017 年获奖项目获得学术认可后的发展情况，从科技创新和成果转化两个方面进行评估，通过总结分析为后续推动实现优秀成果的转化与推广奠定基础。

1．样本情况

本次评估工作以调研问卷的形式开展，共向 2015—2017 年获得环境保护科学技术奖的单位发放调研表 164 份，回收 132 份，总回收率 80.50%，样本回收率较高，分析其结果可以代表整个研究的典型性和真实性。

2．获奖单位类型

2015—2017 年，科研机构获奖项目占比 64.40%，企业占比 23.50%，高校占比 12.10%，有较高政策敏感度和市场灵活度的科研机构整体上获奖数量占比最高，其次为企业，高校占比最低，如图 6-28 所示。最高等级奖项方面，各自获奖项目中一等奖占比情况为科研机构 37%、企业 9%、高校 54%（图 6-29）。以上数据表明，虽然高校获得奖项较少，但是其具有较强的科研能力和科研水平，科技成果深受社会各界人士的认可；企业在获奖数量及获奖等级方面均落后科研机构和高校，需要在科研经费和能力上加大投入，提高创新技术水平。

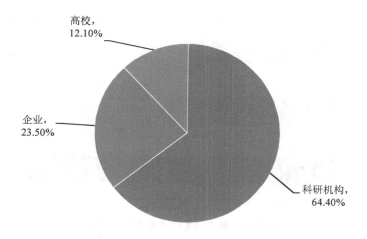

图 6-28　获奖单位所占比例

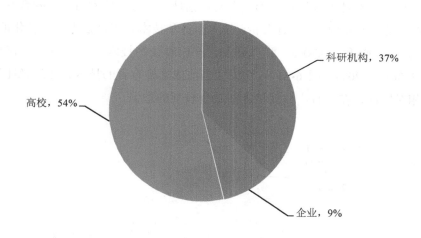

图 6-29　一等奖各单位占比情况

3. 技术成果转化率

经分析，各获奖主体持有项目的转化率差异较大。科研院所的获奖项目转化率为 40.40%，高校的获奖项目转化率为 49.80%，企业的获奖项目转化率为 94.70%，远高于科研机构和高校水平（图 6-30）。这说明企业与市场需求的结合度更高，能够更好地解决技术转化过程中存在的市场问题；相比之下，高校和事业单位在技术研发环节投入的精力较多，与市场需求对接不紧密，同时受资金投入和技术转化动力影响，其科技成果转化难度相对较大。

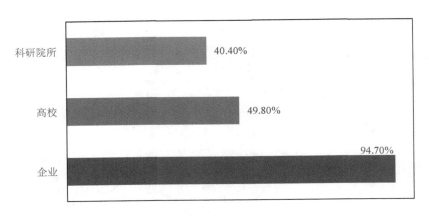

图 6-30　各市场主体技术成果转化率

4．技术成果转化形式

目前，环境保护技术成果转化形式主要包括技术服务、技术自用、联合开发、产权转让、技术入股及其他 6 种。经统计分析，技术服务和技术自用是技术成果转化的主要形式，占比分别为 49.40% 和 40.70%；联合开发、产权转让和技术入股所占比例较小，分别为 2.30%、1.30% 和 0.20%（图 6-31）。这说明当前成果持有者的技术转化途径比较单一、市场化程度相对较低，在自有产权保护方面具有较强的意识。

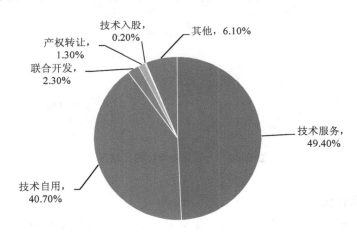

图 6-31　技术成果转化形式

5．技术成果转化问题分析

在统计调查的 132 个项目中，有 77 家企事业单位反映技术成果在转化过程中存在困难和问题，占样本总数的 58.33%；顺利转化的有 55 家，占比 41.67%。将技术依托单位反映的问题进行分类汇总，各企事业单位在技术转化过程中遇到的问题较多，总体可以分为市场原因、技术原因、机构自身原因、政策原因和其他原因 5 类，其占比分别为 32.80%、

7.50%、25.40%、17.90%和16.40%，其中市场原因、机构自身原因和政策原因位列问题类前三（图 6-32）。具体而言，政策导向不明、专业人才不足、没有合适的合作伙伴、无法独立实施形成产品或服务，以及缺乏良好的中介服务成为项目转化困难的主要原因。

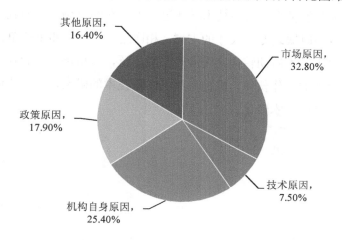

图 6-32　技术成果转化问题

6. 技术成果未转化问题分析

通过调查分析（图 6-33）发现，缺乏政策和资金支持成为技术成果未转化的主要原因，除其他原因外，有 24%的技术成果由于市场问题未转化或停用，有 19%的技术成果由于政策因素问题未转化或停用，有 13%的技术成果是因为资金问题导致技术成果未转化或停用，技术问题和管理问题占比均小于 10%。从整体上看，市场问题和政策因素突出，技术问题并不突出，表明环境保护技术成果在技术的科学性和应用性方面较强，但缺乏良好的市场分析和政策支持。

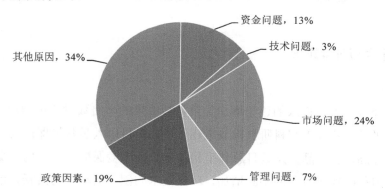

图 6-33　技术成果未转化原因

从不同对象来看，高校和科研机构产业化进程中市场因素的困难远高于企业。从图 6-34 中不难看出，在技术转化存在的问题中，除其他原因外，企业遇到更多的问题是人才和政策方面的因素，而高校和事业单位更多的问题是政策和合作伙伴，由于市场前景不明，实施形成产品或服务风险较大的问题明显高于企业。其原因有以下几方面：企业处于市场的最前沿，在激烈的市场竞争环境中求生存、谋发展，追求技术转移、转化所带来的利润，更熟知市场走向，因此能更多地发现技术转化过程中存在的市场方面问题，但是对政策的导向不能完全把握，同时缺乏专业人才的支撑。相比之下，高校和事业单位将精力大多投入技术研发环节，对于技术后期转化应用涉及不够广泛，与市场可能存在脱节。同时，高校和事业单位缺乏合适的合作伙伴，机构自身更注重技术的研发，对产业化方面了解并不深入，难以依靠自身完成技术转化。

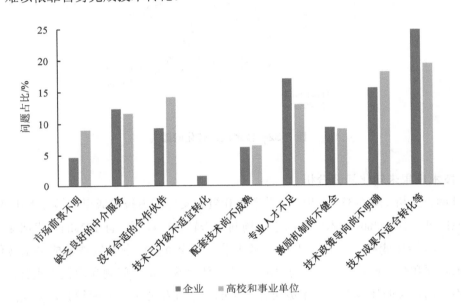

图 6-34　企业与高校及事业单位技术转化遇到的问题占比

6.5.5　总体评价与对策建议

1. 总体评价

一是研发经费与人员投入的逐年增加导致科技成果的产出数量逐年增加。由上述统计可知，我国的研发经费投入和科研机构数量逐年增加，科研人员数量保持稳定，科技成果产出水平不断提高，新产品开发数目总体呈稳步增长，环境保护技术市场成交额也在逐年增加。随着我国科研经费投入的不断增加，环保技术的创新活动较为活跃，市场应用能力不断增强。

二是各类创新主体经费投入的不平衡导致科技成果的转化水平差异化大。高校和科研机构拥有大量的科研资源和高质量的科技人才，而且基础研究和应用技术研究的经费投入比较高，因此科技成果产出比较多，但由于其在试验与发展经费上的投入不足，很难实现科技成果转化。而对于企业来说，由于拥有大量的资金，能够实现技术成果的转化，但其科研能力的不足导致难以研发出高质量的技术成果。因此我国技术成果转化率仅为 20%，而最后与产业结合的只有 5%，远低于发达国家 70%~80%的水平。

三是现行转化机制的不健全导致技术成果的转化水平低。我国环保技术的研发和储备集中在科研院所、高校，国家科技计划的经费支持往往只包括技术研发和示范，环保技术进一步大规模转化应用存在通道不通畅、转化动力不足等现象，技术转化推广的引导支持机制不健全。目前，国内的高校和科研机构仍存在"重投入、轻绩效，重论文、轻应用，重成果、轻转化"的现象，因此科研人员对科技转移转化的动力不足。另外，实验室研发的环境保护技术多停留在小规模中试示范，国家科技计划项目的资金、条件支持不足以支撑一定规模的示范推广，因此科研成果转化的"最后一公里"支持机制不够完善，科技成果转化水平较低。

四是技术信息的不对称导致技术交易市场不成熟。由于存在严重的信息不对称和体制制约问题，有价值的技术成果和运营模式无法在中小企业、大企业和研发机构之间流动。对于企业来说，市场就是检验创新价值的最好方式，而现在的研发机构则是通过成果鉴定、论文评奖等来检验创新成果的价值，高校和科研院所的研发项目不来自产业需求。科技成果转化是一个复杂而专业的过程，没有合适的合作伙伴，就无法独立实施并形成产品或服务。技术中介方可通过技术中介合同促成技术创新各方主体的联动，组织或者参与技术成果的产业化、商品化开发等，技术中介方的出现有利于将科技成果转化为生产力，有助于技术商品的流通和集散，推动技术市场的发展。我国现有的中介服务机构的专业化水平较低，自身专业能力太弱，无法识别技术和成果，技术创新各方主体发挥的链接作用不足。

五是金融服务体系的不健全导致成果转化缺乏持续推动力。目前，我国科技成果转化出现融资困难、技术成果难以转化的现象。根据统计数据，只有投入大量经费才可以实现科技成果的有形化和产业化，资金不足也是限制科技成果转化的关键因素。现有的国家科研经费投入很难提供足够的资金以实现科技成果转化，因此需要筹集大量的社会资本。由于新技术的开发和转化存在很大的风险，对于金融机构来说，更倾向于将资金投入大型企业或成熟技术中，而对于具有较高创新活力的小型企业来说，则很难通过金融机构筹集到足够的资金。同时，由于环保的非排他性等特点，环保产业的利润低于其他行业，机构承担的金融风险更大，小型的环保企业更难筹集到资金，导致企业的科技成果更加难以转化。

2. 对策建议

一是加快科技体制改革，培育市场化导向的科研体系。在大气污染防治领域培育市场化导向的应用技术研发机构。以"市场化导向、企业化管理"为原则，将技术转化和技术研发作为同等重要的使命，并以此作为基础对组织结构、资金管理、人事管理进行改革，建立现代治理机制。改革科技项目管理体制，加强需求方引导。采用事业经费和项目经费相结合的科技经费管理方式，建立市场化导向的项目管理制度。在产业集聚区设立专业性中试平台以降低中试门槛。中试平台资金由中央和地方分担，鼓励企业和科研院所参与，配备必要的设施和设备，培养一批懂装备、懂工艺和懂技术标准的专业人才。

二是培育技术交易市场，加快技术成果转化。建立大气污染防治技术交易市场，支持地方知识产权交易中心建设，拓展技术转移渠道和平台，着力解决技术方和需求方信息不对称的问题。培育高质量的技术中介。技术中介方可通过技术中介合同为促成当事人与第三方订立技术合同而进行联系、介绍活动，促进合同的全面履行，组织或者参与技术成果的工业化、商品化开发等，有利于科技成果转化为生产力，有助于技术商品的流通和集散，推动技术市场的发展。

三是完善金融服务体系，为技术成果转化提供多元资金支持。设立大气污染防治科技成果转化引导基金，用财政资金来撬动社会资本。充分发挥政策性风险资本的引导作用，优先投资拥有核心技术创新能力、能够解决环保治理迫切需求的创新主体，加速技术成果转化。设立大气污染防治技术中试引导基金，吸引社会资本参与，为科技企业提供中试资金，加速技术成果转化。推动市场主导的科技孵化体系。聚焦于创新活动的早期阶段，着力提升科技创新企业的发展能力，以提高科技成果转化的发生率和成功率，如联想之星通过"创业培训、天使投资、开放平台"等综合手段帮助创新企业快速成长。

6.6 技术产业化布局

大气环保产业承载着推进大气污染防治技术产业化与推广应用的功能，大气环保产业本身就是大气环保技术创新链关键的客体要素。同时，大气环保产业为创新主体和其他创新客体提供发展平台、载体、资源和供给。因此，分析大气环保产业的发展状况就是研究大气污染防治技术产业化的布局情况，是大气环保产业技术创新链研究的重要内容。本节结合生态环境部环境规划院与中国环境保护产业协会联合发布的《2021 中国环保产业分析报告》，分析现阶段我国大气环保产业的发展情况。

6.6.1 产业总体概况

2020 年，生态环境部组织开展了全国环保产业重点企业调查，以 2020 年全国环保产业重点企业基本情况调查数据（8 004 家），2020 年全国环境服务业财务统计数据（企业11 197 家），2020 年 A 股上市（150 家）、港股上市（29 家）和新三板挂牌的环保企业（187家）数据为来源，在进行数据整合后，剔除重合样本 4 089 家，得到统计样本 15 556 家。列入统计分析的 15 556 家环保企业中，有 1 903 家企业从事大气污染防治工作。

1．营业收入情况

（1）总体情况

2020 年列入统计的 1 903 家大气污染防治企业实现营业收入总额 2 115.7 亿元（表 6-15）。其中，年营业收入 100 亿元及以上的企业共 4 家，均为上市企业；50 亿～100 亿元的企业有 6 家；10 亿～50 亿元的企业有 21 家；5 亿～10 亿元的企业有 29 家；1 亿～5 亿元的企业有 141 家；5 000 万～1 亿元的企业有 99 家；2 000 万～5 000 万元的企业有 210 家；2 000 万元以下的企业有 1 393 家。年营业收入 2 000 万元以下的企业数量占比达 73.2%（图 6-35）；年营业收入过亿元的企业有 201 家，占比为 10.5%，贡献了 91.0% 的营业收入及 86.6% 的环保业务营业收入，其中年营业收入在 10 亿元以上的 31 家企业贡献了 67.7% 的营业收入及 54.9% 的环保业务营业收入。营业收入超过 100 亿元的企业的环保业务营业收入占比为 38.6%；营业收入小于 2 000 万元的企业的环保业务营业收入占比达 91.0%。这反映出规模越小的企业，其环保专业化程度越高；规模越大的企业，其业务更加多元化。

表 6-15　2020 年列入统计的大气污染防治企业营业收入情况

营业收入	企业单位数		营业收入		环保业务营业收入		企业环保业务所占比重/%
	数值/个	占比/%	数值/亿元	占比/%	数值/亿元	占比/%	
营业收入≥100 亿元	4	0.2	595.7	28.2	229.9	17.5	38.6
50 亿元≤营业收入<100 亿元	6	0.3	409.5	19.4	196.6	15.0	48.0
10 亿元≤营业收入<50 亿元	21	1.1	426.4	20.2	292.9	22.4	68.7
5 亿元≤营业收入<10 亿元	29	1.5	193.3	9.1	148.6	11.3	76.9
1 亿元≤营业收入<5 亿元	141	7.4	299.7	14.2	266.1	20.3	88.8
5 000 万元≤营业收入<1 亿元	99	5.2	68.9	3.3	64.2	4.9	93.3
2 000 万元≤营业收入<5 000 万元	210	11.1	65.2	3.1	60.2	4.6	92.3
营业收入<2 000 万元	1 393	73.2	57.0	2.7	51.8	4.0	91.0
总计	1 903	100.0	2 115.7	100.0	1 310.3	100.0	61.9

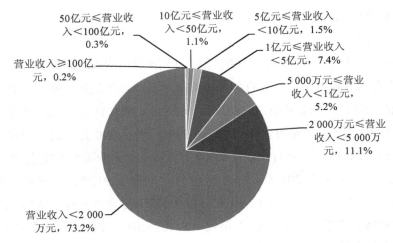

图 6-35　2020 年列入统计的不同营业收入规模的大气污染防治企业数量占比

（2）上市及新三板大气污染防治企业营业收入情况

目前，我国大气污染防治领域有上市及新三板挂牌企业共计 63 家，占 363 家上市环保企业及新三板挂牌环保企业的 17.4%，占统计范围内 1 903 家大气污染防治企业的 3.3%。63 家企业年营业收入、环保业务营业收入分别为 1 289.7 亿元、630.1 亿元，分别占全部统计范围内大气污染防治企业的 61.0%、48.1%，占 363 家上市环保企业及新三板挂牌环保企业的 11.8%、12.5%。上市及新三板挂牌大气污染防治企业年营业收入达 10 亿元以上的企业 19 家，1 亿～10 亿元的企业 29 家，5 000 万～1 亿元的企业 8 家，2 000 万～5 000 万元的企业 6 家，2 000 万元以下的企业 1 家，如图 6-36 所示。营业收入过亿元的企业数量占上市及新三板挂牌大气污染防治企业数量的 76.2%，比统计范围内大气污染防治企业营业收入过亿元的企业数量占比高出 65.6 个百分点。

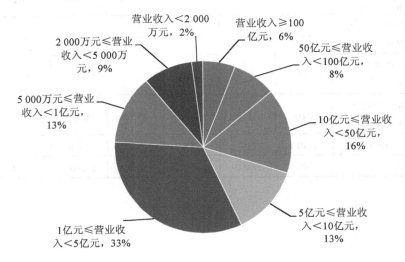

图 6-36　2020 年不同营业收入规模的上市及新三板大气污染防治企业数量占比

2．盈利情况

（1）总体情况

2020 年，列入统计的 1 903 家大气污染防治企业营业利润总额共计 140.8 亿元。大气污染防治领域 94%以上的营业利润来自营业收入过亿元的企业，企业平均利润率相对较低。表 6-16 显示，年营业收入 1 亿元及以上的 201 家大气污染防治企业的数量占比仅为 10.5%，却贡献了 94.8%的营业利润，其中年营业收入 10 亿元以上的 31 家企业贡献了 62.6%的营业利润；营业收入在 2 000 万元以下的 1 393 家企业，数量占比达 73.2%，仅贡献了 1.5%的营业利润。上述企业的平均利润率为 6.7%。

表 6-16　2020 年列入统计的大气污染防治企业盈利情况

营业收入	企业单位数		营业利润	
	数值/个	占比/%	数值/亿元	占比/%
营业收入≥100 亿元	4	0.2	49.9	35.4
50 亿元≤营业收入＜100 亿元	6	0.3	12.3	8.7
10 亿元≤营业收入＜50 亿元	21	1.1	26.1	18.5
5 亿元≤营业收入＜10 亿元	29	1.5	22.8	16.2
1 亿元≤营业收入＜5 亿元	141	7.4	22.5	16.0
5 000 万元≤营业收入＜1 亿元	99	5.2	3.4	2.4
2 000 万元≤营业收入＜5 000 万元	210	11.0	1.8	1.3
营业收入＜2 000 万元	1 393	73.2	2.1	1.5
总计	1 903	100.0	140.8	100.0

（2）上市及新三板大气污染防治企业盈利情况

表 6-17 显示，63 家上市及新三板大气污染防治企业的营业利润为 76.3 亿元，占统计范围内 1 903 家大气污染防治企业的 54.2%，占 363 家上市环保企业及新三板企业的 6.8%。63 家企业的平均利润率为 5.9%，较统计范围内大气污染防治企业的平均利润率低 0.8 个百分点，比上市环保企业及新三板环保企业平均利润率低 4.4 个百分点。其中，26 家 A 股上市环保企业、4 家港股上市环保企业和 33 家新三板环保企业的营业利润分别占统计范围内 1 903 家大气污染防治企业营业利润的 46.2%、5.4%、2.6%，三类企业的平均利润率分别为 5.7%、8.3%、6.9%。

表 6-17　2020 年列入统计的上市及新三板环保企业（大气污染防治）盈利情况

类别	企业单位数/个	营业利润	
		数值/亿元	占比/%
统计范围内大气污染防治企业	1 903	140.8	100.0
其中：上市及新三板大气污染防治企业	63	76.3	54.2

类别	企业单位数/个	营业利润	
		数值/亿元	占比/%
其中：A 股上市环保企业	26	65.1	46.2
港股上市环保企业	4	7.6	5.4
新三板环保企业	33	3.6	2.6

3．从业单位

根据国家统计局《统计上大中小微型企业划分办法》，列入 2020 年度统计分析的 1 903 家大气污染防治企业中，共有大型企业 70 家、中型企业 440 家、小型企业 604 家、微型企业 789 家，其占比如图 6-37 所示。上述 4 类企业的营业收入分别为 1 669.2 亿元、389.5 亿元、48.5 亿元、8.4 亿元，营业利润分别为 111.2 亿元、27.6 亿元、2.2 亿元、−0.1 亿元。大型企业数量占比仅 3.7%，却贡献了约 79% 的营业收入及利润；小、微型企业数量占比合计达 73.2%，却仅贡献了 2.7% 的营业收入及 1.5% 的营业利润。大、中型企业的利润率相对较高，约为 7%；小型企业的利润率为 4.6%；微型企业的利润率为 −1.8%。

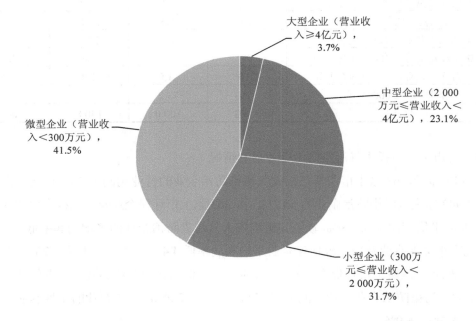

图 6-37　2020 年列入统计的不同规模大气污染防治企业数量占比

6.6.2　产业分布

1．省（区、市）环保产业发展概况

2020 年，列入统计的 1 903 家大气污染防治企业分布在全国 30 个省（区、市）。其中，企业数量排名前 5 位的省份依次为山东、广东、浙江、江苏、安徽，企业数量分别为 576

家、283 家、140 家、120 家、98 家，合计占比达 64.0%。企业数量排名后 5 位的省（区、市）为上海、海南、青海、新疆、宁夏，分别为 10 家、8 家、5 家、4 家、1 家，合计占比不足 1.5%，如图 6-38 所示。

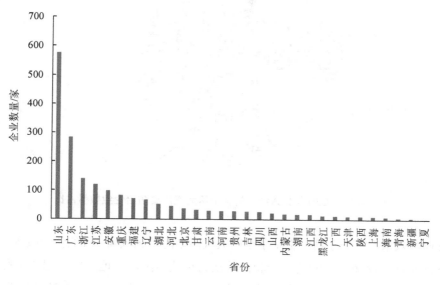

图 6-38　2020 年列入统计的大气污染防治企业的地区分布

从企业规模来看，北京、湖北、江苏、上海、新疆的大气污染防治企业主要以大中型企业为主，占比分别为 73.7%、59.6%、57.5%、50%、50%；大中型企业占比在 30%～50% 的省（区、市）为天津、内蒙古、辽宁、浙江、安徽、福建、江西、河南、湖南；大中型企业占比不足 20% 的省（区、市）为吉林、黑龙江、山东、广东、广西、海南、重庆、四川、贵州、甘肃、青海。

2020 年，大气污染防治营业收入排名前 5 位的省（市）依次为北京、江苏、湖北、浙江、广东，其营业收入合计占比为全国的 68.9%，其中北京、江苏、湖北的大气污染防治营业收入均超过 220 亿元；大气污染防治营业收入排名后 5 位的省（区）为黑龙江、广西、宁夏、海南、青海，其营业收入合计占比为全国的 0.3%。

2．区域环保产业发展概况

从企业布局来看，华东地区聚集了超五成的大气污染防治企业，华北地区的产业效益优势明显。2020 年，列入统计的大气污染防治企业有 54% 集聚于华东地区，且主要分布在山东、浙江、江苏三省，上述三省的大气污染防治企业数量占华东地区大气污染防治企业数量的 82.4%，如图 6-39 所示。

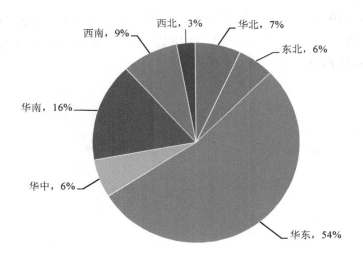

图 6-39　2020 年列入统计的各地区大气污染防治企业数量占比

从营业收入来看，华东地区贡献了全国大气污染防治领域 43.7%的营业收入、49.3%的环保业务营业收入及 63.3%的营业利润；其次为华北地区，该地区以全国 7%的大气污染防治企业数量占比贡献了全国大气污染防治 26.1%的营业收入、21.8%的环保业务营业收入及 0.4%的营业利润，产业贡献仅次于华东地区；东北及西北地区则无论是企业数量还是产业贡献都排名较后，如图 6-40、图 6-41 所示。

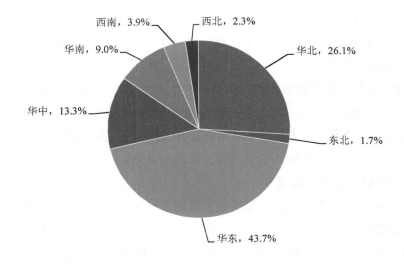

图 6-40　2020 年列入统计的各地区大气污染防治企业营业收入占比

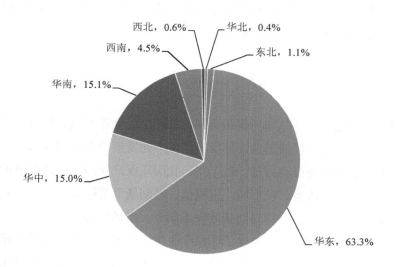

图 6-41　2020 年列入统计的各地区大气污染防治企业营业利润占比

从营业利润来看，排名前 5 位的省份为江苏、广东、浙江、湖北、山东，其营业利润合计占比为全国的 75.6%，其中江苏、浙江大气污染防治企业的营业利润均超过 20 亿元；排名后 5 位的省（市）为青海、吉林、北京、陕西、四川，其中北京、吉林、四川、陕西大气污染防治企业的营业利润均为负值，如图 6-42 所示。

从产业效益分析可知，华北地区从业单位的平均营业收入最高，达 40 487.6 万元/家；其次为华中地区，为 24 082.3 万元/家；华东地区则为 9 108.9 万元/家，不及华北和华中地区，说明华东地区虽然大气污染防治企业数量较多，但仍以小微企业为主，缺乏实力雄厚的大中型企业；从业单位平均营业收入最低的东北地区，仅有 3 335.9 万元/家。从业单位平均营业收入越少，反映该地区企业的平均规模越小。

6.6.3　总体评价

从产业规模来看，2020 年大气污染防治相同样本企业的营业收入、环保业务营业收入分别同比增长 6.5% 和 2.3%，营业利润同比下降 6.2%。大气污染防治领域以微型企业为主，其以 41.5% 的企业数量占比贡献了 0.4% 的营业收入和 0.6% 的环保业务营业收入；营业收入过亿元的企业的数量占比为 10.6%，贡献了 91.0% 的营业收入、86.6% 的环保业务营业收入及 94.8% 的营业利润；数量占比仅为 3.3% 的上市及新三板挂牌大气污染防治企业贡献了近 61.0% 的营业收入、48.1% 的环保业务营业收入和 54.2% 的营业利润。

从区域分布来看，2020 年大气污染防治企业数量和收入的空间分布均较为集中，南方各省（区、市）大气污染防治产业规模合计显著高于北方各省（区、市）。企业数量占比52.5% 的南方企业贡献了全国 60.5% 的营业收入、60.6% 的环保业务营业收入及 88.3% 的营业利润，吸纳了大气污染防治领域 63.7%的从业人员。华东地区聚集了超五成的大气污染防治企业，华北地区的产业效益优势明显。

6.7 大气环保产业园协同创新能力评价

环保产业园是围绕环保产品和环保服务形成的相关企业聚集地，是为特定区域内的环保企业提供良好生产经营环境的平台，是我国环保产业发展的重要组成部分，同时也是环保产业创新能力发展的重要推动力量。近年来，我国环保产业园在快速发展的过程中，存在"重集聚、轻联合，重政策、轻市场，重模仿、轻创新"等现象，最终导致出现各地环保产业园同质化发展、产业集群协同创新效应不明显、市场核心竞争力差等突出问题。因此，本节基于协同创新理论，系统构建了环保产业集聚发展的协同创新评价指标体系及其评价方法，开展了典型环保产业园大气污染防治技术创新链模式及其运行效益实证研究，评价园区创新能力。通过横向和纵向的比较分析，评价园区内各个子系统的协调发展程度及对整个系统技术创新的影响，以此准确把握环保产业园创新发展中的问题与不足，并提出调整建议。

6.7.1 协同创新理论研究

协同创新理论是由德国物理学教授赫尔曼·哈肯提出的，它以复杂系统为基本研究对象，将复杂系统划分为若干个子系统，而子系统由若干元素组成，在一定条件下各个子系统之间和各要素之间存在协同作用。协同创新理论揭示了一个创新系统是从简单到复杂、从低级到高级、从无序到有序的演变发展，以及这个状态变化过程中的内在规律。通常可以用协同度指标作为衡量协同创新过程中协同程度的测量指标，反映了复杂系统内部子系统相互之间及组成要素之间的相关协调关系与演变程度。通过协同度的测量可以直接看出整个系统的协同发展水平，及时了解各个子系统及其要素存在的问题。

技术创新能力是一个由若干要素构成的综合性的能力体系，当前国内外学者对于技术创新能力的表达尽管不同，但基本都认同技术创新能力是一个由若干要素组成的复杂系统，表现为组织、适应、创新、信息与技术获得等多个能力的综合体。所谓协同创新是指集群创新主体与集聚内外部环境之间既相互竞争、相互制约，又相互协同、相互受益的关系，从最初简单、低级、无序的合作，通过复杂的相互作用产生单一企业所无法实现的整体协同效应的过程，即通过产业集群中创新主体间从内外部环境中获取创新资源，经过整合与协作转化成商品和服务，并产生经济效益的过程。

6.7.2 协同创新评价指标体系

基于协同创新理论，环保产业园协同创新能力评价的是集聚在园区内的各创新主体在其发展演变过程中，通过与内外部支撑环境不断地进行物质、资源和信息交换，进行技术或产品创新，从而实现集聚企业在经济活动中利润最大化的情况。从环保产业园的系统分析角度出发，各创新主体间的协同程度决定了园区协同创新发展水平的程度，而对创新主体间协同程度的衡量主要从各主体的创新投入与创新产出方面进行，同时区域创新环境是各主体进行创新活动的外在客观条件，是创新协同发展不可或缺的重要因素。结合相关研究，本节主要从创新投入、创新产出、创新支撑三个方面构建衡量园区协同创新水平的指标体系。

1. 创新投入

创新投入是创新能力形成的物质技术保障，任何创新活动都需要各行为主体投入大量的资金、人才与技术等资源。同时，创新资源投入的规模、质量和结构优化程度又将直接决定创新产出的规模和创新效率的高低。其中，创新主体是集群协同创新的核心，是园区创新能力形成最关键的环节。园区创新能力能否形成和提高，不仅与创新主体自身紧密相关，更与各创新主体间的交互作用和结合方式相关，直接决定着创新资源投入的规模、质量和结构的优化程度，进而决定创新投入-产出的转化效率。因此，本节将创新主体的布局规模作为重要的测量指标。

2. 创新产出

创新产出是园区创新主体在一定的环境支撑作用下对创新资源进行优化配置，即开展一系列创新活动而获得的最终成果，是园区创新能力形成的标志。反过来，创新产出绩效又直接影响创新投入和创新主体的组织运行，影响创新资源的集聚。具体衡量指标包括园区授权专利数、园区总产值、获得品牌数等。

3. 创新支撑

创新环境主要有政策环境和经济环境。良好的创新政策环境可以激发创新主体的创新热情，发挥创新主体的创新潜能，是提升创新能力非常关键的因素。金融、中介、孵化器、产业联盟等机构发挥着支撑与保障作用，金融机构可以为企业解决资金问题。孵化器促进新技术成果、创新创业企业进行孵化，以推动企业间的合作和交流，不但为创新技术进入市场、中小企业走向市场架起桥梁，而且为企业在创办初期举步维艰时提供研发、生产、经营的场地和资金、管理等多种便利。中介和产业联盟等机构是集群创新体系中知识、技术转移和扩散的重要渠道，是集群创新体系中各要素主体间相关联的重要桥梁。

6.7.3　协同创新评价方法与模型

本研究采用因子分析法开展环保产业园的协同创新能力评价。因子分析法（faotor analysis）是利用降维方法进行统计分析的一种多元统计方法，是主成分分析方法的发展，由 20 世纪的英国心理学家 Choles Spearman 提出，应用于研究教育学和心理学。因子分析的目的是，通过研究相关矩阵的内部关系，在不损失信息或尽量少损失信息的情况下，将众多的原始变量形成分组变量，利用分组变量解释原始变量关系。同组变量相关性较强，不同组变量相关性较弱。每组变量都可形成公共因子，最终实现以少数因子来概括解释复杂系统的目的，从而建立能够揭示复杂系统各因子之间本质关系的简洁结构模型。使用因子分析法的前提要求：一是因子个数要比原有变量数目少；二是因子能够解释原始变量的大部分信息；三是各因子间相互线性独立。因子分析法的主要优点在于分析过程的客观性强，分析结果可以体现因子排序。

因子分析法的数学模型表达为假设变量 $X_1, X_2, \cdots, X_m$ 可以表达为由公共因子 $F_1, F_2, \cdots, F_m$ 和特殊因子 $a_1, a_2, \cdots, a_p$ 的线性组合，采用因子模型可以表示为

$$\begin{cases} X_1 = e_{11}F_1 + e_{12}F_2 + \cdots + e_{1m}F_m + a_1 \\ X_1 = e_{21}F_1 + e_{22}F_2 + \cdots + e_{2m}F_m + a_2 \\ \qquad\qquad \cdots\cdots \\ X_p = e_{p1}F_1 + e_{p2}F_2 + \cdots + e_{pm}F_m + a_p \end{cases} \tag{6-1}$$

用矩阵表示为

$$\begin{pmatrix} X_1 \\ X_2 \\ \vdots \\ X_P \end{pmatrix} = \begin{pmatrix} e_{11} & e_{12} & \cdots & e_{1m} \\ e_{21} & e_{22} & \cdots & e_{2m} \\ \vdots & \vdots & & \vdots \\ e_{p1} & e_{p2} & \cdots & e_{pm} \end{pmatrix} \begin{pmatrix} F_1 \\ F_2 \\ \vdots \\ F_m \end{pmatrix} + \begin{pmatrix} a_1 \\ a_2 \\ \vdots \\ a_p \end{pmatrix} \tag{6-2}$$

简记为

$$X_i = \sum_{j=1}^{m} e_{ij} F_j + a_i \, (i = 1,\ 2,\ \cdots,\ p) \tag{6-3}$$

同时要求满足条件：① $m \leqslant p$，同时期望 $E(X)=0$，并且 $E(F)=0$；② 方差 $D(F)=I_m$，即 $F_1, F_2, \cdots, F_m$ 不相关且方差不同；③ 期望 $E(a)=0$，方差 $D(a)=\mathrm{diag}(\sigma_1^2, \sigma_2^2, \cdots, \sigma_p^2)$，即 $a_1, a_2, \cdots, a_p$ 不相关且方差不同；④协方差 $\mathrm{Cov}(F,a)=0$，即 F 与 a 不相关。

式（6-1）～式（6-3）中：① 模型将原始变量表达为 m 个公共因子的线性组合，实质是将众多变量综合为数量较少的几个因子，以再现原始变量与因子间的相互关系；② $F = (F_1, F_2, \cdots, F_m)$ 称为 X 的公共因子（综合变量），是不可观测的向量；③e_{ij} 为因子载荷，是第 i 个变量在第 j 个公共因子上的负荷，矩阵 E 称为因子载荷矩阵；④ a 为 X 的特殊因子，a 的协方差为对角阵；⑤$F_1, F_2, \cdots, F_m$ 不相关，模型称为正交因子模型，若相关，模型称为斜交因子模型。

6.7.4　协同创新实证分析

本节选取中国宜兴环保科技工业园为研究对象，采用实地调查结合调查问卷的形式收集 2015—2017 年相关原始数据作为支撑，纵向比较案例园区的各创新要素及其相关指标的年度变化趋势。同时，选取江苏省另外 5 个高新技术产业园区进行对比研究，横向分析

案例园区在协同创新发展中的短板与不足，由此提出优化调整建议。横向对比案例主要参考各类统计年鉴及相关出版刊物，如《中国统计年鉴》《中国科技统计年鉴》《中国高技术产业发展年鉴》《中国火炬统计年鉴》等。评价指标的数据具有较高的客观性和权威性。

1. 案例园区概况

中国宜兴环保科技工业园成立于 1992 年，是经国务院批准设立的唯一以环保产业为主题的国家高新技术开发区，是科技部和生态环境部"共同管理和支持"的单位，获得"国家首批低碳示范园区""国家级环保服务业示范园""国家创新型特色园区""苏南国家自主创新示范区核心区"等称号，是一个集研发设计、生产制造、工程施工、运营服务于一体的现代化园区雏形，也是全国环保企业最集中、产品最齐全、技术最密集、产出规模最大的环保产业集群。

2. 指标选取

综合以上分析，结合各指标的可获得性和可量化性，选取以下 9 个指标作为环保产业园协同创新能力评价指标体系，如表 6-18 所示。

表 6-18　环保产业园协同创新能力评价指标体系

一级指标	二级指标
创新投入	集群企业数 X_1
	集群高新技术企业数 X_2
	研究院所 X_3
	从业人员数 X_4
创新产出	营业收入 X_5
	专利授权数 X_6
	拥有品牌数 X_7
创新支撑	国家级科技孵化器 X_8
	产业联盟组织数 X_9

3. 数据处理与因子分析

（1）数据处理

为避免量纲不同带来的数据间无效比较，采用 Z-score 标准化方法对原始数据进行同向化和标准化处理。本研究利用 SPSS 25.0 直接得出无量纲化处理结果，如表 6-19 所示。

表 6-19　无量纲化处理结果

年份	集群	X_1	X_2	X_3	X_4	X_5	X_6	X_7	X_8	X_9
2015	无锡高新区智能传感创新型产业集群	-0.26	1.75	0.57	1.50	1.06	0.72	0.41	0.53	1.68
	江阴高新区特钢新材料产业集群	-0.50	-0.81	-1.19	-0.51	0.64	-0.74	-0.40	-0.59	-0.84

年份	集群	X_1	X_2	X_3	X_4	X_5	X_6	X_7	X_8	X_9
2015	常州高新区光伏产业集群	−0.58	−0.84	−1.19	−0.53	−0.50	−0.96	−0.63	−1.14	−0.84
	苏州高新区医疗器械创新型产业集群	−0.42	−0.94	1.07	−0.85	−1.23	−0.72	1.76	1.64	−0.84
	苏州工业园区纳米新材料创新型产业集群	−0.43	−0.26	−0.43	−0.85	−1.15	−0.39	−0.71	−0.03	0
	中国宜兴环保科技工业园	1.97	0.61	0.82	1.22	0.78	1.23	−0.69	−0.59	0.84
2016	无锡高新区智能传感创新型产业集群	−0.25	1.91	0.57	1.49	1.04	0.82	0.42	0.53	1.68
	江阴高新区特钢新材料产业集群	−0.50	−0.81	−1.19	−0.51	0.66	−0.73	−0.40	−0.59	−0.84
	常州高新区光伏产业集群	−0.58	−0.84	−1.19	−0.53	−0.42	−0.89	−0.62	−1.14	−0.84
	苏州高新区医疗器械创新型产业集群	−0.40	−0.60	1.33	−0.83	−1.21	−0.80	2.01	1.64	−0.84
	苏州工业园区纳米新材料创新型产业集群	−0.42	−0.01	−0.43	−0.84	−1.14	−0.12	−0.70	−0.03	0
	中国宜兴环保科技工业园	2.13	0.61	0.82	1.22	0.95	1.65	−0.69	−0.59	0.84
2017	无锡高新区智能传感创新型产业集群	−0.26	1.85	0.57	1.49	1.08	0.80	0.44	0.53	1.68
	江阴高新区特钢新材料产业集群	−0.50	−0.81	−1.19	−0.51	0.66	−0.72	−0.40	−0.59	−0.84
	常州高新区光伏产业集群	−0.58	−0.84	−1.19	−0.52	−0.35	−0.88	−0.62	−1.14	−0.84
	苏州高新区医疗器械创新型产业集群	−0.37	−0.60	1.33	−0.82	−1.19	−0.58	2.18	2.19	−0.84
2017	苏州工业园区纳米新材料创新型产业集群	−0.41	0.02	−0.18	−0.84	−1.12	0.03	−0.70	−0.03	0
	中国宜兴环保科技工业园	2.36	0.61	1.07	1.23	1.43	2.28	−0.68	−0.59	0.84

（2）因子分析

采用因子分析法对以上选取的具有相关关系的 9 个指标进行统计分析，具体实施步骤如下：

① 因子旋转。采用最大方差法进行旋转分析，因子特征值和累计方差贡献率见表 6-20。变量的相关系数矩阵有两大特征值，采用主成分分析法提取前 2 个因子为综合因子，可以较好地解释以上 9 个指标，可以反映 9 个指标原始数据提供的累计方差贡献率为 84.17% 的信息。为了加强公共因子对实际问题的分析能力和解释能力，对提取的 2 个因子建立原始因子载荷矩阵，并运用方差最大化正交旋转法对载荷矩阵进行因子旋转，得到旋转后的因子载荷矩阵和因子得分矩阵，如表 6-21 所示。

表 6-20 因子特征值和累计方差贡献率

	总方差解释								
	初始特征值			提取载荷平方和			旋转载荷平方和		
成分	总计	方差百分比/%	累积方差贡献率/%	总计	方差百分比/%	累积方差贡献率/%	总计	方差百分比/%	累积方差贡献率/%
1	4.91	54.57	54.57	4.91	54.57	54.57	4.91	54.54	54.54
2	2.66	29.60	84.17	2.66	29.60	84.17	2.67	29.63	84.17

表 6-21　旋转后的因子载荷矩阵和因子得分矩阵

变量	因子载荷矩阵		因子得分矩阵	
	公因子		公因子	
	F_1	F_2	F_1	F_2
X_1	0.74	−0.10	0.15	−0.04
X_2	0.88	0.19	0.18	0.07
X_3	0.50	0.81	0.10	0.30
X_4	0.97	−0.01	0.20	−0.01
X_5	0.78	−0.35	0.16	−0.13
X_6	0.96	0.02	0.20	0.00
X_7	−0.19	0.93	−0.05	0.35
X_8	−0.08	0.98	−0.02	0.37
X_9	0.92	0.11	0.19	0.04

注：提取方法为主成分分析法旋转方法与凯撒正态化最大方差法。

② 因子得分。为考察变量对因子的重要程度并进行综合评价，须计算因子得分。根据因子得分矩阵和变量观测值计算因子得分，公式如下：

$$\begin{cases} F_1 = 0.150X_1 + 0.179X_2 + 0.097X_3 + 0.197X_4 + 0.160X_5 + \\ \qquad 0.195X_6 + (-0.045)X_7 + (-0.023)X_8 + 0.187X_9 \\ F_2 = (-0.042)X_1 + 0.065X_2 + 0.3X_3 + (-0.008)X_4 + \\ \qquad (-0.134)X_5 + 0.351X_7 + 0.369X_8 + 0.036X_9 \end{cases} \tag{6-4}$$

若 ξ_i 为各主因子的方差贡献率，即

$$\xi_i = \lambda_i / P \tag{6-5}$$

式中，λ_i 为第 i 个指标的特征值；$P = \lambda_1 + \lambda_2 + \cdots + \lambda_m$。则综合评价指标为

$$F = \sum_{j=1}^{m} \xi_i F_i \tag{6-6}$$

式中，$F = \xi_1 F_1 + \xi_2 F_2$，即 $F = 0.648F_1 + 0.352F_2$

根据式（6-4）～式（6-6）计算出 2015—2017 年 6 个产业园的因子得分和综合得分，如表 6-22 所示。

表 6-22　各产业园的因子得分和综合得分

年份	产业园区	F_1	F_2	F
2015	无锡高新区智能传感创新型产业集群	1.22	0.54	0.98
	江阴高新区特钢新材料产业集群	−0.60	−0.86	−0.69
	常州高新区光伏产业集群	−0.83	−0.99	−0.88

年份	产业园区	F_1	F_2	F
2015	苏州高新区医疗器械创新型产业集群	−0.91	1.64	−0.01
	苏州工业园区纳米新材料创新型产业集群	−0.55	−0.23	−0.44
	中国宜兴环保科技工业园	1.29	−0.34	0.72
2016	无锡高新区智能传感创新型产业集群	1.26	0.56	1.02
	江阴高新区特钢新材料产业集群	−0.60	−0.86	−0.69
	常州高新区光伏产业集群	−0.80	−1.00	−0.87
	苏州高新区医疗器械创新型产业集群	−0.84	1.83	0.10
	苏州工业园区纳米新材料创新型产业集群	−0.45	−0.21	−0.36
	中国宜兴环保科技工业园	1.43	−0.37	0.79
2017	无锡高新区智能传感创新型产业集群	1.25	0.56	1.01
	江阴高新区特钢新材料产业集群	−0.60	−0.86	−0.69
	常州高新区光伏产业集群	−0.79	−1.00	−0.86
	苏州高新区医疗器械创新型产业集群	−0.81	2.09	0.21
	苏州工业园区纳米新材料创新型产业集群	−0.38	−0.14	−0.29
	中国宜兴环保科技工业园	1.69	−0.36	0.97

4. 评价结果

研究结果表明，横向比较 6 个产业集群，中国宜兴环保科技工业园的协同创新水平较高，仅次于无锡高新区智能传感创新型产业集群。江阴高新区特钢新材料产业集群、常州高新区光伏产业集群和苏州工业园区纳米新材料创新型产业集群这 3 个产业集群的综合得分为负值，说明这 3 个集群的协同创新水平低于对比案例集群创新能力的平均水平，总体创新能力较低。通过 2015—2017 年的纵向比较，中国宜兴环保科技工业园的综合得分呈增加趋势，说明其协同创新水平不断提升。对比案例中，协同创新力水平最高的无锡高新区智能传感创新型产业集群的技术创新能力基本上维持在较高水平，总体变化不大。苏州高新区医疗器械创新型产业集群和苏州工业园区纳米新材料创新型产业集群的协同创新水平较为明显提高。

通过进行单因子分析可知，中国宜兴环保科技工业园的第一主成分因子得分比较高，而第二主成分代表的科研机构投入、品牌产出和孵化器支撑的指标得分比较低，得分为负值，远低于平均水平，使综合得分比较低。分析其原因，近年来中国宜兴环保科技工业园的发展不断成熟，园区引进的企业、科研院所不断增加，专利技术等产出水平也在不断提升，但由于缺乏有效的产学研合作机制和技术转移相关政策支撑，其新技术转移效率不高，导致园区总体的创新能力远没有达到最佳水平。

6.7.5 发展建议

一是推动实施园区产学研协同创新模式。高校和科研院所具备优秀的创新研发人才、技术人才和先进的理论研究成果，企业既拥有创新所需的必要资本，也掌握最新的市场需求信息。通过合作，企业会不断向科研机构反馈市场信息，高校和科研院所通过市场信息反馈及时对研究目标进行优化调整，以确保理论研究价值和充分的应用价值。

二是不断完善创新支撑在技术创新上的保障作用。在园区集聚发展的协同创新发展中，金融、中介、孵化器、产业联盟等机构发挥着支撑与保障作用。首先，有效发挥金融机构的资金保障服务，在为企业解决创新发展资金需求的同时，通过产品和服务创新为企业分散创新不确定性所带来的创新风险与金融风险；其次，持续完善中介机构在技术创新过程中的润滑剂作用，通过为其他成员提供专业化的服务活动链接和规范各主体行为，协调各主体的关系，通过其创新网络纽带作用的发挥来促进资源的配置、流动，增强创新活力与氛围，确保技术创新的稳定运行；最后，强化集聚区基础设施和公共服务共享平台的建设，促进创新成果信息的流动与共享。

三是充分发挥政府在技术创新中的引导作用。环保产业具有公益属性，作为一种比较特殊的高新技术产业，在一定程度上需要依赖政府政策的引导和财政资金的支持。政府颁布的有关环保产业的各种支持类政策和规范类政策有助于提高环保企业的创新活力。另外，技术研发和科技成果转化也需要大量的资金支持，可以通过建立各类研发基金，加大对高校和科研院所研发的支持力度，提升科研成果的转化效率。技术成果的产业化前期投入必不可少，且具有一定的市场风险，仅依赖政府财政支出难以满足产业化的需求，因此需要发挥政府各类技术产业化相关基金的杠杆作用，有效引导风险投资等社会资本的参与。

第**7**章 大气环保产业园创新创业关键机制政策作用力研究

7.1 创新创业机制政策研究总体思路

机制政策创新是环保产业园发展的重要驱动力之一。促进环保产业园创新创业的关键政策大体分为以下几类。

一是科技人才政策。该类政策包括人才引进和人才培育两个方面。人才引进政策主要是针对人才供给与人才需求之间的不匹配，给予资金、住房、教育、研发等政策优惠，以吸引人才落户，进而促进供需之间的均衡，使地区间更好地发展。人才培育政策是为人才提供智力支持，主要通过人才教育和人才培训两种途径来实现：一方面，通过提高科研院所人才的专业技术能力培养相关人才，为产业发展提供智力资源；另一方面，通过提高机关企事业单位人员的管理能力与职业技能，提升其决策能力与工作效率。

二是技术创新与产业化政策。该类政策贯穿于"基础科研—关键技术攻关—首台套—示范—推广—复制—应用—推广"的产业技术创新链条的各个环节。首先，要加大对各类研究机构（包括企业内部研发中心）建设的扶持力度和孵化器的建设，重点扶持企业自主创新，尤其是针对拥有自主知识产权和各类发明创造的企业要给予奖励补贴，对各类初创企业的政策支持体现在税收优惠、注册程序、培训支持、用工成本等多种政策优惠上；其次，要制定促进新技术的产业化应用及先进技术成果开展市场化、产业化工程示范的激励政策，建立技术成果交易平台；最后，要鼓励企业的商业模式创新并予以示范支持，形成可复制、可推广的商业模式。

三是财税优惠政策。该类政策主要是通过财政资金、税收、金融等财政政策促进产业技术的研发、升级转型，减轻企业经营成本。财税优惠政策覆盖创新创业全产业链，提升技术研发、成果转化、示范应用和产业化中市场主体的作用。其中，金融政策包括信贷支持、风险投资发展等拓宽投融资渠道的措施，以及发展信用保障体系的支持措施。

四是规范引导政策。该类政策主要是营造公平竞争的创新创业市场环境，促进企业良性发展。具体体现在 3 个方面：①加强规划政策引导，明确产业发展方向、重点与推进措施；②加强监督监管，推进企业信用体系建设；③加强知识产权全链条保护，如制定知识产权应用保护政策及技术评估、认证等政策。

五是配套服务政策。政府通过营造良好的服务，改善创新创业环境，增加创新创业活力。一方面，对入园企业简化相关手续，为入园企业提供一站式服务；另一方面，加强对园区创新创业典范的宣传，让社会大众对创新创业活动更加了解和认同，激发起对创新创业的兴趣。

在"十三五"时期推进生态文明、推进市场化、发展大金融等宏观经济和环境保护形势背景下，本章基于对我国大气环保产业园的现状与问题的分析评估，研究提出了推进大气环保产业园创新创业的关键机制政策，并以国家环境服务业华南集聚区创新创业政策为案例进行实证评估，采用问卷调查法、模糊综合评价、解释结构模型、专家咨询法等分析研究大气环保产业园促进创新创业机制政策作用力及机制政策链，结合宏观经济与环境保护形势，突破创新关键机制政策，建立大气环保产业园创新创业良性机制。同时，提出了适用于我国不同发展阶段、不同集聚特色的大气环保产业园促进创新创业机制政策联动实施建议，为大气环保产业园促进创新创业提供借鉴。

7.2　环保产业园发展阶段划分

受政策变化、产业发展和转移、技术和社会进步、区域环境、资源条件、市场竞争等各方面的综合影响，产业集聚必然存在一个持续发展的演化过程，即产业集聚的生命周期。

意大利著名集群理论家 Bruso 于 1991 年提出了集群成长两阶段理论。他认为，集群的出现大多是自发形成的，而非经过政府计划或者干预。产业集群未经政府干预而自发形成的阶段称为第一阶段。当集群达到相当规模时，政府或当地行业协会为促进产业集群健康发展会对集群的成长进行干预，如为集群提供所需的社会服务，这一阶段称为集群的成长阶段，即第二阶段。这种基于政府干预时机的划分方法需要对这一时机进行分析，以便政府选择恰当的时机对产业集群进行扶持，进而保障集群的发展。

Michael Porter（1998）在《集群与新竞争学》及《竞争论》中对产业集群的生长和演化做了简要分析，将产业集群的生命周期划分为孕育、进化和衰退三个阶段，同时对产业集群的良性循环及其解体进行了阐述。他将产业集群衰亡的原因归结为两点：一是内生因素，如集群资源优势的丧失、集体思考模式及内部创新机制的僵化等；二是外来因素，如技术上的间断性和消费者需求的转变等。

奥地利经济学家 Tichy 借鉴 J. Raymond Vernon 的产品生命周期理论，认为集群的能力应该放在一个较长的周期中考察。他将集群的生命周期划分为起步期、成长期、成熟期、衰退期四个阶段。

Garofoli 对意大利产业集群的研究经验进行了总结，认为集群发展应该分为三个阶段。其中，地区集中、生产专业化为第一阶段，在此阶段企业因基于某些特殊资源的需求（如廉价的劳动力）而集中在一起，因此彼此之间存在争夺特殊资源的竞争，没有太多的关联；地区生产系统化为第二阶段，在此阶段企业之间有了密切的联系，在一些相关领域开展合作；稳定系统化为第三阶段，在此阶段产业集群趋于成熟，组织结构开始稳定，集群内的组织联系密切、相互依赖。

Ahokangas 等（1999）在生物演化论的基础上对产业集群的作用机制进行了研究，认为一个典型的产业集群的生命周期应有三个阶段，即起源和出现阶段、增长和趋同阶段、成熟和调整阶段。

7.2.1 起步阶段

产业集聚的产生往往源于多种内在、外在的诱因，如自然资源、技术人才或发展机遇等，通常伴随一两家企业先在一个地区开展业务。这一阶段，企业数量、产值、专利拥有量少，规模不大，经济实力弱，企业之间相互独立或者联系松散。产业集群创新网络和相关知识体系均处于初建阶段，如高校、研究机构、金融机构、服务机构和技术服务机构尚未建立，集群内企业的技术创新行为很少，即使有基本上也是简单地模仿创新，原创性的自主技术创新基本不存在，集群企业之间较少合作。

7.2.2 成长阶段

在龙头企业的带动下，集聚区的企业数量、专利拥有数量、产值和规模快速增加，知名度逐步提升，最显著的特征是企业的销售额、利润及就业率呈现高增长率。在此阶段，专业化的劳动力市场和产品市场开始形成，产业集聚开始产生明显的外部经济效应，大量集聚区以外的企业迁入，企业间的合作关系也大大加强，集聚区内的企业也加快了裂变和衍生的速度。随着集聚区内企业间的合作与竞争活动的增加和创新活力的提升，集聚区对各支撑机构的需求也越发强烈，更多的高校、科研院所、中介组织、行业协会参与进来，配套环境、区域创新环境和合作网络环境已具雏形，集聚区内部的知识和信息交流、扩散、学习及再创新活动变得非常频繁。该阶段是集聚区创新活动最活跃、对外部科技创新资源吸引能力最强、资源优化配置效率提升最快和最具生命力的时期。产业集聚区内企业的地理邻近性使集聚区比其他经济实体更易获得知识外溢效应。企业的自主技术创新费用一般高于模仿创新费用，并且更加注重扩大市场和生产规模，不愿意自己投资进行技术创新，而是希望获得技术创新外溢的好处，这便产生了自主创新"搭便车"的问题。

7.2.3 成熟阶段

随着产业集群的逐渐成熟，集聚区内各类配套基础设施已经完善，产业集群内的企业数量很多，产业链基本完整，专业化分工程度较高，企业数量、专利数量、规模、产值、市场占有率及知名度和科技创新资源拥有量达到较高的水平，产业集聚在规模和产值上较为稳定。企业内部的生产方式和管理模式向柔性化发展，灵活性增强，且同一产业下的企业间由简单的价格竞争向产品差异化、目标市场分层化转变。企业与企业之间、企业与组织之间形成了长期的合作关系，集聚区内的核心产业与相关上下游产业间通过要素、产品、知识、信息的高速流动形成纵横交错的网络化链条关系。集聚区内，集群主导产业的对外贸易量不断增加、竞争力提高，形成了大、中、小企业适当配置的产业结构，并具有一些产品知名品牌，区域形象成熟。在企业和政府区位决策的作用下，集聚区将进一步由组织化集群向创新集群过渡，并不断使产业集群趋于完善。

7.2.4　转型阶段

产业发展、区位优势和消费结构等因素的变化可能会导致集聚区内企业的技术创新中断、地区劳动力成本过高、需求转移，再加上产品进入生命周期的衰退期等内外部原因，集聚区就会失去竞争优势，在销售、利润和就业方面开始呈现下滑的趋势。一方面，产业集聚的配套环境和创新环境开始退化，各种创新和学习活动急剧紧缩，区域内资源要素和公共物品的供给出现枯竭、拥挤、恶性竞争等现象；另一方面，集聚区内完善的基础设施、产业链、要素和产品市场等对企业的吸引力下降，而外部某一区域凭借其良好的发展空间和相同条件下优越的竞争力增加了外吸力。此外，产业集聚生命周期理论表明，并非所有产业集聚都能保持持续的竞争力，有可能会因外界和内部的力量丧失竞争地位，并逐步走向衰退。

此时，政府行为在这一过程中起着关键作用。政府通过一系列措施提高集聚区的竞争力和对企业的吸引力，引导企业的决策行为，促进集聚区的再发展，使集聚区内的产业在原核心产业的基础上升级，或出现新的核心产业并成为集群区新的增长点。这时，企业区位决策主要是从政府行为和未来预期的角度进行考虑的，政府对集聚区转型中存在问题的积极应对和解决会对企业的预期产生影响。企业通过对其未来收益与成本、竞争力和发展空间的预期，决定是否进入或退出集群区。

分析表明，在集聚区的起步阶段，企业从市场和成本的角度考虑，特有的要素条件和需求条件、区域的发展潜力、政策优惠等决策因子在决策时起到关键作用；在成熟阶段，企业从其战略、结构和竞争的角度考虑，成长阶段决策因子的重要性有所下降，创新和合作的空间、市场条件和产业链的完善程度、产业升级速度和集体效率等决策因子在决策中的作用增加；在转型阶段，政府的作用在企业区位决策中的重要性再次提升，对企业的诱导作用增加，企业从政府行为和未来预期的角度进行决策。基于以上分析，可以通过对不同时期企业区位决策因子的判断把握集聚区的发展现状和前景，从而对企业的决策和政府的决策起到辅助作用。

7.2.5 各阶段关键因素识别

根据表 7-1，在起步阶段，企业从市场和成本角度考虑，特有的要素条件和需求条件、区域的发展潜力、政策优惠等因素在决策时起到关键作用；在成熟阶段，企业从其战略、结构和竞争的角度考虑，决策因子的重要性有所下降，创新和合作的空间、完善的市场条件和产业链完善程度、产业升级速度和集体效率等方面在决策中的作用增加；在转型阶段，政府的作用在企业区位决策中的重要性再次提升，对企业的诱导作用增加，企业从政府行为和未来预期的角度进行决策。在以上分析的基础上，可以通过对不同时期企业区位决策因子的判断，把握园区的发展现状和前景，从而对企业和政府的决策起到辅助作用。

表 7-1 环保产业园发展不同阶段特征比较

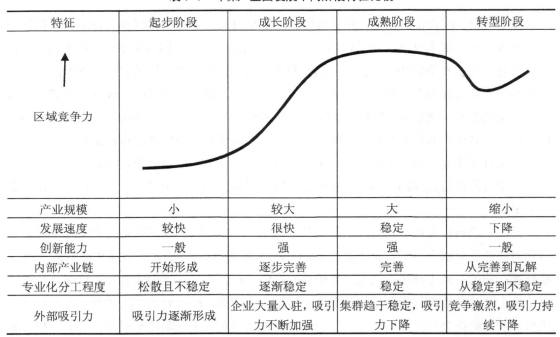

特征	起步阶段	成长阶段	成熟阶段	转型阶段
区域竞争力				
产业规模	小	较大	大	缩小
发展速度	较快	很快	稳定	下降
创新能力	一般	强	强	一般
内部产业链	开始形成	逐步完善	完善	从完善到瓦解
专业化分工程度	松散且不稳定	逐渐稳定	稳定	从稳定到不稳定
外部吸引力	吸引力逐渐形成	企业大量入驻，吸引力不断加强	集群趋于稳定，吸引力下降	竞争激烈，吸引力持续下降

7.3 环保产业园创新创业政策作用力研究

创新创业政策作用力分析主要基于 Tichy 产业集群生命周期理论研究，构建环境政策/制度与环保产业发展不同阶段的矩阵关系，以单因素评价法和专家咨询法相结合，得到大气环保产业园发展各阶段不同环保产业促进政策作用力。依据环保产业园发展不同阶段的环保产业促进作用力矩阵评价表和权重调查统计表展开模糊综合评价模型计算，得出大气环保产业发展全过程环境政策/制度对产业发展促进作用的强弱程度。

7.3.1 政策作用力矩阵构建

基于产业生命周期理论研究，为分析得出不同促进政策在环保产业园发展 4 个阶段作用力的强弱程度，将作用力强弱程度分为"强""中""弱""无" 4 个等级。其中，"强"代表该项促进政策对园区环保发展的作用力大，作用最为关键；"中"代表作用力中，发挥的作用较"强"的等级弱，但仍是本阶段促进园区环保产业发展的不可缺少的关键政策；"弱"代表作用力弱，是本阶段对促进园区环保产业企业发展作用不大的政策；"无"代表没有作用力，是本阶段对环保产业发展无作用的政策/制度。

表 7-2 以促进环保产业发展的环境管理政策/制度为矩阵纵坐标，以环保产业发展的 4 个阶段为矩阵横坐标，构建环境管理政策/制度与环保产业发展不同阶段的矩阵关系。

表 7-2　环保产业促进政策与环保产业园发展不同阶段的矩阵关系

政策分类	序号	促进政策	起步阶段				成长阶段				成熟阶段				转型阶段			
			强	中	弱	无	强	中	弱	无	强	中	弱	无	强	中	弱	无
科技人才政策（P1）	1	高层次人才吸引政策（包括户籍政策、居住政策、家属就业和子女教育、简化审批制度，为人才提供一站式服务）（P11）																
	2	科技创新支持政策（领军人才和企业创新创业团队奖励政策，环保学术技术带头人、拔尖人才资助资金支持，科技创业人才无偿资助资金，留学人员环保产业创业资助）（P12）																
	3	人才培训平台（资格考试培训、继续教育基地、在线教育系统、学术讲座等）（P13）																
	4	人才服务政策（人才交流中心、人才储备库、人才流动中介服务机构）（P14）																
财税激励政策（P2）	5	政府采购政策（政府采购新技术新产品、政府首购政策）（P21）																
	6	财政引导资金（支持技术开发与成果转化、对中间试验和重大科研项目采用"前补助"、对科技创新研究成功的企业项目给予"后奖励"）（P22）																
	7	自主创新基金（对一些较成熟的项目实行无息或低息贷款，作为企业进行技术成果转化和产业化开始阶段的启动资金，采用参股方式支持中小企业研发新技术、新产品）（P23）																
财税激励政策（P2）	8	加速折旧政策（科技创新型企业提高与预期创新有关的资产或者设备折旧率）（P24）																
	9	税收减免政策（对中间试验产品实行税收减免、对专利收入实行免税政策、对风险投资企业实行税收优惠政策）（P25）																
	10	土地优惠政策（场地租金减免、龙头企业入园土地优惠政策等）（P26）																

政策分类	序号	促进政策	起步阶段				成长阶段				成熟阶段				转型阶段			
			强	中	弱	无	强	中	弱	无	强	中	弱	无	强	中	弱	无
金融政策（P3）	11	信贷支持政策（国家四大行或地方商业银行、政策性银行以低息贷款的方式支持园区小型高科技企业发展，基于园区企业信用评级提供融资担保）（P31）																
	12	风险投资政策（利用风险投资基金加大对园区"新三板"潜在企业投资力度，基于园区企业购买科技保险费用给予一定补贴）（P32）																
	13	创业投资基金（政府通过财政出资设立创业投资引导基金作为母资金，并引导社会资金投资设立各类创业投资子资金，投资处于起步期、种子期的创业较早的初创企业）（P33）																
	14	对外贸易政策（开展人民币用于国际贸易结算试点、建立外汇交易平台、开展离岸金融业务）（P34）																
规范引导政策（P4）	15	园区产业发展规划（P41）																
	16	知识产权保护政策（对知识产权优秀企业、服务机构、工作者予以奖励，免费提供专利查询服务）（P42）																
	17	园区企业信用体系建设（包括工商、税务信息和企业信用评级）（P43）																
	18	行业组织支持政策（扶持行业协会和产业联盟等行业组织发展建设，开展市场开拓、行业自律、服务品牌整合、标准制定、信息服务、技术创新交流推广等）（P44）																
	19	认证、检测、技术评价政策（建设技术检测认证中心、技术服务与展示中心）（P45）																
配套服务政策（P5）	20	园区品牌创建与宣传政策（举办环保高峰论坛、推介会等，设立品牌日，多渠道宣传自主品牌，注册集体商标，塑造园区文化）（P51）																
	21	园区基础设施建设政策（交通、电力、通信等基础设施建设）（P52）																
	22	创新创业孵化器和研发基地建设政策（P53）																
	23	入园企业手续简化政策（P54）																

7.3.2 不同发展阶段环保产业政策作用力评价

将环保产业园发展各阶段作为评价因素，构成评价因素的有限集合 U：

因素集 U=（u_1 u_2 u_3 u_4）=（起步阶段 成长阶段 成熟阶段 转型阶段）

将环保产业政策对园区环保产业发展的促进作用"强""中""弱""无"4 个等级分别

记为 v_1、v_2、v_3、v_4，构成评价集 V：

$$评价集\ V=（v_1\ v_2\ v_3\ v_4）=（强\quad 中\quad 弱\quad 无）$$

将环保产业发展各阶段具体环境政策/制度对产业发展促进作用"强""中""弱""无"4 个评价等级的占比作为评价值，构成评价的有限集合 B，则集合 B 是评价集合 V 上的单因素评价矩阵：

$$B=\begin{pmatrix} B_1 \\ B_2 \\ \vdots \\ B_n \end{pmatrix}=\begin{pmatrix} b_{11} & b_{12} & b_{13} & b_{14} \\ b_{21} & b_{22} & b_{23} & b_{24} \\ \vdots & \vdots & \vdots & \vdots \\ b_{n1} & b_{n2} & b_{n3} & b_{n4} \end{pmatrix}$$

采用专家咨询法时，各专家结合经验并经过研讨后完成环保产业政策促进作用力强弱的评价，采用单因素评价方法获得单因素评价矩阵表（表 7-3），并得出不同阶段政策作用力强弱情况。

表 7-3　环保产业园发展不同阶段环保产业政策促进作用力矩阵评价

政策/制度编号	评价值	$u1$				$u2$				$u3$				$u4$			
		b_{n1}	b_{n2}	b_{n3}	b_{n4}	b_{n1}	b_{n2}	b_{n3}	b_{n4}	b_{n1}	b_{n2}	b_{n3}	b_{n4}	b_{n1}	b_{n2}	b_{n3}	b_{n4}
P11	B_1	0.59	0.32	0.09	0	0.45	0.50	0.05	0	0.18	0.59	0.23	0	0.09	0.32	0.41	0.18
P12	B_2	0.73	0.23	0.05	0	0.64	0.36	0	0	0.27	0.50	0.23	0	0.14	0.50	0.27	0.09
P13	B_3	0.09	0.41	0.41	0.09	0.18	0.68	0.14	0	0.27	0.50	0.23	0	0.05	0.32	0.50	0.14
P14	B_4	0.23	0.41	0.36	0	0.41	0.50	0.09	0	0.18	0.68	0.14	0	0.27	0.50	0.23	0
P21	B_5	0.45	0.41	0.14	0	0.55	0.41	0.05	0	0.23	0.45	0.32	0	0.09	0.32	0.36	0.23
P22	B_6	0.73	0.18	0.09	0	0.77	0.23	0	0	0.55	0.32	0.14	0	0.27	0.32	0.27	0.14
P23	B_7	0.82	0.09	0.09	0	0.82	0.14	0.05	0	0.36	0.45	0.18	0	0.14	0.50	0.23	0.14
P24	B_8	0.18	0.36	0.45	0	0.41	0.45	0.14	0	0.45	0.41	0.14	0	0.23	0.50	0.09	0.18
P25	B_9	0.68	0.23	0.09	0	0.73	0.18	0.09	0	0.50	0.27	0.23	0	0.32	0.23	0.32	0.14
P26	B_{10}	0.82	0.14	0.05	0	0.59	0.32	0.09	0	0.23	0.45	0.32	0	0.18	0.18	0.36	0.27
P31	B_{11}	0.68	0.18	0.14	0	0.68	0.27	0.05	0	0.41	0.45	0.14	0	0.32	0.32	0.23	0.14
P32	B_{12}	0.41	0.41	0.14	0.05	0.50	0.32	0.18	0	0.27	0.59	0.14	0	0.18	0.32	0.36	0.14
P33	B_{13}	0.64	0.32	0.05	0	0.55	0.45	0	0	0.27	0.50	0.14	0.09	0.23	0.18	0.36	0.23
P34	B_{14}	0.05	0.50	0.45	0	0.18	0.55	0.27	0	0.36	0.36	0.27	0	0.05	0.36	0.50	0.09
P41	B_{15}	0.77	0.23	0.00	0	0.73	0.23	0.05	0	0.32	0.50	0.18	0	0.36	0.23	0.36	0.05
P42	B_{16}	0.36	0.32	0.32	0	0.55	0.32	0.14	0	0.45	0.36	0.18	0	0.23	0.36	0.27	0.14
P43	B_{17}	0.27	0.32	0.32	0.09	0.45	0.41	0.14	0	0.59	0.18	0.23	0	0.23	0.36	0.36	0.05
P44	B_{18}	0.36	0.36	0.27	0	0.45	0.50	0.05	0	0.55	0.36	0.09	0	0.23	0.41	0.36	0

政策/制度 编号	评价 值	u1				u2				u3				u4			
		b_{n1}	b_{n2}	b_{n3}	b_{n4}	b_{n1}	b_{n2}	b_{n3}	b_{n4}	b_{n1}	b_{n2}	b_{n3}	b_{n4}	b_{n1}	b_{n2}	b_{n3}	b_{n4}
P45	B_{19}	0.09	0.55	0.32	0.05	0.55	0.32	0.14	0	0.45	0.36	0.18	0	0.09	0.45	0.41	0.05
P51	B_{20}	0.55	0.18	0.27	0	0.73	0.27	0	0	0.50	0.45	0.05	0	0.18	0.36	0.27	0.18
P52	B_{21}	0.86	0.05	0.09	0	0.73	0.23	0	0.05	0.32	0.45	0.23	0	0.14	0.27	0.50	0.09
P53	B_{22}	0.59	0.27	0.14	0	0.55	0.41	0.05	0	0.32	0.45	0.23	0	0.14	0.27	0.50	0.09
P54	B_{23}	0.68	0.23	0.09	0	0.41	0.45	0.14	0	0.23	0.41	0.36	0	0.14	0.14	0.55	0.18

不同促进政策在园区建设发展不同时期的作用力不同。

在起步阶段，大气环保产业园环保产业发展主要有园区基础设施建设、自主创新基金、土地优惠政策、园区产业发展规划、科技创新支持、财政引导资金共 6 项强作用力政策，税收减免政策、信贷支持政策等 11 项中作用力政策，园区企业信用体系建设、人才服务等 6 项弱作用力政策（图 7-1）。

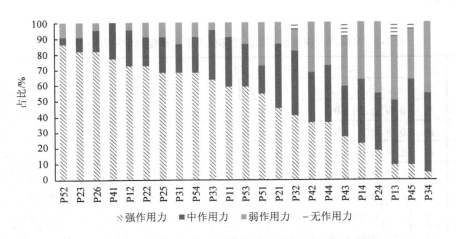

图 7-1　起步阶段环保产业促进政策强作用力大小排序

在成长阶段，自主创新基金、财政引导资金、税收减免、园区产业发展规划、园区品牌创建与宣传、园区基础设施建设这 6 项政策作用力最强，表明该阶段政府部门更侧重于推进企业做大做强，提升企业创新创业能力，吸引更多产业链相关企业入驻园区；中作用力环境政策/制度包括园区品牌创建与宣传、园区基础设施建设等 14 项，仍是需重点制定实施的关键环境政策/制度；园区企业信用体系建设、行业组织支持政策等 7 项政策作用力相对较弱（图 7-2）。

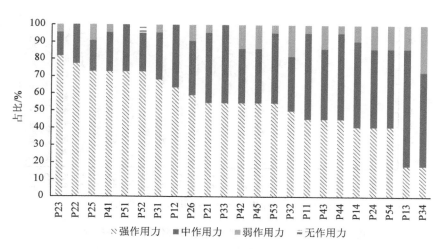

图 7-2　成长阶段环保产业促进政策强作用力大小排序

在成熟阶段，无强作用力政策；中作用力政策包括财政引导资金、行业组织支持、税收减免等 13 项政策，表明该阶段应加强园区企业信用体系建设，引导企业规范化发展，基于园区企业信用评级为环保企业提供融资担保，支持企业创新发展，加强园区企业间的合作；科技创新支持政策、人才培训平台、风险投资政策等 9 项政策作用力相对较弱（图 7-3）。

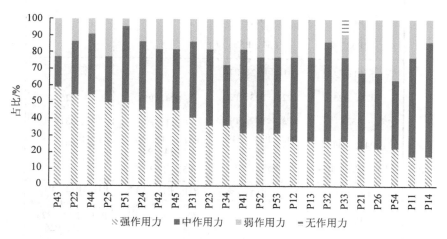

图 7-3　成熟阶段环保产业促进政策强作用力大小排序

在转型阶段，无强作用力政策；中作用力环保产业政策为园区产业发展规划、税收减免政策、信贷支持政策 3 项，表明该阶段园区应重新制定产业发展规划，引领产业转型升级发展，此外还应持续实施税收减免政策和信贷支持，降低企业经营成本，支持企业转型发展；其余政策均为弱作用力政策，包括创新创业培训教育政策、人才引进激励政策、科研经费支持政策、融资担保政策、建立创业板市场、风险投资基金、降低企业创建门槛、设立研发机构（图 7-4）。

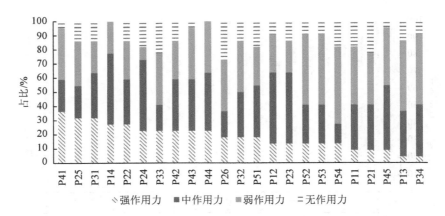

图 7-4　转型阶段环保产业促进政策强作用力大小排序

不同环保产业促进政策在园区建设发展不同时期的作用力见图 7-5。

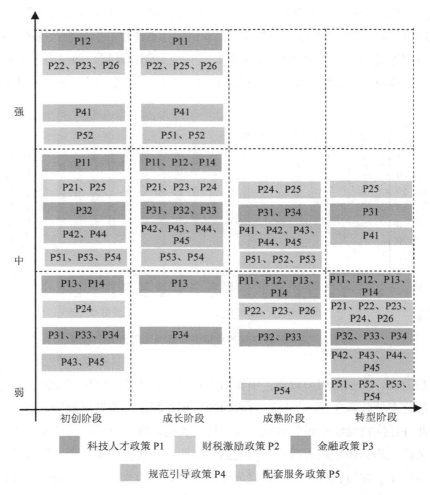

图 7-5　不同环保产业促进政策在园区建设发展不同时期的作用力

7.3.3　园区发展全过程环保产业促进政策作用力评价

构建模糊评价数学模型 $R=AF$，依据大气环保产业园发展不同阶段环保产业促进作用力矩阵评价表展开模糊综合评价模型计算，得到评价模型计算结果（表 7-4）。结果显示，大气环保产业园发展全过程中，财政引导资金、自主创新基金、税收减免政策、园区产业发展规划及园区基础设施建设等政策对产业发展促进作用最强，具体强弱程度为财政引导资金（P22）＞自主创新基金（P23）＞税收减免政策（P25）＞园区产业发展规划（P41）＞园区基础设施建设政策（P52）＞信贷支持政策（P31）＞土地优惠政策（P26）＞园区品牌创建与宣传政策（P51）＞科技创新支持政策（P12）＞创业投资基金（P33）＞创新创业孵化器和研发基地建设（P53）＞知识产权保护政策（P42）＞行业组织支持政策（P44）＞入园企业手续简化政策（P54）＞园区企业信用体系建设政策（P43）＞政府采购政策（P21）＞高层次人才吸引政策（P11）＞风险投资政策（P32）＞认证、检测、技术评价政策（P45）＞加速折旧政策（P24）＞人才服务政策（P14）＞对外贸易政策（P34）＞人才培训平台（P13）。

表 7-4　全过程作用力评价模型计算结果

政策/制度类型	编号	强	中	弱	无
科技人才政策	P11	0.39	0.44	0.15	0.02
	P12	0.52	0.37	0.10	0.01
	P13	0.16	0.50	0.29	0.05
	P14	0.28	0.51	0.21	0
财税激励政策	P21	0.39	0.41	0.17	0.03
	P22	0.65	0.24	0.09	0.02
	P23	0.65	0.23	0.11	0.02
	P24	0.31	0.42	0.24	0.02
	P25	0.62	0.22	0.15	0.02
	P26	0.55	0.26	0.15	0.03
金融政策	P31	0.57	0.29	0.12	0.02
	P32	0.38	0.41	0.18	0.03
	P33	0.47	0.39	0.09	0.05
	P34	0.17	0.46	0.36	0.01
规范引导政策	P41	0.58	0.30	0.11	0.01
	P42	0.42	0.34	0.22	0.02
	P43	0.40	0.32	0.25	0.03
	P44	0.42	0.41	0.17	0
	P45	0.32	0.42	0.24	0.02
配套服务政策	P51	0.54	0.30	0.13	0.03
	P52	0.58	0.24	0.16	0.03
	P53	0.44	0.36	0.18	0.01
	P54	0.41	0.33	0.24	0.03

在促进环保产业发展的政策中，作用力最突出的政策集中在财税激励政策上（图7-6）。在园区建设的全过程，财政引导资金、自主创新基金、税收减免政策、土地优惠政策、科技创新支持政策、信贷支持政策、园区产业发展规划、园区品牌创建与宣传9类政策对园区环保产业发展意义重大、作用突出，是促进产业创新创业的关键，须优先推出；在环保产业发展过程中，要重点推出创业投资基金、创新创业孵化器和研发基地建设、知识产权保护政策、行业组织支持政策、入园企业手续简化政策、园区企业信用体系建设等政策；其他政策。在环保产业发展过程中发挥的作用也同样不容忽视，应伴随产业发展逐步推出（图7-7）。

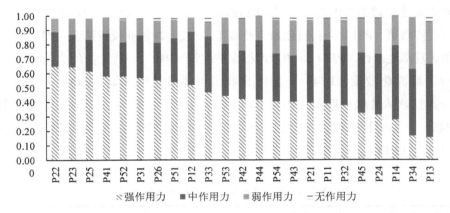

图 7-6 大气环保产业园建设过程中环保产业促进政策作用力排序

	科技人才政策	财税激励政策	金融政策	规范引导政策	配套服务政策
优先推出	科技创新支持政策	财政引导资金 自主创新基金 税收减免政策 土地优惠政策	信贷支持政策	园区产业发展规划	园区品牌创建与宣传政策 园区基础设施建设政策
重点推出			创业投资基金	知识产权保护政策 园区企业信用体系建设 行业组织支持政策	创新创业孵化器和研发基地建设政策 入园企业手续简化政策
逐步推出	高层次人才吸引政策 人才培训平台 人才服务政策	政府采购政策 加速折旧政策	风险投资政策 对外贸易政策	认证、检测、技术评价政策	

图 7-7 促进环保产业发展的政策重要程度评价

7.4　政策作用力实证评估——以国家环境服务业华南集聚区为例

为分析不同政策工具对现有环保产业园内企业的促进作用，本节通过问卷调查了解典型园区创新创业政策的实施情况。国家环境服务业华南集聚区（以下简称华南集聚区）是原环境保护部批复的国家环境服务业集聚区，自 2011 年成立以来取得了明显的成果，但也面临着集聚区发展过程中存在的典型问题。因此，本节以华南集聚区为例，对其创新创业政策的效果进行评价研究，得出华南集聚区政策重要性排序及政策实施情况特点，以为其他大气环保产业园提供参考。

7.4.1　调查方案

1．调查目的

通过问卷调查可以了解园区创新创业政策的实施情况，以及招商政策、财税政策、投资政策、人才政策、金融政策、条件平台政策和公共服务政策等工具的实施情况，分析不同政策工具对环保产业园内企业的促进作用强弱等。通过调研可以了解各项政策在实现其预期目标上的效果。政策在运行一定时期之后是否需要延续、是否需要调整、是否需要改善，这些问题的解决需要通过政策评估结果才能给出答案，即政策评估是决定产业政策前途的重要依据。

2．调查对象

环保产业园创新创业政策的调研对象涉及创业者、创新者个体，也涉及企业、高等院校、科研院所等研究机构和创新活动主体，以及服务机构、金融机构、创投机构等中介服务机构，并对社会公众产生不同程度的影响。

3．问卷量表设计

（1）指标选取

本研究选取了 5 个二级指标，分别是科技人才政策、技术创新与产业化政策、财税优惠政策、规范引导政策及配套服务政策等，并针对每个二级指标设置了若干个三级指标（表 7-5）。落实到具体园区时，根据园区的具体政策细化三级指标层。

（2）问卷设计

本研究所涉及的问卷包括 3 个部分。

前言：主要说明本次调研的目的，对相关政策进行解释，并提出被调查者在完成问卷过程中需要注意的问题。

个人基本资料：主要对调查者的职业、学历、年龄等基本信息进行收集。

主体部分：主要评估调查者对园区现有政策的制定情况。本研究采用李克特（Likert）5 级量表设计调查问卷，其中的问题均采用正向问项（表 7-6），1 分表示"完全不重要"，依此类推直到 5 分表示"非常重要"。被调研者依据实际情况对问卷各项分别给予 1~5 分评分。针对具体园区，在问卷初稿设计完成之后，先向一些学者进行预调研，再根据调研结果修改问卷以得到最终问卷，最后再进行正式调研。

表 7-5　环保产业园创新创业政策调查问卷设计

目标层	二级指标层	三级指标层	非常重要（5 分）	重要（4 分）	不一定（3 分）	不重要（2 分）	完全不重要（1 分）
大气环保产业园创新创业政策调查问卷	科技人才政策（C1）	创新创业培训教育政策（C11）					
		人才引进激励政策（C12）					
	技术创新与产业化政策（C2）	孵化器建设政策（C21）					
		技术研发项目支持政策（C22）					
		技术成果交易平台建设（C23）					
	财税优惠政策（C3）	财政引导资金支持（C31）					
		税收优惠政策（C32）					
		金融扶持政策（C33）					
		贷款担保政策（C34）					
	规范引导政策（C4）	知识产权保护政策（C41）					
		相关规划引导政策（C42）					
		认证、检测、技术评价政策（C43）					
	配套服务政策（C5）	宣贯政策（C51）					
		入园企业手续简化政策（C52）					
		创新咨询服务政策（C53）					

表 7-6　国家环境服务业华南集聚区创新创业政策评估体系

目标层	二级指标层	三级指标层	非常重要（5 分）	重要（4 分）	不一定（3 分）	不重要（2 分）	完全不重要（1 分）
国家环境服务业华南集聚区创新创业政策评估	科技人才政策（C1）	创新创业人才培育政策（C11）：对考取资格证书的环保从业人员给予补助；扶持村（居）环保顾问					
		人才引进激励政策（C12）：对高层次人才给予安置费、科技经费、信贷优惠、创业启动资金、解决子女家属入学安置					
	技术创新与产业化政策（C2）	技术研发项目支持政策（C21）：对获国家、省级技术奖的环保企业、获得高新技术企业给予资金奖励和配套支持；设置专项资金支持新技术研发					

目标层	二级指标层	三级指标层	非常重要（5 分）	重要（4 分）	不一定（3 分）	不重要（2 分）	完全不重要（1 分）
国家环境服务业华南集聚区创新创业政策评估	技术创新与产业化政策（C2）	技术产业化政策（C22）：给予资金奖励和贷款贴息					
		示范工程建设支持政策（C23）：给予资金补贴					
		技术引进与合作政策（C24）：引进先进技术，给予科技经费支持					
	财税优惠政策（C3）	环保产业发展专项资金政策（C31）：支持企业创业、技术研发、人才培育					
		科技企业和个人税收优惠政策（C32）：对科技型企业和个人实施税收优惠					
		新建企业和产业化项目贴息贷款政策（C33）：产业化过程需要贷款的银行贴息，新成立企业银行贴息					
		环保金融业支持政策（C34）：设立融资风险补偿专项子资金和创业投资，引导资金扶持中小高新技术企业、小微企业					
		新入驻企业奖励政策（C35）：给予资金奖励、土地使用资金补助					
	规范引导政策（C4）	技术标准制定（C41）：对承担国际、国家级、省级标准化单位给予资金补助					
		计量检测、技术认证、评估政策（C42）：获得计量、测量、技术认证等的给予资金奖励					
		知识产权保护政策（C43）：对企业个人申请专利发明给予补助，获得专利奖的给予资金奖励					
		金融机构奖励政策（C44）：对新设立或新迁入的银行、保险、证券类金融机构奖励					
		对知名品牌的奖励政策（C45）：认定国家、省级名牌企业给予经费补助					

目标层	二级指标层	三级指标层	非常重要（5 分）	重要（4 分）	不一定（3 分）	不重要（2 分）	完全不重要（1 分）
国家环境服务业华南集聚区创新创业政策评估	规范引导政策（C4）	企业增资创收上市兼并重组模式创新奖励政策（C46）：企业增资创收、环境服务业试点、上市、兼并重组、环境污染第三方治理等给予资金奖励，鼓励企业做大做强					
	配套服务政策（C5）	宣传推介政策（C51）：设立展示中心，安排专项资金宣传集聚区引进项目					
		环保产业促进平台（C52）：包括环境服务超市、环境服务站、环境服务队、环保顾问等					
		入园企业手续简化政策（C53）：人事、外事、公安部门简化办事程序					

4. 数据分析方法

（1）信度检验

信度分析是用来检测问卷测量的稳定性或可靠性程度的，检测问卷对同一事物进行重复测量后所得结果是否一致。按照考察对象不同，信度分析可以分为重测信度法、复本信度法、折半信度法和 α 信度系数法 4 种。目前，学界普遍采用的检测信度检验方法是 Cronbach's α 信度系数，用来测量一组同义或平行测验总和的信度，如果尺度中的所有项目都在反映相同的特质，则各项目之间应具有真实的相关存在。若某一项目和尺度中其他项目之间并无相关存在，就表示该项目不属于该尺度，应将其剔除。只要做了问卷就可以进行信度分析，以提供客观的指标。相关系数越高，相关性越高，内部一致性也越高。

Cronbach's α 系数的计算公式如下：

$$\alpha = \frac{n}{n-1}\left[1 - \frac{\sum S_i^2}{S_x^2}\right] \tag{7-1}$$

式中，α——估计的信度；

N——问卷数，份；

S_i^2——每一道题目分数的方差；

S_x^2——测验总分的方差。

（2）效度分析

效度，即测量的准确性或有效性，用来检验测量工具能否准确地测量出概念或变量的内涵。一般来说，信度和效度有紧密的联系：信度是效度的基础，没有信度的效度是不可信的，但有良好的信度并不代表有很好的效度。所以，在进行信度分析后还需要对效度进行分析。通常的效度分析包括 3 个方面，即内容效度（content validity）、表面效度（face validity）和建构效度（construct validity）。所谓内容效度，指的是内容的适合性和代表性，也就是测量内容都能够反映所要测量的行为特征或者心理特征，属于命题的一种逻辑分析。建构效度指的是量表是否能够测量出某种特质或者概念，也就是问卷中实际的测量指标能否测量出相应的变量。

7.4.2　实证研究

华南集聚区自创建以来，为了给环保企业营造良好的政策环境，促进环保企业创新发展，出台了一系列配套政策。本节梳理了自 2011 年以来华南集聚区配套出台的扶持奖励政策（表 7-7），并将政策文本分为科技人才政策、技术创新与产业化政策、财税优惠政策、规范引导政策及配套服务政策 5 个方面。通过问卷调查，共调研华南集聚区的政府、企业、科研人员 34 人，并且对问卷的信度和效度进行了检验，对调研数据进行了描述性分析。在此基础上，运用层次分析法对华南集聚区创新创业政策的效果进行了评价研究。

表 7-7　华南集聚区创新创业政策文件清单（部分）

序号	文件名称
1	《佛山市南海区促进环保产业发展扶持和奖励办法》（南府〔2011〕278 号）
2	《佛山市南海区进一步促进环保产业发展扶持和奖励办法》（南府〔2017〕25 号）
3	《佛山市南海区中小企业融资风险补偿专项子基金管理办法》
4	《佛山市南海区支持企业融资专项资金管理实施细则》
5	《佛山市南海区创新创业投资引导基金管理办法》（南府〔2016〕30 号）
6	《佛山市南海区促进优质企业上市和发展扶持办法（修订）》
7	《佛山市南海区推进专利发明工作扶持办法（修订）》（南府〔2015〕40 号）
8	《佛山市专利资助办法补充规定》（佛府办〔2014〕44 号）
9	《佛山市南海区引进培育企业紧缺适用人才暂行办法》
10	《佛山市南海区科技创新券实施管理办法》
11	《佛山市南海区人民政府关于印发佛山市南海区"北斗星计划"实施办法的通知》（南府〔2013〕95 号）
12	《佛山市南海区推进品牌战略与自主创新扶持奖励办法》（南府〔2012〕85 号）
13	《关于加快广东金融高新技术服务区建设的若干意见》
14	《佛山市南海区促进绿色照明产业发展扶持办法》（南府〔2009〕267 号）
15	《关于印发〈佛山市南海区关于加快推进广东金融高新技术服务区建设的扶持办法（修订）〉的通知》（南府〔2009〕267 号）
16	《佛山市南海区人才团队创业计划扶持办法》（南府〔2012〕9 号）

1. 调查表设计与样本特征

通过梳理国家环境服务业华南集聚区创新创业政策，本研究设计了相关调查问卷。调研前后共发放 34 份调查问卷，收回 34 份，回收率 100%，其中有效问卷 33 份，有效率为 97%。调查人员中有政府工作人员 1 人、产业协会人员 1 人、高校科研院所人员 4 人、环保企业负责人 27 人（图 7-8）。

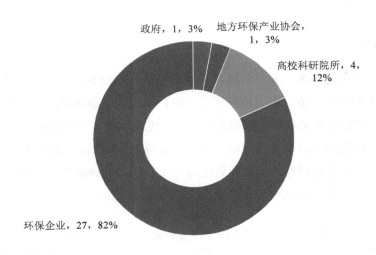

图 7-8　华南集聚区创新创业政策调查样本情况

2. 样本描述性统计

采用均值和标准差两个指标结果对样本数据进行描述性统计分析（表 7-8），各组数据均值有所差异，但标准差差异不大，数据分布比较合理（表 7-9）。

表 7-8　描述统计量

政策名称	均值	标准差	N
创新创业人才培育政策（C11）	4.52	0.712	33
人才引进激励政策（C12）	4.55	0.564	33
技术研发项目支持政策（C21）	4.42	0.792	33
技术产业化政策（C22）	4.48	0.667	33
示范工程建设支持政策（C23）	4.33	0.777	33
技术引进与合作政策（C24）	4.30	0.770	33
环保产业发展专项资金政策（C31）	4.48	0.667	33
科技企业和个人税收优惠政策（C32）	4.39	0.747	33
新建企业和产业化项目贴息贷款政策（C33）	4.18	0.683	33
中小企业金融扶持政策（C34）	4.30	0.684	33
新入驻企业奖励政策（C35）	4.27	0.761	33
技术标准制定（C41）	4.30	0.728	33

政策名称	均值	标准差	N
计量检测、技术认证、评价政策（C42）	4.06	0.788	33
知识产权保护政策（C43）	4.15	0.795	33
金融机构奖励政策（C44）	4.24	0.792	33
对知名品牌的奖励政策（C45）	3.94	0.788	33
企业增资创收、上市、兼并重组、模式创新奖励政策（C46）	4.15	0.667	33
宣传推介政策（C51）	4.30	0.637	33
环保产业促进平台（C52）	4.42	0.751	33
入园企业手续简化政策（C53）	4.30	0.770	33

表 7-9　标度统计量

均值	方差	标准差	项数
86.12	94.110	9.701	20

3. 信度检验

使用 Cronbach 的一致性系数（α 系数）分析并测量量表的内部一致性（表 7-10）。若总量表的 α 系数大于 0.8，则表明问卷信度很好；若为 0.7～0.8，则表明在可以接受的范围；若小于 0.7，则表明该量表检测的结果不可信。对数据作信度分析（表 7-11），各测试项的 CITC 值（校正的项总计相关性）全都大于 0.3，符合规定的信度要求，具有内部一致性。信度分析结果显示 Cronbach 的 α 值为 0.933，十分可信。

表 7-10　华南集聚区政策内部一致性分析

政策名称	项已删除的刻度均值	项已删除的刻度方差	校正的项总计相关性	项已删除的Cronbach 的α值
创新创业人才培育政策（C11）	81.606	87.809	0.434	0.934
人才引进激励政策（C12）	81.576	88.377	0.511	0.932
技术研发项目支持政策（C21）	81.697	84.593	0.610	0.930
技术产业化政策（C22）	81.636	84.614	0.737	0.928
示范工程建设支持政策（C23）	81.788	83.860	0.678	0.929
技术引进与合作政策（C24）	81.818	84.466	0.640	0.930
环保产业发展专项资金政策（C31）	81.636	85.801	0.636	0.930
科技企业和个人税收优惠政策（C32）	81.727	84.205	0.681	0.929
新建企业和产业化项目贴息贷款政策（C33）	81.939	87.684	0.466	0.933
中小企业金融扶持政策（C34）	81.818	86.278	0.580	0.931
新入驻企业奖励政策（C35）	81.848	84.445	0.649	0.930
技术标准制定（C41）	81.818	86.028	0.559	0.931
计量检测、技术认证、评价政策（C42）	82.061	82.496	0.768	0.927
知识产权保护政策（C43）	81.970	84.093	0.643	0.930

政策名称	项已删除的刻度均值	项已删除的刻度方差	校正的项总计相关性	项已删除的Cronbach的α值
金融机构奖励政策（C44）	81.879	83.735	0.673	0.929
对知名品牌的奖励政策（C45）	82.182	85.153	0.573	0.931
企业增资创收、上市、兼并重组、模式创新奖励政策（C46）	81.970	87.843	0.466	0.933
宣传推介政策（C51）	81.818	85.091	0.733	0.928
环保产业促进平台（C52）	81.697	84.593	0.648	0.930
入园企业手续简化政策（C53）	81.818	83.466	0.714	0.928

表 7-11　信度分析结果

Cronbach 的α值	项数
0.933	20

4. 效度分析

效度即测量的准确性或有效性，用来检验测量工具能否准确地测量出概念或变量内涵。在建构效度分析方面，采用因子分析法对本节所用量表进行分析。本节采用主成分分析法分别对各研究变量进行因子分析，以特征值大于 1 为标准萃取出因素，并以方差最大法对因子进行正交旋转（表 7-12）。如果累计解释总方差百分比达到 60% 以上，则是可以接受的。本节累计解释的总方差百分比为 76.127%，表示可以接受。

表 7-12　解释的总方差

成分	合计	初始特征值 方差/%	初始特征值 累积/%	合计	提取平方和载入 方差/%	提取平方和载入 累积/%	合计	旋转平方和载入 方差/%	旋转平方和载入 累积/%
创新创业人才培育政策（C11）	8.983	44.913	44.913	8.983	44.913	44.913	3.988	19.941	19.941
人才引进激励政策（C12）	2.016	10.082	54.995	2.016	10.082	54.995	3.454	17.270	37.210
技术研发项目支持政策（C21）	1.627	8.133	63.129	1.627	8.133	63.129	3.278	16.390	53.601
技术产业化政策（C22）	1.474	7.370	70.498	1.474	7.370	70.498	2.401	12.006	65.607
示范工程建设支持政策（C23）	1.126	5.628	76.127	1.126	5.628	76.127	2.104	10.520	76.127
技术引进与合作政策（C24）	0.799	3.997	80.124						
环保产业发展专项资金政策（C31）	0.759	3.796	83.920						
科技企业和个人税收优惠政策（C32）	0.612	3.062	86.982						
新建企业和产业化项目贴息贷款政策（C33）	0.570	2.848	89.829						
中小企业金融扶持政策（C34）	0.519	2.596	92.425						
新入驻企业奖励政策（C35）	0.344	1.721	94.146						

成分	合计	初始特征值		合计	提取平方和载入		合计	旋转平方和载入	
		方差/%	累积/%		方差/%	累积/%		方差/%	累积/%
技术标准制定（C41）	0.310	1.548	95.694						
计量检测、技术认证、评价政策（C42）	0.254	1.269	96.963						
知识产权保护政策（C43）	0.180	0.898	97.862						
金融机构奖励政策（C44）	0.131	0.654	98.515						
对知名品牌的奖励政策（C45）	0.117	0.583	99.098						
企业增资创收、上市、兼并重组、模式创新奖励政策（C46）	0.084	0.422	99.520						
宣传推介政策（C51）	0.052	0.261	99.781						
环保产业促进平台（C52）	0.034	0.171	99.952						
入园企业手续简化政策（C53）	0.010	0.048	100.000						

用方差极大法对初始因子载荷矩阵进行旋转。一般地，旋转后的因子载荷应大于 0.5，否则代表该指标对项目的解释程度比较弱；但是若因子中重复出现两个或两个以上大于 0.4 的因子载荷，则说明该项目出现多重载荷，应当调整或删除含义模糊不清的指标以提高整个指标体系的科学性和合理性。通过以上运算可以看出量表具有良好的效度。

根据问卷信效度的分析结果（表 7-13），本研究的问卷设计和调查结果合理并且有效。

表 7-13　旋转成分矩阵 a

	成分				
	1	2	3	4	5
创新创业人才培育政策 C11	0.098	0.147	0.435	−0.127	0.690
人才引进激励政策 C12	0.143	0.123	0.793	0.024	0.189
技术研发项目支持政策 C21	0.829	0.124	0.048	0.040	0.329
技术产业化政策 C22	0.841	0.259	0.164	0.154	0.128
示范工程建设支持政策 C23	0.821	0.149	0.131	0.194	0.189
技术引进与合作政策 C24	0.701	0.280	0.237	0.269	−0.186
环保产业发展专项资金政策 C31	0.531	0.121	0.529	0.051	0.207
科技企业和个人税收优惠政策 C32	0.202	0.401	0.679	0.209	0.076
新建企业和产业化项目贴息贷款政策 C33	0.161	−0.082	0.722	0.360	0.002
中小企业金融扶持政策 C34	0.051	0.332	0.699	0.181	0.141
新入驻企业奖励政策 C35	0.201	0.442	0.409	0.587	−0.158
技术标准制定 C41	0.365	0.169	0.144	0.047	0.802
计量检测技术认证评估政策 C42	0.536	0.364	0.268	0.320	0.261
知识产权保护政策 C43	0.150	0.687	0.079	0.251	0.447
金融机构奖励政策 C44	0.271	0.371	0.416	0.629	−0.154
对知名品牌的奖励政策 C45	0.260	0.315	−0.134	0.591	0.557

	成分				
	1	2	3	4	5
企业增资创收上市兼并重组模式创新奖励政策 C46	0.178	−0.016	0.180	0.865	0.080
宣传推介政策 C51	0.514	0.629	0.114	0.170	0.161
环保产业促进平台 C52	0.183	0.896	0.186	0.019	0.156
入园企业手续简化政策 C53	0.305	0.823	0.261	0.083	0.057

注：提取方法为主成分分析法。旋转法为具有 Kaiser 标准化的正交旋转法。

5. 结果分析

通过对调查问卷进行统计分析，得出各项政策的重要性排序。

对华南集聚区建设非常重要的政策排序（图 7-9）：创新创业人才培育政策（C11）＞技术研发项目支持政策（C21）＞人才引进激励政策（C12）＞技术产业化政策（C22）＞环保产业发展专项资金政策（C31）＞环保产业促进平台（C52）＞示范工程建设支持政策（C23）＞科技企业和个人税收优惠政策（C32）＞技术引进与合作政策（C24）＞入园企业手续简化政策（C53）＞新入驻企业奖励政策（C35）＞技术标准制定（C41）＞金融机构奖励政策（C44）＞中小企业金融扶持政策（C34）＞知识产权保护政策（C43）＞新建企业和产业化项目贴息贷款政策（C33）＞计量检测、技术认证、评价政策（C42）＞企业增资创收、上市、兼并重组、模式创新奖励政策（C46）＞对知名品牌的奖励政策（C45）。

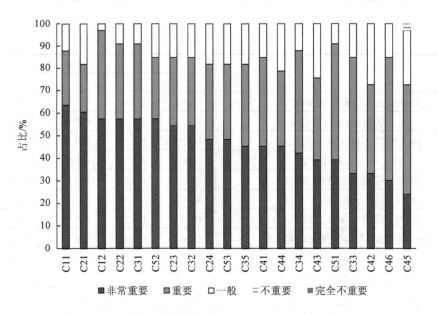

图 7-9　华南集聚区建设非常重要的政策排序

华南集聚区建设政策的综合排序（图 7-10）：人才引进激励政策（C12）＞创新创业人才培育政策（C11）＞技术产业化政策（C22）＞环保产业发展专项资金政策（C31）＞技术

研发项目支持政策（C21）＞环保产业促进平台（C52）＞示范工程建设支持政策（C23）＞科技企业和个人税收优惠政策（C32）＞技术引进与合作政策（C24）＞中小企业金融扶持政策（C34）＞技术标准制定（C41）＞宣传推介政策（C51）＞入园企业手续简化政策（C53）＞新入驻企业奖励政策（C35）＞金融机构奖励政策（C44）＞新建企业和产业化项目贴息贷款政策（C33）＞知识产权保护政策（C43）＞企业增资创收、上市、兼并重组、模式创新奖励政策（C46）＞计量检测、技术认证、评价政策（C42）＞对知名品牌的奖励政策（C45）。

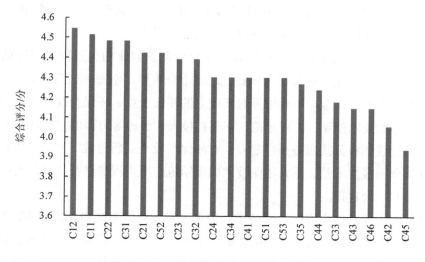

图 7-10　华南集聚区建设政策综合排序

通过分析，国家环境服务业华南集聚区各项政策实施情况具有以下特点。

一是发挥作用较强的政策重点在产业创新创业的种子期、产业化阶段及初创期提供支持，而对于成长期企业做大做强的政策作用相对较弱。集聚区建成以来，人才政策、财税优惠政策、配套服务政策等在集聚区建设初期起了重要的作用。根据调查统计结果，有 50% 以上的调查者认为人才引进激励与培育政策、技术产业化政策、环保产业发展专项资金政策、环保产业促进平台、示范工程建设支持政策、科技企业和个人税收优惠政策对企业的创新创业影响比较大，这些政策主要在集聚区建设初期企业的入驻与孵化方面提供支持，而对于推动企业做大做强的政策，如给予中小企业或创新型企业提供贷款支持、政府采购等政策出台较少。

二是高度重视人才引进，提升了集聚区创新能力。根据调查结果，96.97% 的调查者认为人才引进政策在集聚区的建设过程中发挥着重要的作用。目前的人才引进政策主要支持处于创新创业种子期的企业，以人才引进激励与培育政策和科研经费扶持为主，如重点鼓励设立院士工作室/工程技术研究中心、给予创新团队核心成员落户安置费、子女入学、家属安置、个人所得税优惠、科研经费资助等方面的支持，高度重视创新型人才，奖励企业与高校或科研院所开展产学研合作，对对外引进与对外合作的技术合作项目给予经费支持，并对获得国家、省、市科技经费支持的环保项目给予配套奖励，从而带动集聚区的创新能力。

三是支持新技术应用、成果转化与示范工程建设，注重减排效果。根据调查结果，约有 90.91%、81.32%和 84.85%的调查者认为技术研发项目支持政策、示范工程建设支持政策和技术研发项目支持政策对推动集聚区企业技术创新与产业化起到了重要的作用。这些政策主要支持环保企业的技术产业化阶段，如对在产业化过程中需要贷款的环保企业给予银行贴息支持，每年安排一定额度的创新券支持小微企业创新创业，依据节能、减排效果，采用后补助的方式支持采用新模式、新技术的示范工程建设。

四是财政资金支持与平台建设内容贯穿于企业创新创业的全过程。根据调查，约有 90.91%的调查者认为环保产业发展专项资金政策十分重要。南海区先后设立了 20 亿元的促进环保产业发展专项资金，主要用于对新成立的环保企业、环保企业做大做强、环境服务模式创新、环境技术创新、工程示范、环保科技人才引进等方面的扶持和奖励，以及支持集聚区的产业载体和公共服务平台建设。对环保产业企业新进驻、上市、贷款贴息、合同环境管理与合同减排示范、重大环保技术成果示范应用工程等进行扶持，支持集聚区的产业载体和公共平台建设。

国家环境服务业华南集聚区应围绕增强集聚区发展动力为核心，以环境服务业提质增量为主线，基于南海发展环境服务业的基础，大力培育技术与模式、金融与贸易、政策与机制"三大特色"，全面提升环境服务业发展动力、能力、活力、潜力、魅力"五大竞争力"。具体措施包括 3 个方面：①依托现有环保产业落户的企业基础，打造广东省环保技术展示体验中心，加强高技术研发与创新创业孵化平台建设，强化环境技术与产品认证服务，强化产业发展动力；②通过鼓励设立环保产业基金，创新环保产业融资担保方式，进一步打造"环境服务超市"等途径，大力发展环境金融服务，增强产业发展活力；③充分发挥政府引导、扶持和激励作用，建立环保产业发展政府性引导基金，研究制定按效付费等政策机制，增强产业发展潜力，强化南海品牌形象的树立，将集聚区打造成为我国环境服务业发展政策的改革区。

7.5 创新创业政策制度链研究

政策链的概念是基于"链"理论、系统学理论、政策科学理论提出来的。它与"供应链"、"价值链"和"产业链"等链理论有着密切的联系。目前，机制政策链还没有形成统一的概念，国外相关研究甚少，国内一些学者在低碳经济、汽车工业、城市设计等领域进行了一些探索。蒋海勇认为，政策链是公共权力机关或社团组织为了解决公共问题、达成公共目标而选择（或制定）的各种方案，按照彼此之间的政策关联性而构成相互促进、协调统一的链状系统。李武军等认为，政策链是以政策的整体性为制定的出发点，在政策制定时就综合权衡各项政策的纵向关系与横向关系，纵向结构上使各子系统的政策相互衔接，在横向结构上使各分系统的政策相互协调，有效克服了单个政策的孤立性与局限性，形成了各项政策在时序上相互衔接、层次上相互配套、内容上相互补充的政策链系统。蒋海勇等根据发展低碳经济所采取的财政政策情况，构建了低碳经济的财政政策链状结构，并提出制定发展低碳经济的财政总体规划、充实具体政策、加强政策横向协同等建议。李武军等根据政策链的基本理论范式和我国低碳经济发展的实际和政策实施经验设计了低碳经济发展政策链，提出了政策链优化建议。宋丹妮等运用解释结构模型构建了汽车工业系统的政策链，分层次找出影响政府对汽车产业管理绩效的政策链。促进环保产业发展的环境政策制度链是由一系列推动环保产业发展的环境政策制度相互衔接、相互补充构成的功能系统、内容全面的政策链条。

选择系统动力学的解释结构模型法作为研究工具，建立促进园区环保产业发展的政策链解释结构模型，得到促进大气环保产业园创新创业政策不同层次的分布，通过不同的路径和方式在环保产业园建设过程中产生促进作用。

7.5.1　解释结构模型构建

1.　建立邻接矩阵

邻接矩阵 A 描述了系统各政策两两之间的直接关系。若在矩阵 A 中第 i 行的政策至第 j 列的政策 $a_{ij}=1$，则表明节点政策有直接关系；若 $a_{ij}=0$，则表明节点政策之间没有影响关系。以促进环保产业发展的各项政策制度的总体结构及内在关联性图为基础，通过对 23 项政策间的两两直接关系进行分析，建立邻接矩阵 A：

$$
\begin{bmatrix}
1 & 1 & 0 & 0 & 0 & 1 & 1 & 0 & 0 & 1 & 0 & 0 & 0 & 0 & 0 & 0 & 0 & 0 & 1 & 0 & 0 & 1 & 0 \\
0 & 1 & 0 & 0 & 1 & 1 & 1 & 0 & 0 & 0 & 0 & 0 & 0 & 0 & 1 & 0 & 0 & 1 & 0 & 0 & 0 & 0 & 0 \\
0 & 0 & 1 & 0 & 0 & 0 & 0 & 0 & 0 & 0 & 0 & 0 & 0 & 0 & 0 & 0 & 0 & 0 & 0 & 0 & 0 & 0 & 0 \\
0 & 0 & 0 & 1 & 0 & 0 & 0 & 0 & 0 & 0 & 0 & 0 & 0 & 0 & 0 & 0 & 0 & 0 & 0 & 0 & 0 & 0 & 0 \\
0 & 0 & 0 & 0 & 1 & 0 & 0 & 0 & 0 & 0 & 0 & 0 & 0 & 0 & 0 & 0 & 0 & 0 & 0 & 0 & 0 & 0 & 0 \\
1 & 1 & 0 & 0 & 1 & 1 & 1 & 0 & 0 & 1 & 1 & 0 & 0 & 0 & 0 & 0 & 0 & 0 & 0 & 1 & 1 & 0 \\
0 & 1 & 0 & 0 & 0 & 0 & 1 & 0 & 0 & 0 & 0 & 1 & 1 & 0 & 0 & 0 & 0 & 0 & 0 & 0 & 1 & 0 \\
0 & 0 & 0 & 0 & 0 & 0 & 0 & 1 & 0 & 0 & 0 & 0 & 0 & 0 & 0 & 0 & 0 & 0 & 0 & 0 & 0 & 0 & 0 \\
0 & 0 & 0 & 0 & 0 & 0 & 0 & 1 & 0 & 0 & 0 & 0 & 0 & 0 & 0 & 0 & 0 & 0 & 0 & 0 & 0 & 0 & 0 \\
0 & 0 & 0 & 0 & 0 & 0 & 0 & 0 & 1 & 0 & 0 & 0 & 0 & 0 & 0 & 0 & 0 & 0 & 0 & 0 & 0 & 0 & 0 \\
0 & 1 & 0 & 0 & 0 & 0 & 1 & 0 & 0 & 0 & 0 & 0 & 1 & 0 & 0 & 0 & 0 & 0 & 0 & 0 & 0 & 0 & 0 \\
0 & 0 & 0 & 0 & 0 & 0 & 0 & 0 & 0 & 0 & 0 & 0 & 0 & 0 & 1 & 0 & 0 & 0 & 0 & 0 & 0 & 0 & 0 \\
\end{bmatrix}
$$

```
1 1 1 1 1 1 1 0 1 1 1 1 1 1 1 1 1 1 1 1 1 1 1 1 1
0 0 0 0 0 0 0 0 0 0 0 0 0 0 0 0 1 0 0 0 0 0 0 0 0
0 0 0 0 0 0 0 0 1 0 1 0 0 0 0 0 0 1 0 0 0 0 0 0 0
0 0 0 0 0 0 0 0 0 0 0 0 0 0 1 1 1 1 1 0 0 0 0 0 0
0 0 0 0 1 1 1 1 1 0 0 0 0 0 0 0 0 0 1 0 0 0 0 0 0
0 0 0 0 0 0 0 0 0 0 0 0 0 0 0 0 0 0 1 0 0 0 0 0 0
1 1 1 1 1 1 1 0 1 1 1 1 1 1 1 0 1 1 1 1 1 1 1 1 1
0 0 0 0 0 0 0 0 1 0 0 0 0 0 0 0 0 0 0 1 0 0 0 0 0
1 0 0 0 0 0 0 0 0 0 0 0 0 0 0 0 0 0 0 0 0 0 0 0 1
```

2. 构建可达矩阵

根据邻接矩阵，基于推移率定律进行运算，可获得 A 的可达矩阵。可达矩阵运算规则：设 $A_1=(A+I)^1, A_2=(A+I)^2, \cdots, A_n=(A+I)^n$，运用布尔代数运算规则（0+0=0，0+1=1，1+0=0，1+1=1，0×0=0，0×1=0，1×0=0，1×1=1），循环计算直至 $A_r=A_{r+1}$，利用 Matlab 软件对矩阵 $(A+I)$ 进行幂运算，可得可达矩阵 R：

```
1 1 1 1 1 1 1 1 1 1 1 1 1 1 1 0 1 1 1 1 1 1 1 1 1
1 1 1 1 1 1 1 1 1 1 1 1 1 1 1 0 1 1 1 1 1 1 1 1 1
0 0 1 0 0 0 0 0 0 0 0 0 0 0 0 0 0 0 0 0 0 0 0 0 0
0 0 0 1 0 0 0 0 0 0 0 0 0 0 0 0 0 0 0 0 0 0 0 0 0
0 0 0 0 1 0 0 0 0 0 0 0 0 0 0 0 0 0 0 0 0 0 0 0 0
1 1 1 1 1 1 1 1 1 1 1 1 1 1 1 0 1 1 1 1 1 1 1 1 1
1 1 1 1 1 1 1 1 1 1 1 1 1 1 1 1 1 1 1 1 1 1 1 1 1
0 0 0 0 0 0 0 1 0 0 0 0 0 0 0 0 0 0 0 0 0 0 0 0 0
0 0 0 0 0 0 0 0 1 0 0 0 0 0 0 0 0 0 0 0 0 0 0 0 0
0 0 0 0 0 0 0 0 0 1 0 0 0 0 0 0 0 0 0 0 0 0 0 0 0
0 0 0 0 0 0 0 0 0 0 1 0 0 0 0 0 0 0 0 0 0 0 0 0 0
0 0 0 0 0 0 0 0 0 0 0 1 0 0 0 0 0 0 0 0 0 0 0 0 0
1 1 1 1 1 1 1 1 1 1 1 1 1 1 1 0 1 1 1 1 1 1 1 1 1
0 0 0 0 0 0 0 0 0 0 0 0 0 1 0 0 0 0 0 0 0 0 0 0 0
1 1 1 1 1 1 1 1 1 1 1 1 1 1 1 1 1 1 1 1 1 1 1 1 1
0 0 0 0 0 0 0 0 0 0 0 0 0 0 0 0 1 0 0 0 0 0 0 0 0
1 1 1 1 1 1 1 1 1 1 1 1 1 1 1 0 1 1 1 1 1 1 1 1 1
1 1 1 1 1 1 1 1 1 1 1 1 1 1 1 0 1 1 1 1 1 1 1 1 1
0 0 0 0 0 0 0 0 0 0 0 0 0 0 0 0 0 0 0 1 0 0 0 0 0
1 1 1 1 1 1 1 1 1 1 1 1 1 1 1 0 1 1 1 1 1 1 1 1 1
0 0 0 0 0 0 0 0 1 0 0 0 0 0 0 0 0 0 0 0 0 0 0 1 0
1 1 1 1 1 1 1 1 1 1 1 1 1 1 1 0 1 1 1 1 1 1 1 1 1
```

从可达矩阵 **R** 看出，P11、P12、P22、P23、P33、P44、P45、P52、P54 的行列相同，去掉重复行列，仅保留 P11 所在行列，得到缩减矩阵 **R′**：

$$
\begin{bmatrix}
1 & 1 & 1 & 1 & 1 & 1 & 1 & 1 & 1 & 1 & 0 & 1 & 1 & 1 & 1 \\
0 & 1 & 0 & 0 & 0 & 0 & 0 & 0 & 0 & 0 & 0 & 0 & 0 & 0 & 0 \\
0 & 0 & 1 & 0 & 0 & 0 & 0 & 0 & 0 & 0 & 0 & 0 & 0 & 0 & 0 \\
0 & 0 & 0 & 1 & 0 & 0 & 0 & 0 & 0 & 0 & 0 & 0 & 0 & 0 & 0 \\
0 & 0 & 0 & 0 & 1 & 0 & 0 & 0 & 0 & 0 & 0 & 0 & 0 & 0 & 0 \\
0 & 0 & 0 & 0 & 0 & 1 & 0 & 0 & 0 & 0 & 0 & 0 & 0 & 0 & 0 \\
0 & 0 & 0 & 0 & 0 & 0 & 1 & 0 & 0 & 0 & 0 & 0 & 0 & 0 & 0 \\
0 & 0 & 0 & 0 & 0 & 0 & 0 & 1 & 0 & 0 & 0 & 0 & 0 & 0 & 0 \\
0 & 0 & 0 & 0 & 0 & 0 & 0 & 0 & 1 & 0 & 0 & 0 & 0 & 0 & 0 \\
0 & 0 & 0 & 0 & 0 & 0 & 0 & 0 & 0 & 1 & 0 & 0 & 0 & 0 & 0 \\
1 & 1 & 1 & 1 & 1 & 1 & 1 & 1 & 1 & 1 & 1 & 1 & 1 & 1 & 1 \\
0 & 0 & 0 & 0 & 0 & 0 & 0 & 0 & 0 & 0 & 0 & 1 & 0 & 0 & 0 \\
0 & 0 & 0 & 0 & 0 & 1 & 0 & 1 & 0 & 0 & 0 & 0 & 1 & 0 & 0 \\
0 & 0 & 0 & 0 & 0 & 0 & 0 & 0 & 0 & 0 & 0 & 0 & 0 & 1 & 0 \\
0 & 0 & 0 & 0 & 0 & 0 & 1 & 0 & 0 & 0 & 0 & 0 & 0 & 0 & 1
\end{bmatrix}
$$

3. 层次化处理

分析缩减矩阵 **R′**，将与要素 S_i 有关的要素集中起来，定义为要素 S_i 的可达集合 $R(S_i)$；同理，到达要素 S_i 的要素构成 S_i 的先行集和 $A(S_i)$，其中 $R(S_i)=\{S_j \,/\, S_j \in S,\ m_{ij}=1\}$，$A(S_i)=\{S_j \,/\, A_j \in S,\ m_{ji}=1\}$。

假设一个多级结构的最上一级节点为 S_i，那么它的可达集 $R(S_i)$ 中只能包含它本身和它同级的某些节点（互为可达）。另外，最上级节点 S_i 的前因集 $A(S_i)$ 应包含 S_i 本身和结构中所有可能到达 S_i 的节点。因此，如果 S_i 是最上一级节点，它必须满足条件：

$$
R(S_i) = R(S_i) \bigcap A(S_i)
$$

由此可得到各要素的可达集迭代一（表 7-14）。

表 7-14　可达集迭代一

i	$R(i)$	$A(i)$	$R(i) \cap A(i)$	层次
1	P11，P13，P14，P21，P24，P25 P26，P31，P32，P34，P42，P43 P51，P53	P11，P41	P11	
3	P13	P11，P13，P41	P13	I
4	P14	P11，P14，P41	P14	I
5	P21	P11，P21，P41	P21	I
8	P24	P11，P24，P41	P24	I

i	$R(i)$	$A(i)$	$R(i) \cap A(i)$	层次
9	P25	P11，P25，P41，P43	P25	I
10	P26	P11，P26，P41，P53	P26	I
11	P31	P11，P31，P41，P43	P31	I
12	P32	P11，P32，P41	P32	I
14	P34	P11，P34，P41	P34	I
15	P11，P13，P14，P21，P24，P25 P26，P31，P32，P34，P41，P42 P43，P51，P53	P41	P41	
16	P42	P11，P41，P42	P42	I
17	P25，P43	P11，P41，P43	P43	
20	P51	P11，P41，P51	P51	I
22	P26，P53	P11，P41，P53	P53	

由于要素 P13、P14、P21、P24、P25、P26、P31、P32、P34、P42 与 P51 的可达集与交集相同，因此它是解释结构模型的顶层，处于第一层。去掉这些要素所在的行列，形成新的可达集和先行集关系（表 7-15）。

表 7-15　可达集迭代二

i	$R(i)$	$A(i)$	$R(i) \cap A(i)$	层次
1	P11，P43，P53	P11，P41	P11	
15	P11，P41，P43，P53	P41	P41	
17	P43	P11，P41，P43	P43	II
22	P53	P11，P41，P53	P53	II

由于 P43 与 P53 的可达集与交集相同，因此 P43 与 P53 是解释结构模型的第 II 层次的要素，处于第二层。去掉这些要素所在的行列，形成新的可达集和先行集关系（表 7-16）。

表 7-16　可达集迭代三

i	$R(i)$	$A(i)$	$R(i) \cap A(i)$	层次
1	P11	P11，P41	P11	III
15	P11，P41	P41	P41	IV

4. 解释结构模型的建立

由级别划分结构构建出促进大气环保产业园创新创业发展的政策制度链结构（图 7-11）。

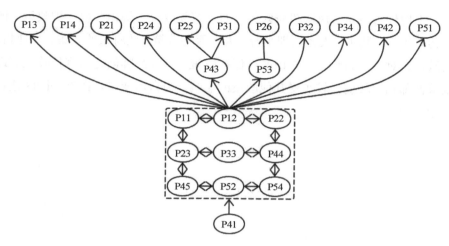

图 7-11　促进大气环保产业园创新创业发展的政策制度链结构

7.5.2　解释结构模型分析

促进大气环保产业园创新创业发展的政策共分为四个层次。各个层次政策之间紧密联系，通过不同的路径和方式在环保产业园建设过程中产生促进作用。通过建立解释结构模型，各项政策之间的内在关系、重要程度一目了然。

第四层政策是促进环保产业园发展的根本因素，是园区建设首要制定的政策。园区的产业发展规划是指导未来一个时期园区健康发展的行动纲领，只有通过制定合理有效、可操作性强的园区发展规划，明确产业布局、产业结构、发展方向、招商引资、土地开发、运营管理及促进政策措施，才能推进园区建设和园区经济的健康、快速发展。

第三层政策是园区建设初期亟须制定的政策，政策之间应当统筹协调。亟须制定的政策包括高层次人才吸引政策，科技创新支持政策，财政引导资金，自主创新基金，创业投资基金，行业组织支持政策，认证、检测、技术评价政策，园区基础设施建设政策，入园企业手续简化政策，这些政策相互影响、相互支持，关联性较大，应当同时制定并实施。

第二层政策是园区关键政策制定的衔接政策，具有承上启下的作用。该层政策包括园区企业信用体系建设政策、创新创业孵化器和研发基地建设政策。由于轻资产、高风险、规模小、缺少抵押物等导致大部分中小型环保企业融资困难，阻碍了企业的快速发展，园区通过制定企业信用体系建设政策建立信用信息数据库，以工商、税务信息和企业信用评级为基础，为金融机构在选择服务对象时提供参考，为税务部门落实税收优惠政策提供依据。此外，基于创新创业孵化器和研发基地建设政策，为中小科技型环保企业入驻孵化器和研发基地提供土地优惠政策或租金减免政策及前提条件。

第一层政策是园区发展过程中的重要政策，是影响园区发展最直接的政策。该层政策包括人才培训平台、人才服务政策、政府采购政策、加速折旧政策、税收减免政策、信贷支持政策、土地优惠政策、风险投资政策、对外贸易政策、知识产权保护政策、园区品牌创建与宣传政策等。其中，人才培训平台、人才服务政策、政府采购政策、加速折旧政策、风险投资政策、对外贸易政策、知识产权保护政策、园区品牌创建与宣传政策等政策的驱动力和依赖性都相对较弱，较少受其他政策的影响，为自治变量，在推进园区建设发展过程中应单独考虑。

第**8**章 | 成长期环保产业园政策创新——南海案例

8.1 建设概况与发展阶段特征分析

8.1.1 园区建设概况

1. 园区发展宏观环境

随着我国经济发展进入结构性改革转型期，环境治理也迈入了全面整治攻坚阶段，"十三五"期间，我国生态环境保护机遇与挑战并存，既是负重前行、大有作为的关键期，也是实现质量改善的攻坚期、窗口期，环保产业迎来了新的发展机遇和前景。环保产业园作为环保产业发展和创新创业的重要载体，对推进环保产业发展起到了重要的推动作用。目前，我国已形成一定产业规模的环保产业聚集区及专业产业园区，由国家环境保护主管部门及各省批准建设的国家级、省级园区共45家，各地政府高度重视产业园建设，积极出台扶持政策措施，为环保产业发展营造良好的外部环境和政策条件。

广东省作为环保产业大省，环保产业年收入总额在全国排名第三，环保产业生产总值占全国环保产业生产总值的9.7%。"十三五"期间，广东省环境保护工作主要围绕促进区域经济环境协调发展、为国家重点城市群空气质量达标改善树立标杆、初步建立跨界河流污染治理模式、推动区域整治和重污染行业转型升级、完善环境保护机制体制等方面开展，2020年实现主要污染物排放持续稳定下降、大气环境质量持续改善、水环境质量全面提升、土壤环境质量总体保持稳定、生态系统服务功能增强、环境风险得到有效管控、环境监管能力显著提升等目标。

粤港澳大湾区建设作为国家重要战略部署，对标国际一流湾区生态环境质量和治理水平，实施最严格的生态环境保护制度，深化粤港澳环保交流合作，2019年2月中共中央、国务院印发《粤港澳大湾区发展规划纲要》，专门提出"加强粤港澳生态环境保护合作，共同改善生态环境系统"。目前，粤港澳大湾区已经建立以《深化粤港澳合作 推进大湾区建设框架协议》为基础、以联席会议为核心的合作机制，通过粤港、粤澳环保合作小组及其下设的专责（项）小组，落实执行相关环境合作规划、协议和行动方案；同时，开展具体的环境合作项目，如"粤港澳珠江三角洲区域空气监测网络""清洁生产伙伴计划项目""粤港碳标签合作"等。2035 年，粤港澳大湾区将形成以创新为主要支撑的经济体系和发展模式，资源节约集约利用水平显著提高，生态环境得到有效保护，宜居宜业宜游的国际一流湾区全面建成。

广东省佛山市以制造业为支柱产业，经济发达，2018 年实现地区生产总值 9 935.88 亿元。其产业结构以制造业为主，机械制造、金属加工、建筑陶瓷、纺织服装、家电五金等行业在全省乃至全国都占有重要的市场份额。但是，这种高能耗、高污染、资源消耗型的经济发展模式已不利于佛山市经济的高质量发展。为准确地把握环保产业发展的机遇，推动佛山经济高质量发展，佛山市政府对环保产业的发展进行政府引导，大力发展环保产业，支持洁净技术与产品、资源综合利用、环保产品和设备制造等行业发展，逐步将环保产业培育成新兴的相对独立的支柱产业。

2. 园区地理位置及交通条件

华南集聚区是原环境保护部批复成立的国家级环境服务业集聚区，位于佛山市南海区。南海区位于珠江三角洲腹地，毗邻香港、澳门，地理位置优越，处于北纬 22°48′03″～23°19′00″、东经 112°49′55″～113°15′47″，东连广州市，并与番禺区隔江相望；西与三水、高明两区交界；南邻顺德区，并与鹤山、新会两市隔江相望；北与花都、三水两区相交；中南部与禅城区环形接壤。南海区处于广佛同城的核心位置，是广佛肇都市圈的中心节点之一。南海区所在的珠三角是中国改革的最前沿地区，具有雄厚的经济实力和蓬勃的发展活力，逐渐形成了世界级的城镇群。

南海区地处广佛都市圈核心区，是华南地区的物流枢纽，交通网络四通八达。随着广佛地铁、广州新客站、佛山新客站、广珠铁路丹灶货运站、南番大道等促进广佛交通一体化的重大工程的建设，珠江三角洲形成了一小时城市核心圈的交通网络；南海区与广州市实现公交、通信和路网"小三通"，形成了"东融广州、西连中心"的发展格局；南海区毗邻广州白云机场、广州南站，广佛地铁的开通及荔湾—南海同城化合作示范区的建设加快了广佛同城的发展，全面打通了广佛市场。

南海区地理位置优越，交通网络建设完善，交通四通八达，对广佛同城、广佛肇经济圈、珠三角经济圈、粤港澳大湾区的发展具有重要的带动作用。

3. 园区服务平台建设现状

华南集聚区大力培育技术与模式、金融与贸易、政策与机制"三大特色"，建设环境服务模式、环境服务政策、环境服务产业"三大高地"。根据园区发展规划，华南集聚区已形成核心园区四配套基地的发展布局，以瀚天科技城为核心园区，以国家生态工业示范基地、广东金融高新技术服务基地、广东新光源产业基地、产业服务人才培养基地为配套发展基地。核心园区瀚天科技城总用地面积约为 330 亩[①]，建筑面积约为 50 万 m^2，已搭建功能体系完善的环保产业促进平台，为当地环保行业提供了有效的公共服务。目前，当地政府通过政府引导、市场运作方式进行园区的建设、管理与运营，园区服务平台的建设取得了良好的成效，现已建成十二大功能中心，包括环境服务超市、村级工业区环保服务站、解决方案中心、对外合作交流中心、教育培训中心、环境技术检测和认证中心、企业服务与招商中心、企业孵化中心、科技金融合作中心、信息发布中心、产业研究中心、展示中心，为南海区的企业及环保产业的发展提供了全方位的服务，推动了南海区的生态文明建设，助力南海区打造美丽城区。

（1）园区服务政策配套

在村级工业园环境综合整治方面，2016 年南海区政府出台《佛山市南海区环境保护局关于印发南海区村（居）环境服务站建设试点工作指引的通知》（南环〔2016〕57 号）、《佛山市南海区人民政府办公室关于印发佛山市南海区村级工业区环境服务工作方案（2016—2020 年）的通知》（南府办函〔2016〕128 号）、《佛山市南海区环境保护局关于探索第三方环境服务新体系的报告》（南环〔2016〕79 号）等政策，充分利用南海区环保产业发展基础，通过购买环境服务助推村级工业区环保升级的方式，以村级工业区环境服务为落脚点，建立线上平台（环境服务超市）、线下站点（环境服务站）、牵线搭桥（环境服务队）、专业力量（环保顾问的专业化环境服务）新体系。

在企业扶持和奖励方面，2017 年南海区政府印发《佛山市南海区进一步促进环保产业发展扶持和奖励办法》，设立 5 亿元的专项扶持资金，重点对新成立的环保企业、环保企业做大做强、环境污染第三方治理、环保技术研发与引进、环保人才培育、环保企业项目融资、环保产业发展氛围等方面进行创新性扶持和奖励，支持华南集聚区的产业载体和公共服务平台建设。同时，依据《佛山市南海区人民政府办公室关于印发佛山市南海区村级工业区环境服务工作方案（2016—2020 年）的通知》《佛山市南海区村级工业区环境整治专项资金奖励办法》，对在村级工业区环境整治中取得突出成绩的环保企业给予扶持奖励。

在环境治理方面，2018 年南海区政府出台《佛山市南海区环境保护扶持奖励办法》（南府办〔2018〕34 号），设立环境保护扶持奖励专项资金，由区财政在每年 3 月底前安排预算 6 000 万元用于环境治理项目奖励，进一步推动企业落实环境治理主体责任，切实降低企业环境治理成本，有效提升企业环境治理水平，鼓励企事业单位、社会组织和个人主动参与环境治理。奖励范围包括大气污染防治技改项目、污染物集中治理项目、环境监管能力提升项目、环境管理水平提升项目、废水污染防治水平提标改造项目、工业危险废物收集转运项目、其他污染防治示范项目等。

---

① 1 亩=1/15 hm²。

（2）园区企业发展情况

2011 年 6 月，环境保护部批复成立华南集聚区，全国首个以发展环境服务业为主题的国家级示范园区落户佛山市南海区。2017 年 7 月，经过近 6 年的发展和建设，华南集聚区产业集聚已到达一定的规模，引入优质的环保企业达到 150 家，其中，3 家在创业板上市、3 家在新三板挂牌、2 家在广东省股权交易中心挂牌。入驻华南集聚区的企业年产值达到 60 亿元，业务涵盖环境检测认证、方案解决、咨询培训、技术研发、工程设计、清洁能源开发等，随着园区企业的不断发展，当地环保产业从最初的解决工业城市污染需求逐渐拓展延伸到土壤修复、固体废物处置、工业节能生产改造等领域。同时，华南集聚区高度重视技术合作，园区企业与日本早稻田大学、关西亚洲环保产业联盟等建立了长期稳定的交流合作关系，已促成南海 VOCs 实时监控机试验项目、佛山和源活性炭项目、污水处理厂节能改造项目等落地，华南集聚区产业集聚效应逐渐形成，有力地推动了当地环保产业的发展。

8.1.2　园区发展阶段特征

产业集聚作为一种有效的区域经济发展模式，由于受政策变化、产业发展和产业转移、技术和社会进步、区域环境、资源条件、市场竞争等各方面的综合影响，必然存在一个持续发展的演化过程，即产业集聚的生命周期。环保产业园作为环保产业集聚的载体，按照产业集聚的生命周期特点可分为起步、成长、成熟、转型四个不同的阶段。目前，华南集聚区经过近 8 年的发展，对南海区当地的环保产业发展起到了明显的促进作用，正处于园区发展的第二个阶段，即成长阶段。华南集聚区的发展呈现以下特征：

一是已培育形成环保行业龙头，龙头企业的成功发展带动其他地区的环保企业向园区快速集聚，开始产生产业集聚效应，园区规模迅速扩大；

二是具有良好的产业创新环境、配套环境、合作网络环境，企业间的合作活动明显增多，企业合作共赢的氛围浓厚；

三是随着企业间的合作与竞争活动的增加和创新活动的加剧，集聚各种服务机构的需求也越发强烈，园区迅速集聚了研究机构、培训机构、行业协会、中介机构等各种服务支撑机构，逐步形成了完善的服务支撑体系；

四是产业服务领域快速拓展，对上中下游产业链具有良好的产业支撑和配套条件，逐渐形成了稳定的主导产业；

五是园区内企业发展态势良好，开始形成专业化的产品、技术、服务市场，企业的营业收入总额、利润、税收缴纳及就业率方面表现出高增长率的特征；

六是在满足本地市场的同时，园区内企业对外交流的合作意识明显提高，对外合作交流活动明显增多，企业活力不断增强，产业集聚开始产生外部辐射效应。

8.2　发展问题与政策需求分析

8.2.1　园区发展问题分析

华南集聚区结合南海区发展环境服务业的优势，总体采取"四步走"的发展思路和策略，按照起步、成长、发展、转型"四步走"培育计划，大力打造环境服务模式高地、环境服务政策高地、环境服务产业高地三大核心竞争力。目前，园区的发展处于成长阶段，园区产业集聚效应开始形成，对南海区当地的环保产业发展起到了明显的促进作用，但并没有达到建设初期设定的"四步走"培育计划进度要求，园区进一步培育、发展与集聚要素市场短缺之间的矛盾日益凸显。

一是园区公共服务能力不强，不足以支撑企业发展。华南集聚区采用政府主导、市场运作的运营模式，缺乏专业的管理机构，管理上存在许多掣肘，管理体系建立方面与国家级产业园区招牌不匹配，未能给园区企业提供更好的管理服务；虽已建立环境服务超市、村级工业区环保服务站、解决方案中心、对外合作交流中心等十二大功能中心，但其中的教育培训、环境技术检测和认证、科技金融合作等中心的运作效率明显偏低，未能按照功能中心的建设规划为园区企业的发展提供优质的专业培训、检测认证、科技金融合作服务；目前只是一个普通的产业园区，缺乏智慧化的建设和运营管理模式，以及自我优化、智慧运行、创新发展的能力，对环保产业的智慧化发展形成了明显的约束和限制。以上三方面的园区公共服务能力的缺失导致园区难以支撑企业的快速发展。

二是政策缺乏精准性，难以推动企业做大做强。华南集聚区当地政府围绕自主创新、金融服务、人才引进、招商引资等方面出台了一系列促进政策，涉及企业多、类型广、受益面宽，具有普适性，但尚不能满足环境服务业发展的专业技术要求高、初期发展政策依赖强、经济效益显现慢等特点，推动环境服务业快速、持续发展的针对性不强。除此之外，华南集聚区作为国家级的产业园区，国家、省、市层面并没有配套的针对性政策措施，园区适用的现有政策大多仍停留在建设初期的招商引资、产业载体建设等方面，对于成长阶段的华南集聚区而言，原有产业扶持政策缺乏精准性，难以推动园区企业做大做强并培育一批新的环保企业。

三是企业融资难、融资贵，产业金融结合较弱。近年来，全国环保产业产融结合发展的趋势明显，通过上市公司设立并购基金、地方政府设立产业基金、环保企业发行债券、环保工程项目资产化等方式，集聚了大量的社会资本，快速推动了产业的发展。据不完全统计，2015 年至今，全国环保上市公司已发行并购基金总规模近 400 亿元，各地政府引导设立的环保产业基金金额超过 2 000 亿元。但是，华南集聚区企业受到以下四个方面的问题影响，普遍面临融资难、融资贵的问题，难以实现产业金融结合。①企业自身方面，大部分资金不足，资产负债率高，且未能形成一套科学、制度化的管理体制，缺乏严密的资金使用计划，资本周转效率较低，不具备大企业内部资金调度能力；②银行方面，由于受政策不确定性及宏观调控、压缩贷款规模等不稳定因素的影响，银行对环保企业贷款趋于"两极分化"，成长阶段的环保企业贷款难度明显提高；③政府方面，政府对环保企业融资的相关法律、政策尚未完善，与信用有关的法律法规主要有《中华人民共和国民法典》《中华人民共和国刑法》等，尚未建立良好的社会信用环境，且政府为了维护金融市场稳定，在政策上限制企业股权融资的门槛，只有很少部分环保企业能越过这个门槛；④信用担保体系方面，大多数担保机构普遍存在资本实力不足、业务规模偏小、主营业务亏损、自身信用不足、担保体系构成不健全的问题。以上问题导致园区环保企业的业务经营与金融结合较弱，金融的产业促进效应难以形成，明显制约了企业的发展。

四是缺少龙头企业，产业经济效益有待提升。华南集聚区已经引入一定数量的环保企业，但大部分环保企业是以解决本地市场需求为主的中小型环保企业，缺乏具有自主知识产权的产品、技术、服务，市场竞争力不足，在环保行业的影响力和知名度都偏低。除此之外，园区企业关联度较低，业务及技术关联弱，缺乏明确的产业分工和相互合作，配套能力差，未能实现价值相互交换与有效串联，企业存在"聚而不群"的现象，产业集聚效应难以充分发挥。华南集聚区缺乏带动当地环保产业有效集聚的行业龙头企业，产业经济效益有待提升。

五是企业同质化竞争问题突出，创新服务能力有待升级。华南集聚区的环保企业由于自身科技研究能力和经济实力较弱，服务模式比较传统，仍然以服务本地及周边区域环境污染防治需求为主，业务主要集中在水处理、固体废物处理领域，产业链主要集中在环保设施建设、运营方面，在环境检测、高端设备制造、环保技术研发等方面规模较小，整体产业链有待拓展广度和深度。园区企业同质化竞争问题突出，缺乏有能力独立进行创新环境服务模式实践的环保企业，创新服务能力有待升级，不利于开拓和占领高端市场。

六是品牌影响力不够，辐射带动能力较差。华南集聚区拥有国家级招牌，但与国内、国际其他环保产业园区相比，其产业特色不突出、经济规模较小，园区环保企业集聚效应不显著，大部分是装备制造类、工程类的企业，且知识密集型、技术密集型、资本密集型的环境服务业企业占比较低。因此，华南集聚区的影响范围较小，服务范围局限于南海区本地市场，对外辐射能力偏弱，现有品牌影响力、辐射范围与国家级招牌不匹配。

8.2.2　园区发展的政策需求分析

华南集聚区处于起步阶段时，主要发展方向是结合当地产业发展需求，建设环境贸易服务平台、技术认证、产业服务与招商引资平台，多层次、全方位聚集环保产业发展的要素，营造活跃的产业氛围，吸引一批优质的环保企业进驻园区。该阶段的园区政策需求是出台鼓励、支持招商引资的政策，吸引优质环保企业集聚发展。因此，南海区政府在2011

年 8 月出台了《佛山市南海区促进环保产业发展扶持和奖励办法》，设立总额 15 亿元的促进环保产业发展专项资金。其中，安排 10 亿元支持华南集聚区的产业载体和公共平台建设；安排 5 亿元采用奖励与补助的方式，用于环保产业企业扶持奖励、上市环保产业企业扶持奖励、环保产业企业贷款贴息扶持、合同能源管理与合同减排项目奖励、重大环保技术成果示范应用工程扶持等方面。

2017 年，华南集聚区在产业集聚、平台建设、模式创新、政策保障、招才引智等方面取得了显著的发展成效，正式进入产业园区发展周期的成长阶段。该阶段的园区企业发展面临四大突出问题，包括缺少后续资金支持、市场推广拓宽问题、缺乏企业做大做强政策支撑、品牌建设提升问题。因此，成长阶段的华南集聚区的主要发展方向是促进园区环保企业做大做强，立足南海，辐射华南，走向全国。该阶段的重点政策需求由前一阶段的招商引资转变为扶持企业做大做强，集聚区亟须出台相关金融促进政策，促进已入驻环保企业发展壮大，打造南海品牌，培育当地环保龙头企业。综合以上分析，成长阶段的华南集聚区的政策需求具体包括以下几个方面。

一是提升园区服务能力，强化园区企业服务。成长阶段的华南集聚区由于缺少专业的管理机构、部分功能中心未能发挥有效的职能作用、园区运营服务模式落后等原因，园区的公共服务能力有限，未能给园区企业提供高质量、高标准的服务，对园区企业的发展存在限制作用。因此，华南集聚区需配套园区建设扶持政策，设立以当地政府牵头的华南集聚区管理委员会，由园区管理委员会负责园区的规划、建设、管理和发展中的重大事项决策；同时，鼓励将华南集聚区发展成为绿色智慧化示范园区，提升园区服务能力，使园区具备自我优化、智慧运行、创新发展的能力，为园区企业提供更好的服务。

二是以问题为导向，提高政策的精准性。起步阶段的华南集聚区出台了一系列普遍性的产业促进政策，涉及企业多、类型广、受益面宽，有效地推动了起步阶段的园区发展，但对于目前处于成长阶段的华南集聚区而言，原有扶持政策的力度不够、精准性不强，不能满足成长阶段园区产业发展特点的要求，未能推动环保产业的快速、持续发展。因此，华南集聚区需要在已有的政策基础上，积极对接国家、省、市相关部门，以问题为导向，争取配套与国家级产业园区相对应的高层次产业扶持政策；同时，对地区一级的政策进行优化升级，加大对成长阶段园区企业后期发展的扶持力度。通过以上两个方面，提高园区配套政策的精准性。

三是创新金融服务，促进产业与金融结合。成长阶段的华南集聚区以中小型企业为主，市场竞争力不足，在国内的知名度不高，园区企业面临着"中小企业多，融资难"的现状，产业和金融对接通道没有建立，环保企业融资难、融资贵的问题明显制约企业的发展。因此，华南集聚区需配套金融促进政策，从建立融资担保体系、引导金融机构、设立环保基金、融资租赁、营造金融生态环境、利用资本市场融资培育龙头企业等方面创新金融服务，促进园区产业与金融结合，切实缓解园区企业融资难、融资贵的问题，从而提升环保产业经济产值，使环保产业发展成为当地的支柱产业。

四是引进环保专业人才，助力企业做大做强。当今社会的竞争是人才的竞争，人才是推动产业发展的"战略资源"，是产业发展和社会经济发展最重要的资源和主要推动力，拥有人才，特别是敢于创新、朝气蓬勃的年轻人才，行业发展才能动力十足。成长阶段的华南集聚区处于快速发展的状态，人才需求非常明显，需要配套招才引智政策，建立健全环保专业人才引进机制，围绕园区环保产业发展需要"靶向"弥补环保产业专业人才，培育产业发展新动能，支持园区企业做大做强。

五是深化环境治理，拓宽当地市场需求。华南集聚区周边有 685 家村级工业园，占地约 14.2 万亩，占用全区集体建设用地的 73%，而工业产值不到全区的 10%。村级工业园内简易厂房较多、市政基础设施投入不足、周边配套设施不完善，村集体经济组织管理不到位、环保设备相对落后、废气废水废渣乱排放、环境隐患突出。因此，华南集聚区需配套村级工业园区环境深化治理鼓励政策，拓宽当地环保产业市场需求，在村级工业园区环境深化治理、综合整治的基础上，搭建环保产业新载体、新平台，打造村级工业园示范园区，为环保产业发展释放新的空间。

六是创新服务模式，提升创新服务能力。华南集聚区企业受自身研究能力和经济实力的限制，服务模式比较传统，仍然以服务本地及周边区域的污染防治需求为主，缺乏前瞻性顶层研究，同质化竞争现象明显，缺乏环境服务模式创新能力。因此，华南集聚区需配套鼓励服务模式创新的扶持政策，支持环保产业技术创新链的布局，通过政策引导园区企业运用全产业链分析方法，针对市场信息获取、技术研发与产业化、工程与产品设计、产品生产输出、设施运营与管理各个环节的市场需求，形成覆盖前端市场需求研究至末端运营管理服务的全产业链战略布局，不断开拓创新，提升创新服务能力。

七是彰显南海环保品牌魅力，提高辐射带动能力。成长阶段的华南集聚区发展取得了一定的成果，产业集聚逐渐形成，但园区企业现有的经济规模、品牌魅力、辐射范围与国家级产业园区的招牌不匹配。华南集聚区需配套环保品牌文化建设扶持政策，支持园区企业开展品牌创建、自主品牌宣传、对外交流合作等工作，培育一批全国知名的环保企业，立足南海，辐射华南，放眼全国，彰显南海环保产业园品牌魅力，打造具有国内、国际影响力的环境服务业集聚高地。

8.3 发展政策建议

8.3.1 打造绿色智慧示范园区，提升园区服务水平

完善创新创业服务管理机制。南海区政府应通过政策引导进一步完善创新服务体系，鼓励搭建规范的创新服务园区。首先，按照市场化运作思维来布局创新服务园区，可以由

传统的提供咨询管理服务向主动参与企业运作转变；其次，完善创新服务管理机制，规范民间中介服务组织，切实提供众创空间、科技孵化器等在创业辅导、法律咨询、融资和技术支撑方面的全方位的服务；最后，筹建产业园区管理委员会，统一负责产业园区的规划、建设、培育、管理和发展中的重大问题决策，提升园区管理服务质量，形成高层次、高质量的管理运行机制。

整合园区管理委员会、园区企业、环保公共服务平台、行业协会等各类信息、资源，鼓励"互联网+"和"环保大数据"等多种智慧信息技术研发推广，运用新兴的智慧化信息和通信技术加强"互联网+"与环保产业的对接融合，推动多种智慧信息技术与环保企业融合发展，促进绿色智慧示范园区建设工作。每年从环保产业专项资金中安排 1 000 万元，专门用于绿色智慧示范园区建设，支持环保企业信息化、智能化成果应用，促进市场需求与生产供给的精准对接。通过建设智慧化示范园区，不断提升产业园区的智慧化管理水平，优化和创新园区管理模式，提高园区资源配置效率，降低园区企业运营成本；不断创新产业园区服务、管理、智慧化产品，提高产业园区企业的核心竞争力和产业集聚效应。

合作共建环保产业创新创业园区。通过与当地环保产业龙头企业合作，由龙头企业负责投资及人才队伍建设；政府提供用地，同时为人才引进、专利申请、科技成果孵化和产业化、企业税收优惠、高科技人才个人所得税减额和购房补贴等方面提供政策配套支持和服务。联手共建环保产业创新创业园区，打造高技术含量、高附加值的环境监测、环保装备、环境治理、环保材料、环保服务等全产业链环保创新创业园区。

8.3.2　加大财政资金引导，扶持企业做大做强

1. 配套涉污企业治污奖励

当地政府相关部门在加大加强违法排污查处力度的同时，创新监督管理模式，发挥财政资金的引导作用，建立"以奖代罚"的排污管理机制，鼓励涉污企业主动配合治污，合法经营。例如，优化环境治理扶持政策，利用查处违法排污所得的罚款设立涉污企业主动治污专项奖励资金，开设专用的资金账户，制定专用的管理办法，实现专款专用，激发涉污企业主动配合环境治理的积极性，使涉污企业成为另一种形式的"环保企业"，发挥环境治理模范带头作用。

对于建成污染治理设施、符合要求并通过验收的涉污企业，政府根据其投入的建设资金分不同层次给予一次性的资金奖励。建设资金超过 1 000 万元的，给予一次性 100 万元奖励；建设资金为 500 万～1 000 万元的，给予一次性 60 万元奖励；建设资金为 100 万～500 万元的，给予一次性 20 万元奖励；建设资金低于 100 万元的，按建设资金的 10% 给予一次性奖励。

已建成污染治理设施并通过验收的涉污企业，正常进行污染治理设施运营管理且污染

物排放符合国家、地方标准和总量控制要求的涉污企业,从申报之年起,连续三年给予运营费用 15%的资金补助,每个涉污企业每年最高补助 100 万元。

2. 加强环保企业财政补贴

鼓励环保企业自主创新,对于企业建设国家级、省级和市级工程研究中心、企业技术中心、工程技术研究中心,以及企业与高校、科研院校共建的工程技术研究中心等给予一次性资金补贴。

奖励环保企业增资创收,对环保企业新增投资金额且经营良好、营业收入连续增长、纳税总额实现连续增长的,给予一次性的资金奖励。对区内现有的专门从事或者转型从事环保产业经营活动的环保企业,通过新增投资金额后注册资本达到 3 000 万元及以上、连续三年营业收入年均增长达 10%以上且三年内的任一年度营业收入达到 1 000 万元以上的,给予一次性 50 万元奖励。

支持上市环保企业再次融资,对于已上市的环保企业通过直接融资方式实现再融资且符合经营良好条件要求的,由各级政府单位分不同档次给予一次性的资金奖励,助力上市企业做大做强。

鼓励大型骨干企业做大做强,支持企业壮大规模,充分发挥支撑引领示范带动作用。对营业收入首次超过 100 亿元、500 亿元、1 000 亿元的大型骨干企业,由区财政分别给予 800 万元、4 000 万元、8 000 万元补贴。

3. 对环境第三方治理予以奖励

鼓励环境第三方治理模式的市场化、专业化、协作化运作,确保第三方治理单位能够在良好的价格体系、信用体系、资质评定标准等软环境下运行,能够通过公平的竞争机制实现优胜劣汰和自由选择;鼓励环保行业组织发挥桥梁纽带作用,及时发现典型的第三方治理成功案例,及时总结先进实践经验,为第三方治理模式建立健全良好的运行协作机制,营造公平公正的发展环境。

对环境第三方治理单位进行奖励和补助,根据第三方治理单位开展的污染治理设施集中运营、污染集中治理、环境治理咨询服务等项目的数量及治理质量进行不同层次的奖励。第三方治理单位与村级工业园区内 10 家以上的排污企业签订第三方运营合同,进行污染治理设施运营管理,且污染物排放符合国家、地方标准和总量控制要求的,从申报之年起,连续三年给予第三方治理单位运营合同年度金额 20%的资金补助,每个合同项目最高补助 15 万元,每个第三方治理单位每年最高补助 100 万元。第三方治理单位与村级工业园区内 5 家以上的排污企业签订第三方治理合同,进行污染物集中治理,且污染物排放符合国家、地方标准和总量控制要求的,从申报之年起,连续三年给予第三方治理单位治理合同年度金额 20%的资金补助,每个合同项目最高补助 25 万元(政府委托项目除外),每个第三方治理单位每年最高补助 100 万元。

8.3.3 加大企业税收优惠政策支持力度，降低企业发展成本

在当前税收优惠政策的基础上进一步优化，加大对环保产业创业企业的扶持力度。一方面，扩大税收优惠的范围，当前的所得税优惠政策主要针对高新技术企业，对于具有创新需求和创新能力的非高新技术环保企业，可以按照行业、产品等进行分类，设置多档税率优惠奖励制度；另一方面，通过税收优惠方式拓宽创新创业企业的融资渠道，如对创新型环保企业的股东给予个人所得税减免优惠，对二次投资者给予免征优惠等，通过阶梯型的税收优惠政策激励个人股东对环保企业的再投资。

对于年度纳税额达 1 000 万元以上的环保企业，对其缴纳税金（增值税、营业税、所得税）中地方留成增收部分按 80% 的标准予以奖励；对于年度纳税额达 300 万元以上的环保企业，对其缴纳税金（增值税、营业税、所得税）中地方留成增收部分按 50% 的标准予以奖励；对于年度纳税额达 200 万元以上的环保企业，对其缴纳税金（增值税、营业税、所得税）中地方留成增收部分按 30% 的标准予以奖励。

8.3.4 建立企业融资服务机制，化解企业发展融资难题

1. 健全建立具有南海特色的融资担保体系

设立南海区融资担保专项资金，对环保中小型企业融资提供担保的融资担保机构进行增信和风险补偿，建立银行、市场化融资担保机构一起承担风险的融资担保机制，提高银行和融资担保机构服务中小型环保企业的积极性，扩大信用担保服务的受益面广度。

扩大环保行业中小型信贷风险补偿基金规模，基金承担风险损失的比例最高达 80% 以上，从而消除银行机构向中小型环保企业发放贷款的后顾之忧，提高银行机构向环保企业投放信贷的积极性，降低环保企业贷款融资难度。

搭建南海区环保企业信用信息和融资对接平台，进一步整合各职能部门的纳税、社保、工商等涉企信息，打通信息壁垒，确保涉企数据信息的准确性、一致性和及时性，解决银行与企业信息不对称的难题，提高环保中小型企业获得信用贷款的比例，争取每年通过平台促成的融资超过 50 亿元。

鼓励商业保险公司推出信用保证保险服务，发挥保险机构对企业融资的增信作用；设立政府融资担保机构，支持中小型环保企业融资贷款，为中小型环保企业提供优质增信服务，促进银行、保险公司、融资担保机构合作，解决中小型环保企业的融资担保问题。

2. 引导银行机构加大对环保企业的支持力度

鼓励和支持银行机构加强与上级单位的沟通和协调，切实加大对中小型环保企业融资贷款的支持力度，通过资产支持证券盘活信贷资源，将信贷资源一定幅度地向中小型环保企业倾斜，保持南海区中小型环保企业贷款融资总额的不断增长，确保系统内信贷份额的稳定提升。

推动银行等金融机构与中小型环保企业形成"发展共同体"意识和思维，提高银行等金融机构帮助中小型环保企业解决发展中遇到的资金问题的积极性和主动性，实施差异化信贷政策，实施有针对性的融资措施，帮助中小型环保企业解决资金难题。

鼓励银行等金融机构创新融资贷款产品和服务，重视开发知识产权质押贷款、股权质押贷款、排污权质押贷款等融资新产品、新业务；积极开发政府环保订单贷款、仓单质押贷款及应收账质押贷款等供应链金融服务。

3. 利用资本市场培育环保龙头企业

鼓励环保企业进行股份制改革，对于环保企业在中介机构的辅导下完成股份制改革的，根据改革企业规模及股份制改革的相关情况，由各级政府单位分不同档次给予一次性的资金奖励。

支持环保企业上市发行股票，南海区环保企业在沪、深交易所及经认可的境外证券交易所完成首次公开发行股票，由各级政府单位分不同档次给予一次性的资金奖励。

加速推动环保企业上市，动态筛选优质环保上市后备企业，对后备上市企业分类指导，打造环保企业上市绿色通道，政府设立环保企业上市工作领导小组，动态对接已签约保荐机构的上市后备企业，切实帮助后备企业解决历史遗留问题，顺利完成上市工作。

支持上市环保企业再次融资，对于已上市的环保企业通过直接融资方式实现再融资且符合条件要求的，由各级政府单位分不同档次给予一次性的资金奖励，助力上市企业做大做强，培育环保龙头企业。

4. 集聚各类基金支持环保企业发展

加快推进千灯湖创投小镇的建设，集聚各类股权投资基金进入南海区，由当地区级财政对符合条件的环保企业给予扶持和奖励，包括股权投资基金落户一次性奖励、基金管理企业场地租金补贴、股权投资基金管理团队奖励等，稳定提高落户南海区的股权投资基金数量及注册资本总额。

由南海区政府每年安排一定比例的财政资金，与当地龙头企业共同出资，分期募集资金，撬动社会资本，设立南海区创新创业基金，并制定完善基金管理办法细则，支持区内环保企业发展。通过拨款资助、贷款贴息和资本金投入等方式扶持和引导企业的技术创新活动，促进环保科技成果的转化，培育一批具有南海特色的环保企业，加快环保技术产业化进程。支持领域主要包括环保企业的技术创新、战略性新兴产业创业、国际先进技术和产品引进、企业对外宣传、优秀环保企业的扶持奖励、企业人才培养等。

设立南海区融资租赁投资基金，通过股权投资、购买资产支持证券等方式，改善融资租赁企业资本金条件，帮助融资租赁企业提升服务企业的能力。

鼓励各类基金集聚发展并投资园区环保企业，对符合条件的各类基金投资并孵化微小型环保企业发展给予一次性奖励，对上市公司或其控股子公司、大型骨干企业、新三板上市企业发起设立符合条件的股权投资基金给予一次性的奖励和扶持。

5．支持环保企业融资租赁

鼓励中小型环保企业通过融资租赁方式更新设备，根据融资租赁合同设备投资总额给予不同比例的利息补贴，切实降低中小型环保企业融资成本，将融资租赁纳入中小型环保企业信贷风险补偿体系，配套相应的融资租赁风险补偿政策。

积极发展融资租赁行业，对融资租赁企业进驻南海区给予一次性落户奖励，对融资租赁企业购入当地企业生产的环保设备及与当地中小型环保企业合作开展设备融资租赁业务的，根据设备购入合同金额及融资租赁业务金额给予一定比例的补贴。

6．营造公平的竞争环境、良好的金融生态环境

对大、中、小型环保企业平等对待，在市场准入、审批许可、经营运行、招投标等方面为中小型环保企业打造公平竞争环境，消除招投标过程中对中小型环保企业的各种限制和壁垒，给中小型环保企业的发展创造充足的市场空间。

加快推进金融信用体系建设，完善与南海区中小型环保企业发展水平相适应的金融信用信息平台，将广东金融高新区打造成广东省征信体系示范区，实现金融与中小型环保企业的互联互通、业务协同和信息共享，不断优化中小型环保企业融资服务。

健全"守信激励、失信惩戒"的长效激励约束机制，建立"红黑名单"制度，多渠道、多途径树立诚信典型，为守信环保企业提供优质便利的金融服务；严惩恶意讨债行为，对严重失信行为采取严厉的约束和惩戒措施。

8.3.5　内部挖潜、外部拓展，助力企业拓宽市场

加大村级工业园环境综合整治扶持奖励力度。首先，设立村级工业园环境综合整治专项资金，专门用于村级工业园环境综合整治中的环境集中治理设施建设运营、土地整理租金补贴、拆迁补贴及环境第三方治理奖励等用途。其次，鼓励村级工业园区建立园区管理机构，聘请具有相关环保服务资质和能力的第三方机构提供园区环保管理服务，规范园区内企业的环保管理工作，提高园区整体环保管理专业水平，打造村级工业园环境综合整治示范园区，园区管理机构服务质量达到示范园区相关要求的，从申报之年起连续三年给予资金奖励。

每年安排 5 000 万元作为村级工业园环境综合整治专项资金，用于村级工业园改造提升中的环境集中治理设施建设运营、土地整理租金补贴、拆迁补贴及第三方治理奖励等。被认定为村级工业园环境综合整治示范园区的，政府一次性给予园区所在村居 30 万元/亩的奖励，奖励资金由区、镇（街道）按 1∶1 的比例承担，同时对示范园区的第三方管理机构及环境治理企业根据服务质量和水平分不同档次予以奖励。

支持园区龙头环保企业和环保行业协会发挥纽带作用，定期组织园区环保企业对外交流合作，对外拓展环保市场。例如，组织园区环保企业参加国内外有影响的行业展会、博览会，按展位费、展位搭建费两项合计费用总额给予一定比例的补贴，支持企业"走出去"，

积极对外合作交流，宣传自主品牌，拓宽外部市场；鼓励园区环保企业通过环保产业联盟等形式整合外地环保资源，建立合作共赢发展模式，定期组团开展外地交流活动，对接当地环境保护需求，输送环保解决方案，每年安排环保产业联盟对外交流合作活动专项补贴，支持园区企业对外拓展。

8.3.6 建立环保产业人才引进机制，提升创新服务能力

鼓励企业引进高端环保技术产业人才。明确环保产业高端人才的重点引进领域方向、层级划分与具体标准，在企业人才引进资金补助的基础上，按照人才的层次，逐步完善人才入户、子女入学、人才安居办法、薪酬补贴办法等相关政策；结合园区环保产业服务平台的建设，鼓励兼职、设立工作站、异地办公、项目委托等多种形式的高端人才柔性引进，打造"高端人才磁场"，吸引拥有自主知识产权或具备产业化前景创新成果的国内外高端人才来南海区创业。

全方位地吸引环保技术服务人才。围绕园区环保产业发展需要，结合园区已有的人才扶持政策，有针对性地弥补环保产业技术短板的领军人才，面向全方位的技术服务人才突出"招才引智"，制定园区环保产业人才引进政策；落实引进海外人才永久居留、出入境等便利化措施，同时企业招才引智的投入在税前予以扣除；继续加大人才扶持政策执行力度，对基层环保服务人才进行侧重扶持，完善企业家、技术人才、员工、商协会人员等多层次的人才培训体系，以优异环境吸引不同层次的人才，全方位推进人才引进工作。

鼓励环保新产品、新技术研发，增强自主创新能力，提升创新服务水平。南海区政府应加快环保技术的革新进程，促进企业管理机制、技术创新体制的改革，提高环保产业的技术效率，进而提高环保产业的市场运行绩效；鼓励和支持企业进行先进环保技术研发，支持企业与国内外研究机构、大专院校开展"产学研"合作与产业化示范，推动南海区创建环保高新技术研发基地、技术人才培养基地和高新技术环保企业孵化基地；鼓励和支持有条件的企业通过与科研院所、高校等产学研合作模式或企业间横向合作建立环保研发机构、重点实验室、工程实验室、工程技术中心、试验基地等，引导企业加大环保研发投入和软硬件设施建设力度，加强企业自主研发与科技成果的转化能力，不断提升企业创新服务能力。

配套企业自主创新奖励资金、科技创新平台发展资金、创新券等资金政策，进一步加大对环保产业创新创业的支持力度，优化资金支持方式。一是支持环保先进技术示范应用（首套），对于使用环保先进技术的新建、改建、扩建节能减排工程或设施等项目实施"前补助"的方式，在项目实施前进行补助，对于综合环境整治服务模式的示范项目采取"前补助、后奖励"的方式进行扶持和奖励；二是对环境质量改善和污染物减排效果突出的重大环保工程示范项目给予一次性资金补助，项目建成后并稳定运行半年以上、环境质量有明显改善的，对环境服务企业给予一次性运营奖励。

8.3.7　推进品牌文化建设，提升市场竞争力

支持对外展示宣传工作，逐步形成园区品牌效应，提升园区在全国环保行业的知名度和影响力。由南海区财政每年安排宣传展示专项资金支持园区企业组团参展，筛选具有示范作用的环保企业参加国内外有影响的环保专业展会，对外展示宣传园区形象，积极对接外部资源，吸引优质大型环保企业入驻园区，提升园区的竞争力。

鼓励园区环保企业实施品牌战略，发展企业自主品牌。对获得"中国驰名商标""广东省著名商标""新核准注册的集体商标""省级服务业示范单位"的环保企业给予一次性品牌推广专项经费补助；园区企业注册商标被认定为"中国驰名商标"（包括司法认定）、"广东省著名商标"的，分别给予企业一次性品牌推广专项经费补助50万元、10万元；经国家商标局新核准注册的集体商标（商品商标）和证明商标，分别给予商标注册人一次性品牌推广专项经费补助50万元；经国家商标局新核准注册的集体商标（服务商标），给予商标注册人一次性品牌推广专项经费补助10万元；新认定为国家级、省级环保龙头企业称号的，每家企业分别给予一次性品牌推广专项经费补助20万元、10万元；新认定为国家级、省级环保服务业示范单位的，每个单位分别给予一次性品牌推广专项经费补助20万元、10万元；被新评为"广东省名牌产品"的，每个产品给予一次性品牌推广专项经费补助10万元。支持企业建设品牌文化，形成企业自主品牌效应，提升市场竞争力。

起步期环保产业园政策创新——香河案例

9.1 发展概况

1. 园区成立背景

京东（香河）环保产业园原名中国北方家具产业基地，位于河北省廊坊市香河县南部。为深入贯彻落实河北省委、省政府"建设经济强省、和谐河北"的战略部署，加快打造河北环京津新的经济增长极，根据科学发展观的指导和市场机制的引导，香河县委、县政府对三个省级工业园区之一的中国北方家具产业基地进行了产业转型和升级，将其成功转型升级为"京东（香河）环保产业园"（以下简称香河环保产业园）。香河环保产业园于 2009年被河北省发展改革委等五部委批准为省级产业聚集区和一区多园试点园区；2010 年被列入全国百佳产业示范区争创单位；2011 年 5 月被河北省人民政府批准为省级工业聚集区；2014 年 4 月转型升级为京东（香河）环保产业园，是距离北京最近的唯一一家省级园区；2015 年园区升级后，完成第二次产业定位研究及空间规划概念设计，加深了"大环保"的概念。园区总体规划为 41.9 km²，起步区为 8.8 km²，被 3 个湿地生态园区紧紧包围，为打造环保高地、生态新城提供了优越的生态环境资源。

2. 区位及交通条件

香河隶属河北省廊坊市，位于环渤海经济圈核心腹地，县城三面与京津接壤，距北京市中心 45 km，距离天津 70 km，是京津"一小时经济圈"的黄金节点。园区周边已基本接轨和共享了京津及环渤海的陆海空、地铁轻轨四位一体化的交通资源优势。一小时车程内，拥有铁路 3 条、高速公路 6 条、轻轨 1 个、机场 4 座、港口 3 个，直达北京的公交车交通网络密集，为入园企业联通各个经济区域提供了更有力的保证。京哈高速公路在园区北侧通过设置两处出入口与园区东西两侧的主干道相连接，京沪高速北线在园区东侧规划有出入口，与区内双安路连接，北京大七环规划于园区西北侧，将进一步把香河与北京的时间距离缩短至 15 分钟左右。

3. 基础配套设施建设

区内企业所批土地按"九通一平"（供水、供电、雨水、污水处理、供热、供气、通信、宽带入网、有线电视、土地平整）交付使用。园区拥有一个自己的水厂——双安水厂，其日供水量为 2 万 t，远期规划为 5 万 t。园区内的国兴污水处理厂目前的日处理量为 3 万 t，处理园区内排放的污水及城区南部 3 个乡镇的市政污水，入园企业污水排放得到规范处理。周边 3 km 内拥有医院 1 座、小学 2 所、幼儿园 1 所、大型生活用品批发采购市场 2 个。京东环保产业园总部服务中心的建筑面积约为 3 万 m²，服务于园区内企业办理各项业务，全力为中外入园企业提供最安全、最温馨、最满意的投资经营环境，是园区内的"企业之家"。

4. 产业现状

香河环保产业园从诞生初期就坚持高标准、高起点，在"环保、科技、创新"的产业理念指引下稳步前行，一批国内外知名企业和行业标杆企业慕名而来：中粮可口可乐华北基地项目、中核原子能同位素药物研发与制造项目、苏州稻香村食品集团食品生产等项目相继落户。目前，园区已基本形成健康食品—生物医药—电子科技—绿色制造—高铁商务的"一区五园"格局，并将进一步推动"一区五园"发展创新平台载体建设，包括围绕高铁香河枢纽站打造高铁商务区，以可口可乐、稻香村为主导建设健康食品园，以中核原子高科、中科金豆为主导打造生物医药园，以东方电子、汇文科技为主导建设电子科技园，以喜临门、双叶家具为主导打造绿色制造园。同时，园区积极集聚创新创业资源，尝试从土地税收优惠政策、产业专项资金支撑政策、社会化融资激励、人才引进多个方面构建香河环保产业园区。

5. 招商引资优惠政策

土地优惠政策：针对优质项目给予土地价款的优惠，即按照获取土地的挂牌价给予零溢价的土地价格；对投资兴办城市基础设施和社会公益事业的建设项目，可依法实行划拨供地。

基础设施配套政策：项目进场前完成该区域地块的"九通一平"基础设施配套，接至地块附近。

税收优惠政策：对于新上、扩建项目，一次性投资固定资产 100 万美元或 1 000 万美元以上的，在取得土地使用权及建设过程中所发生的各种税费，县可支配部分全部奖励给企业；县有关部门协助其办理进出口经营权，凡取得进出口经营权的企业，税务部门要严格执行"免、抵、退"政策。对于生产性外商投资企业，经营期在 10 年以上的，从开始获利年度起，第 1 年至第 5 年免征地方所得税，第 6 年至第 10 年减半征收地方所得税；对于非生产性外商投资企业，经营期在 10 年以上的，从开始获利年度起，第 1 年和第 2 年免征地方所得税，第 3 年至第 5 年减半征收地方所得税。出口型、技术先进型等外商投资企业依照税法规定享受企业所得税减免的，同时可以享受地方所得税减免优惠政策。自

2002年1月1日以来已征收的外商投资企业和外国企业地方所得税，可以抵扣新增地方所得税款，未征税款不再征补。对投资优势行业、特色产业及高新技术产业建账核实征收的外资企业和固定资产投资额在1 000万元以上的生产经营机构和场所发生的年度亏损，可在下一纳税年度纳税所得前弥补，下一纳税年度不足以弥补的，可以逐年延续弥补，一般不超过五年。对于新上生产性工业企业，在生产经营期内，房产税、车船税、城建税、个人所得税按实际缴纳数由县财政以补助方式如数返还三年。凡属国家级新产品，自销售年度起三年内，企业所得税县留成部分的30%奖励企业。对于单体企业，地税占总纳税额45%以上、年纳税300万～500万元（含300万元）的企业，奖励1个财政列支指标；年纳税500万～800万元（含500万元）的企业，奖励1个财政列支指标和25万元以上轿车一辆；年纳税800万～1 000万元以上（含800万元）的企业，奖励1个财政列支指标和35万元以内轿车一辆；年纳税1 000万元（含1 000万元）以上的企业，采取"一事一议"方式给予更大幅度的奖励。

一站式入园服务政策：项目前期入场可提供办公场所，并对前期人员食宿、生活娱乐提供相应配套设施。项目成功签约后，园区协助入园企业办理相关手续，提供全程服务，包括工商注册、税务登记、立项、环评、规划审批、重点项目报批、土地证办理、建设审批等，避免企业与政府频繁打交道。

品牌创建政策：支持鼓励企业争创名牌，对每创建一个中国驰名商标（国家级）、著名商标（省级）、知名商标（市级）的企业，县政府分别奖励3万元、2万元、1万元，获得多个商标，可累计奖励。

其他优惠政策：根据项目情况可采取"一事一议、特事特办"的优惠政策。

9.2 发展特征

环保产业园作为环保产业集聚的载体，按照产业集聚的生命周期特点可分为起步、成长、成熟、转型4个不同的周期阶段。香河环保产业园成立时间较短，目前处于产业集聚生命周期的起步阶段。香河环保产业园属于外生型产业集群，即由政府组织主导产生的产业集群。政府通过对园区内某个地点的规划，建立良好的基础设施，并通过制定相关的优惠政策和准入制度吸引企业进入。

香河环保产业园的发展特征如下：

一是集群的配套基础设施和技术创新相关支撑机构（高校、研究机构、中介服务机构和行业协会等）均处于初建阶段。目前，园区基础设施建设已初具规模，起步区7 km² 内的基础设施建设基本完善到位，达到了企业入驻条件；高校、研究机构等技术创新相关支撑机构数量较少，均处于初建阶段。

二是园区内的企业数量相对较少，企业与产业之间相互独立或者联系松散，处于"前集聚"阶段。目前，在香河环保产业园内，中粮可口可乐华北基地项目、中核原子能同位素药物研发与制造项目、苏州稻香村食品集团食品生产等项目相继落户，但企业数量仍较少；基本形成了健康食品—生物医药—电子科技—绿色制造—高铁商务的"一区五园"格局，但是企业之间相互独立，关联性不足。

三是集聚优势初显，但尚未得到充分发挥。园区已经落户京津冀哈尔滨工业大学的创新产业园项目。该项目将充分发挥香河的区位优势，充分利用哈尔滨工业大学的创新资源集聚、产业创新优势，共同打造科技创新和产业示范集聚区。目前，产业仅限于"集中"状态，集聚区内企业仅仅处于"同类项合并"的阶段，集聚优势尚未得到充分发挥。

9.3 发展问题与需求分析

9.3.1 园区发展存在的问题

一是环保产业基础薄弱，尚无龙头企业。香河环保产业园目前初步形成了健康食品—生物医药—电子科技—绿色制造—高铁商务的产业布局，但与环保产业相关的仅有国兴污水处理厂一家环保企业，无环保产业龙头企业，产业集聚能力弱，环保人才匮乏，香河县内的环境保护项目均由外地环保企业承揽，园区环保产业尚未形成气候。

二是政府支持力度有待提升，环保产业促进政策缺乏。香河县政府全权委托国兴环球土地整理开发有限公司负责香河环保产业园的产业定位、空间规划、招商引资、基础配套建设、新农村建设、公共基础设施建设。2013年、2015年园区先后两次完成园区定位及空间概念规划设计，加深了"大环保"的概念（清洁水基地、清洁空气基地、节能环保、健康产业基地、绿色制造基地和"互联网＋现代服务业"），但是在实际建设过程中，由于政府层面对环保产业的支持力度偏弱，仅适用于普适性优惠政策，无专门针对环保产业的优惠政策，同时缺少配套政策，仅凭平台企业招商引资难以形成较大吸引力，无法吸引相关联企业向环保产业园集聚。

三是与周边环保产业园相比差异显著，特色不鲜明。经过多年的发展，北京目前已经形成包括中关村环保科技示范园、朝阳循环经济示范园等在内的多个现代化的环保产业园。中关村环保科技示范园是集科研、中试、生产、商贸、技术交易、科普于一体的综合性园区，朝阳循环经济示范园重点发展循环经济，园区定位为北方的固体废物处理中心和循环经济发展示范中心。天津市的环保产业园主要包括天津宝坻节能环保工业区和天津子牙环保产业园，其中天津宝坻节能环保工业区重点发展脱硫除尘、海水淡化污水处理等高附加值环保产业；天津子牙环保产业园的主要功能在于对进口废弃机电产品进行拆解加工利用，在处理进口废弃物方面具有一定优势。香河环保产业园与上述环保产业园相比，无论是从发展规模、科技水平，还是从产值上看，都具有一定差距，并且由于区域之间在发展环保产业园的过程中缺乏必要的合作与协调机制，这种区域不均衡的发展状况不断恶化。

9.3.2 园区发展需求分析

香河环保产业园自成立以来，初步形成了健康食品—生物医药—电子科技—绿色制造—高铁商务的产业格局，吸引了包括可口可乐、稻香村、中核原子高科、中科金豆、东方电子、汇文科技、喜临门、双叶家具等一批骨干企业，但是在环保产业方面基础薄弱，环保企业无论是从数量上还是从规模上看都有所不足，自身不具有实现环保产业园发展正常化的综合实力，因而需要政府提供较为全面的扶持政策。

一是加强地方政府部门的重视程度，大力发展环保产业。无论环保产业园是政府、企业主导建设的，还是科研机构主导建设的，政府部门都是环保产业园建设的重要主体，是园区建设规划实施的统一领导者、管理者和协调者，在园区建设的保障体系中处于引导地位。香河环保产业园处于起步阶段，更需要政府层面的高度重视，成立领导小组，组织园区基础设施建设，出台招商引资、财税、金融、土地、人才等多方面的政策以推动园区的建设。

二是强化顶层设计，选好特色环保产业。结合当地现有工业基础及京津冀环保产业基础来选择适合发展的环保领域，形成特色产业，实现错位发展。园区建设过程中要做到环境建设与产业园区建设同步规划、同步实施、同步发展，做到产业发展方向与循环经济产业链条延伸相协调，经济效益、社会效益与环境效益相统一，将园区建成集科研、生产、生活于一体的多功能协调发展的园区，以及环境保护与经济协调发展的特色环保产业园。

三是加大招商引资力度，积极引进项目。环保产业园的建设需要大量资金、土地及人力和物力的支持，政府应在基础设施建设与使用方面为环保产业园的发展提供便利的条件，如出台土地、税收、财政扶持、金融、人才及项目审批等多方面优惠政策，引进和培育一批拥有自主品牌、掌握核心技术、市场竞争力强的环保产业龙头企业。

四是发挥政府引导作用，构建完善的服务网络。产业园作为一种相对封闭的产业集群形式，其发展条件与一般产业集群类似，需要科研机构、金融机构、行业协会等市场中介组织的共同参与。香河环保产业园在市场机构组织方面还不健全，需要政府发挥领导作用，充分调动各种市场资源，为环保企业构建完善的服务网络。

五是创新模式、搭建平台，吸引高层次人才入驻园区。香河环保产业园处于起步阶段，面临环保科技人才匮乏、环保技术创新不足等多方面问题。园区层面应出台优惠政策以鼓励研究机构进驻园区，建立若干环保产业技术研发中心、检验认证中心、展示贸易中心、信息平台，并形成集聚效应，吸引一批环保产业高素质人才和高技能职工。同时，通过研究机构与企业之间的联盟合作，有重点地对环保产业关键、共性技术进行突破性研发，进一步完善环保先进技术的推广转化机制，加大环保产品创新力度，巩固和扩大各园区特色产品优势，形成错位竞争，并不断提高产品质量和竞争力。积极孵化节能环保中小企业，打造具有领先水平的节能环保企业，推动节能环保产业链式发展。

9.4　政策建议

本节结合香河环保产业园发展的实际与需求，梳理了我国环保产业园发展不同阶段的创新创业政策，针对香河环保产业所处的起步阶段的特点，目前的重点政策需求是出台鼓励、支持招商引资的政策，通过政策扶持、奖励吸引优质环保企业向集聚区集聚发展。有效的扶持政策是充分激发市场主体的积极性和创造性的"催化剂"。香河环保产业园制定促进环保产业发展的扶持政策，是引导和推动环保产业聚集和发展的有效措施。针对以上分析，提出相关配套性政策建议。

9.4.1　注重顶层设计，加强政府各部门重视程度

一是加强管委会对园区环保产业发展的重视程度。成立由管委会主任担任组长、园区各部门领导共同参与的香河环保产业园发展领导小组，负责对园区规划、建设、培育、管理和发展中的重大问题提出意见，统筹规划园区的方向、布局、重点任务及配置运行机制，管理、监督、协调园区的相关工作。加强各相关部门和工作单位的沟通，建立园区管委会联席会议制度，推动各项政策的落地实施，避免相关政策碎片化，解决园区规划、建设、培育、管理和发展中的问题。在研究制定相关政策措施时，积极听取专家和园区企业的意见。

二是建立香河环保产业园发展专家库。该专家库的专家由中国环境保护产业协会、河北省环境保护产业协会、高校、科研院所及企业代表组成，充分发挥"智囊团"的参谋和决策咨询作用。建立高层次政企对话咨询机制，每年召开专家咨询组会议，听取园区发展情况汇报，讨论推进措施，提出政策建议。

9.4.2　创新园区土地管理政策，吸纳环保企业入驻园区

一是将园区土地规划纳入京津冀一体化规划。借助香河政府力量，依据政府调整后的土地规划，积极推动将园区用地规划纳入省市国土规划和京津冀一体化规划，协商解决企业项目用地相关权属问题，并给予配套的土地政策支持。

二是推进园区项目用地制度改革。根据《中共中央关于全面深化改革若干重大问题的决定》中有关土地制度改革的精神，积极打破土地功能区块概念，推进园区项目用地制度改革创新。结合城乡统一建设用地市场改革，利用允许农村集体经营建设用地出让、租赁、入股，与国有土地同等入市、同权同价的政策推进机遇，探索集体用地转变为园区项目用地的新途径、城镇储备土地转化为商业用地的新思路、优化土地出让"招拍挂"机制改革、

存量建设用地集约化利用的新方法，推动园区现有土地的"二次开发"。

三是争取园区土地和规费优惠政策。加大对园区土地利用计划的支持力度，园区工业项目用地按项目的投资强度和额度由县政府和园区管委会安排相应资金给予补贴，对科技含量高、建设速度快、财税贡献大的重点项目及其他特殊项目，建立与入驻企业投资规模相挂钩的土地使用费缴纳机制，可以在土地及规费等方面给予优惠。例如，对于世界 500 强、国内行业 50 强、持有中国驰名商标与中国名牌产品且在基地固定资产投资规模达 1 亿元以上的节能环保企业，在取得土地使用权后并开工建设的，由基地对其土地出让款给予一次性奖返。高标准、高起点引进境外知名科研机构，支持国家重点院校、国家级科研机构在香河办分校、分院，设分支机构，打造环境保护技术创新平台，对入驻高校、科研机构给予土地优惠。

9.4.3 加大产业财税融资政策支持，培育企业成长壮大

一是争取国家财税政策支持园区建设。建设以节能环保为主的产业园区，需要充分利用国家支持新兴战略产业发展的资金支持政策，充分利用国家增值税政策、企业所得税政策、消费税政策、车船税政策、资源税和环保产业税收政策等已有优惠政策，争取国家财政资金支持和税收减免，申请国家节能环保领域的示范试点项目，部分缓解园区建设融资难问题。

二是争取京津冀产业基金支持园区发展。依托京津冀一体化规划，争取三省市产业发展基金对园区给予重点支持，吸引和带动社会资金参与，设立园区发展专项基金，采用奖励与补助的方式，重点支持重大公共服务平台、研发与模拟中心、检测与认证中心、产品展示中心、环境金融服务中心与环境贸易中心及重大研发机构建设，引导优秀节能环保产业企业入驻，扶持中小创新型节能环保企业发展，重点支持高新技术产业化和产品市场化，推动新型环保企业成长壮大。

三是申请成为京津冀财税分享试点单位。发挥区位、资源、成本优势，积极承接京津冀地区企业和项目梯度转移，加大园区承接京津冀环保产业转移力度，争取将园区纳入京津冀一体化重点项目，积极创新京津冀产业园区共建新模式，申请成为三省市财税分成的试点单位，引导园区形成新的价值洼地。

四是构建园区多元化投融资体系。依托园区环保产业定位，鼓励各类金融机构入驻园区以提供贴身服务。吸引大批有实力的金融集团、风投资本来园组建创投基金、风投基金，支持成立科技小额贷款公司，发行中小企业集合债券，争取各项优惠信贷政策和多元化投资；采取税收扶持政策及改制、辅导、申报核准费用专项补贴等多种措施，加强优势企业上市前专项辅导，支持企业在国内主板、创业板、香港主板和美国、伦敦、新加坡等海外股票市场上市融资；通过园区建设项目法人担保、抵（质）押担保、贷款担保等渠道和形式，对环保企业的融资担保给予倾斜，有效改善园区的金融生态。政府与风险担保公司按

照一定比例出资建立风险担保基金，委托专门的企业进行管理，为环保企业提供融资担保。鼓励银行与担保公司创新金融产品，开展政策性拨款与担保服务。积极创新金融产品和服务，按照现有政策规定，探索将特许经营权等纳入贷款抵（质）押担保物范围。利用市场运作方式，使民间资本投入园区建设。采取 BT、BOT、独资、合作等方式，将园区内的经营性项目变为行业部门投资建设或者合资合作建设，引进大企业、大集团投资，统一进行园区配套设施建设，加快建设进度。

五是设立节能环保产业发展专项资金。采用奖励与补助的方式，重点支持重大公共服务平台、研发与模拟中心、检测与认证中心、产品展示中心、环境金融服务中心与环境贸易中心及重大研发机构建设，引导优秀节能环保产业企业入驻，扶持中小创新型节能环保企业发展，按照减排量对合同减排项目进行奖励，对重大环保技术成果示范应用工程给予扶持，以及对服务于环境产业的金融机构、中介服务机构、参展企业等相关方给予一次性奖励等。对于同时符合多项资金奖励的企业，采用"就高不就低"的原则予以资金支持。

六是实施税收优惠政策。对世界 500 强、国内行业 50 强、持有中国驰名商标与中国名牌产品且在基地固定资产投资规模达 1 亿元以上的节能环保企业，在取得土地使用权后并开工建设的，由基地对其土地出让款给予一次性全额奖返。高标准、高起点引进境外知名科研机构，支持国家重点院校、国家级科研机构在香河办分校、分院，设分支机构，打造环境保护技术创新平台，对入驻的高校、科研机构给予土地优惠。对一次性固定资产投资在 1 亿元以上的节能环保企业，在项目投产后根据项目对基地财税的贡献情况，给予其固定资产投资总额 10%或 10%以上的产业发展配套资金支持。在香河环保产业园设立生产基地的节能环保企业总部和地区总部，其年纳税总额在 500 万元（含 500 万元）以上的，视其财政贡献情况，经审定自营运之日起三年内，按其所缴税收高新区财政实得部分的10%～40%给予奖励。

9.4.4　加大环保人才引进与培育，完善环保科研创新支撑体系

一是加快环保产业人才引进培育。依托京津冀地区先进优越的教育资源，加强对环保产业发展所需人才的培养和引入，依托海外高层次创新创业人才基地建设，把环保领域高端人才列入园区重点领域人才目录，鼓励企业、科研机构、高校联合建立人才培养基地，加强创新型人才培养；完善人才激励机制，吸引京津冀高层次人才和海外归国人员进入园区创新创业；鼓励支持节能环保领域高校毕业生在园区创业创造，以人才、智力、项目相结合的引进形式，通过项目合作、技术咨询、技术承包、技术入股及联建重点实验室、研究中心等方式引进高精尖人才，吸引拥有科学技术成果、发明专利或掌握环保高新技术、懂经营、会管理的复合型高层次环境科技人才，并提供孵化用地、资金等支持，通过改革户籍制度，做好医疗、教育、生活等配套服务，对高尖端人才实施住房－配偶就业－子女入学－科研津贴的一条龙服务。

二是完善环保科研创新支撑体系。鼓励京津冀环保科技企业在园区建立新技术、新产品产业化孵化基地和技术研发中心，开展联合技术攻关，形成京津冀环保产业产学研合作机制中的关键环节；积极利用京津两地与国际交流便利的条件，吸引和带动各类智力资源汇聚，获取国际先进技术和管理经验，推动园区自我创新机制的形成，推进具有自主知识产权的环保技术转化和产品研发，使其成为环保高新企业孵化器，形成较完善的科研创新支撑体系。

9.4.5 充分发挥行业协会作用，打造园区品牌

一是充分发挥行业协会的作用。充分发挥环境保护产业协会在市场开拓、行业自律、服务品牌整合、标准制定、信息服务、技术创新交流推广等方面的作用，赋予行业协会发挥作用的空间和资源，扩大香河环保产业园在全国的影响力。结合京津冀环保产业发展需求，依托河北省环境保护产业协会，为香河环保产业园提供各项服务，逐步形成由政府宏观调控、中介组织服务、企业自主经营的社会化格局。

二是鼓励企业参与行业标准及产品标准的制定。依托园区整合力量，组织园区行业协会和技术联盟，鼓励企业参与行业标准制定，完善行业标准体系；采取制定和实施节能技术推广目录和节能环保产品标识认证等有效措施，推进产品和服务标准制定，健全行业信用评估体系和中介服务机制，制定环保服务业发展管理规范，利用行业规范加强企业自律。

三是园区品牌宣贯。充分发挥报刊、电视台、电台、网络等新闻媒体的作用，重点宣传园区建设、产业发展、重大项目推进、五个中心（研发与模拟中心、检测与认证中心、产品展示中心、环境金融服务中心、环境贸易服务中心）创新载体建设等方面的特色和亮点，营造园区投资的良好氛围。创造优质高效的办公环境，实施"一条龙""一站式"代办制，为园区企业提供优质、高效、便捷的服务。

10.1 聚焦三大驱动力，提升环保产业园集聚发展新动能

研究表明，技术创新、模式创新和政策创新是环保产业园创新发展的重要驱动力，是促进环保产业园创新创业的三大支撑，对促进环保产业园和企业高质量发展具有重要意义。

1. 强化技术创新引领，提升园区和企业的发展与服务层次

环保技术是环境污染治理的重要支撑，环保技术创新是满足深层次污染治理需求和推动环保产业升级发展的重要举措。环保技术作为环保产业的重要组成部分，在为环境污染治理提供支撑的同时，新技术的研发与应用能够有效推动新政策的制定和实施，以技术创新催生新的环保产业市场需求。环保技术的不断进步带动环保产业持续高速增长，是推动环保产业快速健康持续发展的原动力。

环保产业园的发展离不开园区内环保企业的健康发展。环保企业在技术研发方面要充分结合当前及未来的生态环境治理需求，提前部署，强化创新引领作用，而不仅仅是保障支撑作用，技术的研发要有前瞻性。未来环保技术创新有以下几个方面的发展趋势，环保企业和环保产业园应统筹谋划，提前布局，在市场竞争中占据先机。

一是工程目标将更加关注环境质量和公众健康，与环境健康相关的技术将是未来发展的重点。环境保护发展的时代特征决定了不同阶段重大环保工程所关注的重点不同。"十一五"期间开展的中国环境宏观战略研究，确定了我国未来几十年环境保护工作的重点。我国现有的以总量控制为主线的环境管理模式已经开始向以质量控制和风险控制"双核驱动"的环境管理模式转变。在实现主要污染物总量控制和环境质量改善的基础上，2030—2050年环境保护工作的重点将更加重视人体健康保障、环境与经济社会协调及生态系统结构的稳定和健康。因此，就大气污染治理而言，可以预见城市空气质量达标、有毒有害污染控制、VOCs控制、持久性有机污染物（POPs）控制等将逐步成为重大环

保工程的重中之重。

二是工程技术将更加注重循环利用和可持续发展，以资源化为主的环保技术将迎来更加广阔的市场空间。针对当前我国资源环境承载能力不足的状况，污染治理将转向资源和能源化利用，在保证废弃物无害化处理的前提下，实现其最大限度的利用。与传统的污染治理方式相比，资源化利用不仅带来新的收益，形成一种新的投资回报机制，而且能够降低能耗、物耗，是一种可持续的治理方式。资源化利用技术的研发力度将进一步增强，研发高效可靠的关键设备，提高污染治理与资源化利用的经济可行性。

三是工程融资将转向效果导向和依效付费机制，以效果为导向的技术服务模式将成为重点模式。当前财政专项资金对重大环保工程项目的支持主要以建设补助为主，尽管其分配使用已开始与环境绩效相结合，但绩效在资金分配中起到的作用非常有限，尚未真正过渡到基于绩效的分配方式。未来环境保护工作将以质量改善为核心，对环境质量的考核也将进一步强化。与之相适应，资金使用方式将更加注重效率和效果，以建设补助为主的资金使用方式也会逐步向以绩效为主的奖励方式转变，综合采用财政奖励、投资补助、融资费用补贴、政府付费等方式，在项目投资补助、竞争立项等方面强化资金使用绩效。项目管理方式与环境管理、资金管理方式密切相关，环保技术服务模式也将发生重大调整，以效果为导向的环保技术服务将成为未来的发展重点。

在推进企业技术创新方面，环保产业园应及时制定相应的政策，鼓励和促进环保企业的技术研发，加强成果的示范应用，促进环保技术成果的推广。通过环保技术创新，提升环保企业的市场竞争力优势，带动环保产业园区的发展上层次、上水平。

2. 加强技术商业化与环境治理模式创新，促进环保技术创新成果转化应用

技术商业化与环境治理模式创新是发挥技术创新驱动大气污染防治的重要保障，只有跨越"技术鸿沟"，推动实现环保技术产业化应用，才能最大限度地发挥科技创新在防治大气污染方面的效用。

一是以需求为导向，以服务带动技术的产业化应用。大气污染防治领域的科技创新要重点解决供给与需求脱节的核心问题，需要围绕用户在大气污染防治中存在的关键难点问题进行创新，特别是服务模式的创新，从而拉动技术与产品的产业化应用。当前，环保产业处于由以制造业为主向以服务业为主转型的升级阶段，由传统的供给转变为用户导向的推广转化模式，通过系统化的服务满足并挖掘用户的潜在需求，拉动技术的产业化应用，是大势所趋。要充分利用市场机制，调动各方参与的积极性，特别是环境企业在创新主体中的主导性，并推动企业、高校更好地进行衔接，合力创新，让更多有能力、有专业的企业参与并真正主导技术创新，解决科研院所及高校唱独角戏的问题，解除科研与产业脱节的困境，引导科研以绿色发展为总目标，通过政府补助等方式解决市场失灵的问题。

二是充分发挥政府在环保技术成果转化中的引导作用。政府在技术的立项、研究、产

业化战略及政策制定过程中起推动作用，以确保所鼓励发展的高新技术在后续的转化过程中实现商业化发展。在基础理论研究阶段，应发挥政府财政资金的主力作用，加大对基础科研的支持力度，提高其参与国家重点攻关项目的能力，完善基础科研平台建设，还要重视高层次人才的培养、引进，高度重视创新型人才"带土移植"的创新模式，激发创新科研动力。在产业化阶段（技术商业化初期），政府需要对企业研发活动予以补助，信息汇交与发布、中试产业载体的建设及中介服务平台的建设等方面要重点推进。在技术商业化阶段，政府主要在财政资金补助、创业基金、税收优惠、银行贷款担保、创业培训、准入门槛、简化企业创建流程手续等多方面制定针对性政策，从而拓宽企业投融资渠道，激发创业动力，提高企业创业能力，降低创立企业的门槛和时间成本。

三是推动资源化和 EOD 等技术商业化模式应用，推动生态产业化与产业生态化发展。重大工程项目的实施需要强有力的资金作为保障，随着未来环境保护资金需求的日益增加，资金筹措的"瓶颈"也将日趋显著。资源化模式是指通过采用各种工程技术方法和管理措施，从废弃物中回收有用的物质和能源以获得经济效益的模式，即通过替代原材料投入并将废物从经济体系中产出的重新分配来实现环境的可持续性。EOD 模式将污染治理和生态环境保护作为资源释放与提升城市发展品位的重要途径，将其与城市开发建设相融合，以生态环境带来的增值收益反哺污染防治与生态环境保护。例如，将城市黑臭水体治理、安全饮用水保障、土壤修复、生态建设等与城市土地开发、生态农业、生态旅游、城市供水等项目相结合，实现污染治理与资源开发的组合模式创新，将其融入城市开发建设和经济社会活动中，开拓污染防治和生态保护的资金渠道。

3. 推进政策机制创新，促进环保产业园自主规范发展

环保产业是典型的政策导向型产业，政策和机制对环保产业发展具有重要的影响作用，对实现环保产业集聚、创新、规范发展具有重要的意义。环保产业园发展的政策创新要以精准性和差异化为导向，针对环保产业与园区发展所处的阶段和发展实际面临的问题，有针对性地建立有效的政策，以提高政策的实施效益。

一是针对环保产业园所处的阶段制定针对性政策。在园区建设的过程中，充分发挥政府的引导推动作用，政府的重视程度与执行力高低在一定程度上决定了环保产业园建设的成功与否。在园区建设的起步阶段应加强规划引导与基础设施建设，创新招商引资、引智方式，综合运用金融、财税、土地、人才等政策措施吸引优质企业入园。在园区建设的成长阶段，通过加大研发投入、搭建产学研平台等驱动，提升企业的科技创新能力。通过减税降费、拓宽投融资渠道等降低企业发展成本，助力企业做大做强。在园区建设的成熟阶段，以鼓励园区内企业对外服务、促进企业影响力和园区有序发展等规范性政策为重点，促进环保企业和园区的自我良性发展。在园区的转型阶段以促进企业技术创新和产业升级为重点，编制园区转型升级发展规划，采用财政补贴等方式使园区内的企业在原核心产业的基础上升级或出现新的核心业务，以帮助企业实现转型发展。

二是针对环保产业链整合的不同阶段制定精准性政策。环保产业集群和产业链之间存在相互依存、相互作用的双向互动关系。环保产业集群能够促进环保产业链的形成和延伸，提高产业链的分工程度，并能形成相关产业集群间的产业链。环保产业链则是环保产业集群形成的一个重要前提条件，它也可以进一步加强集群的效果。在环保产业园建成初期，产业链短而散，各个链环之间的链接能力不强，交易活动不稳定，产业链上的市场竞争主体良莠不齐，进入市场的壁垒不高。在这一时期，环保产业链的整合需要按照与其密切相关的要素展开，即对产业链上的资源进行有效重组。通过对资本结构的重新调整和构造，实现产业链上价值的转移和扩散，构建各个环节共有的核心主体。在环保产业的成熟阶段，市场规模不断扩大，与其他行业的关联程度不断提高，环保产业链将逐步由单一的纵向链向错综复杂的网络形态转变。在网状产业链的整合过程中，若干产业链上的核心主体可以以契约的形式组合成能够获得价值递增的核心主体联盟，通过各局部主体之间的分散型控制，使各主体之间的联系规则和运转效率得到提升。在这一时期，知识和创新取代要素成为产业链整合的主角。知识包括产业标准、市场需求、技术研发等。若干核心主体在知识的社会化和共享过程中，根据其面临的新格局不断创造和传递新知识，从而在这一动态过程中适应和维系已有的市场格局，培育和开拓新的市场，实现环保产业链的完善和延伸。

三是针对技术创新链的关键节点制定有效的政策。技术创新链是一项贯穿产品制造各个环节，涵盖产品研发、材料供应、零部件加工、产品集成等过程的系统性工程，并由此形成了跨越客户、协作厂商和制造企业等的合作关系，包含产品需求、材料技术、设计技术、制造技术、检测技术、使用技术等的创新链。公共服务平台是凝聚创新链各环节有机结合与互动的重要工具。通过搭建技术服务平台，凝聚创新资源，扩大行业内企业的参与面，从而将平台与行业紧密联系。推动服务机构间、服务机构与其他环境企业间的横纵联合、业务合作，通过科技、资本与服务的结合，为园区打造优质服务的软环境，不断提升服务水平和产业集聚能力。

10.2 构建市场导向的科技创新体系，加强园区的技术创新与成果转化

环境保护技术市场是一个政策引领型的市场，随着我国环境法律法规的不断完善与日益严格的监管督查，配合宽松的创新创业政策的助推，我国的环保技术创新和发展迎来了重要的发展机遇。环保技术创新成果转化是技术成果研发应用链条的关键环节和节点，对技术研发具有重要的导向性。

1. 加大环保技术研发投入力度，健全技术成果产业化评估体系

一是国家和地方财政要重点支持对公益性环境科技研究的投入。各级科技管理部门要将涉及全国性、综合性、普遍性的重大环保技术研发项目纳入国家和地方的科技发展计划，在基础研究、高新技术研究、科技攻关和自然科学基金与专项等重点项目中切实安排重点

项目。国家和地方发展改革委的科技示范项目计划、相关部门的科技合作项目向环保技术倾斜。研究部署促进环境改善的重大专项，进一步突出重点，筛选出若干重大战略产品、关键共性技术作为重大专项，力争取得突破，促进环境改善。通过科学研究，阐明我国区域性重大环境问题形成的机理和机制，创新一批具有全局性、带动性的区域和城市大气、固体废物污染控制和土壤修复关键共性技术，通过开展区域污染治理技术集成与示范，全面推进技术进步和污染防治工作。

二是进一步完善科技成果产业化推广的顶层设计。环保领域的科技创新和推广应用具有特殊性，应以环境治理需求为导向，完善环保科技创新和产业化成果推广的顶层设计。大气环境保护科技发展需根据国家中长期战略，从科研目标、科研资源合理配置、环保政策、市场与产业供给能力综合评估、机制设计、资金模式设计等角度，全面做出科技创新和产业化成果推广的顶层设计。

三是建立项目和成果产业化评估机制。针对具备产业化潜力的项目，建立全过程评估。推动技术产业化涉及两个环节。第一个环节是前评估。在立项之前就需要对此项技术的产业化潜力进行评估，分析产业化技术、产品和服务的应用前景，主要考虑技术先进性、市场前景、支撑条件、政策支持及技术效用等方面，目的是甄别产业化潜力较高的技术，以提高日后产业化的转换效率。通过前评估可有效提升技术成果的针对性，可以通过建立与各级地方政府环保部门的有效对接机制，结合大气环境污染治理规划与方案，基于各地的大气环境保护需求，确定重点支持和鼓励的研发方向。第二个环节是后评估，对技术的真实使用状况和效果进行跟踪评估，并通过后评估制度促使产业化技术的筛选更加客观和真实。

2. 加强引导，构建以企业为主体的市场化科技创新体系

与科研机构相比，企业更关注技术的市场需求。科研成果的转化、投产和推广属于市场行为。一方面，应当进一步突出企业的主体地位，鼓励企业参与技术研发和攻关阶段；另一方面，可通过产业联盟、联合研发试验平台等的建立推进高校、科研院所与企业共同参与产学研合作机制，与此同时，推进高校、科研院所技术转化平台的建立，成立技术转移专业机构，以市场化的运作模式推进技术产业化。

一是坚持以政府为引导，以大型企业和企业集团为骨架，集合计划、政策资源和产学研优势资源，构建技术创新体系的工作路线。坚持体系建设同产业技术创新计划相结合，建议实施环保产业创新工程，包括环保产业技术创新计划、最佳可行技术示范推广计划、引进消化吸收再创新计划（环保技术国际合作计划），支持企业在关系产业竞争力的关键环境工程技术领域，结合重大工程项目的投入研发，形成有自主知识产权的技术专利和标准。积极鼓励和引导龙头骨干企业组建创新基地、工程技术中心和重点实验室，培育建设一批环保科技研发机构和创新平台。积极引导、扶持企业开发具有自主知识产权的环保技术装备、产品、材料和药剂。

二是探索以企业为主体的产学研模式，建立产学研战略联盟。我国企业的创新能力不足，难以承担技术创新主体的重任，高校、科研院所的科技成果难以转化为现实生产力，建立以企业为主体、市场为导向、产学研相结合的技术创新体系是解决上述两难困境的重要途径。强化企业技术创新的主体地位，鼓励由园区内龙头企业牵头，高校、科研单位和行业协会共同参与组建环保技术创新战略联盟，就环保产业关键、共性技术进行突破性研发，通过资源整合、优势互补，使科研与生产紧密衔接，促进技术集成创新和产业结构优化升级，提升产业核心竞争力。鼓励企业与研究开发机构、高校及其他组织采取联合建立研究开发平台、技术转移机构或技术创新联盟等产学研合作方式，共同开展研究开发、成果应用与推广、标准研究与制定等活动。鼓励研究开发机构、高校与企业及其他组织开展科技人员交流活动，根据专业特点、行业领域技术发展要求，聘请企业及其他组织的科技人员兼职从事教学和科研工作。支持企业与研究开发机构、高校及培训机构联合建立学生实习实践培训基地和研究生科研实践工作机构，共同培养专业技术人才和高技能人才。探索建立环保技术创新风险共担机制，支持保险服务绿色技术创新，降低企业绿色技术创新风险。完善产学研战略联盟管理制度建设，建立园区产学研战略联盟规章制度，明确产学研战略联盟的主要目标与任务，推进技术进步与模式突破，开展国内外技术合作、培训与交流工作。明确组织机构及职责，设立产学研联盟办公室，派遣工作人员建立产学研联盟成员之间的互动机制。规定联盟知识产权约定与知识产权技术的转移与扩散。

三是建立市场化运作的园区技术转移转化中心。聚焦环保产业和技术，为环保企业提供专利策划方案、专利咨询服务和诊断服务。积极与金融、资本等结合，以资本的力量推动环保技术转移转化。举办创新创业大赛，集聚整合环保人才、环保技术、资本、市场等创新创业关键要素，为环保企业提供辅导培训、金融投资、技术转移、展览展示、市场对接等各类服务，推动环保创新技术的成果转化。

3. 推广环保技术评价，提升园区和企业技术成果的转化动力

从国内外科技评价的现状比较分析可知，要建立与市场经济体制相适应的大气污染防治技术评价制度，重点应从评价制度法制化、评价机构专业化、评价队伍职业化、评价方法规范化、运行管理制度化等方面着手改革和创新。

一是推动专业化评价机构的发展。发达国家的实践证明，在政府的严格规则和有效监督下，由独立于政府和技术开发方的评价机构进行具体的评价活动是一种高效的且在国际上比较成熟通用的模式。从发展的观点来看，我国大气污染防治技术评价制度改革创新的着力点应在技术评价领域引入市场机制，在相关规章建设中确立评价机构的地位，明晰评价活动的实施主体，评价活动、结果或结论的法律，完善第三方评价机构管理制度。通过政策性引导，鼓励科研开发机构、咨询机构、高校、社会团体等建立社会化评价机构，大力促进专业化大气污染防治技术评价机构的发展，在面向企业和政府评价咨询服务活动中促进有信誉的第三方评价机构的成长。

二是加快职业化评价人员队伍建设。评价活动市场化、社会化和评价机构专业化必然要求或带来评价人员的职业化。目前，评价活动主要由邀请的外部专家通过评审会完成，评价机构人员更多地充当了项目管理人员。大气污染防治技术评价既然是科技决策咨询服务活动，就应当把评价人员的职业化建设和管理法制化，参考注册工程师、咨询师等执业制度建立自己的执业资格制度，加快职业化队伍建设。另外，应明确专家在评价活动的定位：参与评价活动的外部专家是受聘于评价机构的外部咨询专家；专家意见不再是评价结果和结论，而是根据评价方案提出来的咨询意见，仅作为评价机构特别是内部专家决策时的咨询建议；在多数情况下，外部专家只参加一项评价活动的部分咨询，而不是全部。此外，应适时对评价人员进行相关职业培训、开展继续教育及职业道德教育，加大对违规、违法行为的处罚。

三是积极构建规范的评价标准与方法体系。大气污染防治技术评价工作是否有效，在很大程度上取决于评价标准和评价技术方法及选择是否合理，对于同一大气污染防治技术，使用不同的评价标准和方法可能得出不一样的结果。因此，确定评价标准和方法，首先要考虑价值导向，即评价的目的，再根据评价的目的，结合不同大气污染防治技术的特点，建立指标体系和评价方案，才能达到正确评价的目的。其次，还应通过标准的形式约束评价机构、评价人员、咨询专家等在评价中的行为。最后，评价程序和结果应公开透明，以便于社会监督。

四是发挥技术评价对市场资源的引导作用。社会资本介入大气污染防治领域的渠道不畅，是当前我国大气污染防治领域增强自主创新能力的重大"瓶颈"。在大力促进技术市场与金融市场、产权市场的互动与衔接的过程中，大气污染防治技术评价将更多地发挥作用，在市场资源配置中发挥决策智力功能。推动大气污染防治技术评价在资本投资、风险管理、金融信贷等支持创新成果转化和商业化过程中发挥积极作用，促进技术评价在大气污染防治技术科技创新、产权交易、技术转化、产业化建设中发挥基础作用，将是我国大气污染防治技术评价未来发展的重要方向和主要市场需求。

4. 建立环保技术成果转化与服务平台

一是建立环保技术与产品认证平台。加强环保技术与产品认证服务，为环保企业提供环保技术和产品检测、评估、认证工作，以及环境标志认证、体系认证、产品认证和绿色供应链认证等认证服务，淘汰落后供给能力，着力提高园区节能环保产业的供给水平，全面提升装备产品的绿色竞争力。在园区建立系统科学、开放融合、指标先进、权威统一的环保技术与产品认证、标识体系，实现一类产品、一个标准、一个清单、一次认证、一个标识的体系整合目标。

二是建设技术交流与交易平台。紧扣国内外环保技术的发展趋势与环境问题的新变化、新特点，充分发挥协会、学会、团体的资源优势，立足本地区建立环保技术设备展示体验中心，运用先进的技术和手段全面展示生态环境治理领先技术、产品、资讯、解决方案与应用范例，为环境服务产业搭建新技术、方案、产品的展示、鉴定、应用、交流和交易平台及生态环境科普教育的展示体验中心，推动环保技术交流与设备交易。

三是构建产业化成果技术评价、中试及发布平台，促进信息公开。针对新型产业化技术，为甄别有效技术并更好地进行推广应用，应建立第三方产业化技术评价平台。搭建公共中试平台，为中小科研主体提供便利的条件与场所，促进科技成果的实用化验证。同时，可以借鉴国外经验，建立权威的第三方应用评价机制。开展研发成果在第三方平台的试验性应用效果的评估，形成权威性的评估报告并发布，为新成果的推广应用提供更多的机会。构建环保技术成果数据库，对治理效果、经济效益、社会影响、存在问题等技术成果运行状况信息进行持续性跟踪，提升市场对研发技术的认知度。

5. 健全环保技术成果转化的政策环境

将产业化作为环保科技的重要考核指标，大力推进国家重大科技专项等各项科研成果的产业化。加快建立以第三方评价为主的新型环保技术评价制度体系。实施行业污染防治技术进步示范工程计划，把环保产业发展与整体推进行业污染防治技术进步相结合，组织优秀企业开展技术和装备研发与工程示范，并首先在结构性污染贡献大的化工、石化、煤化、纺织、造纸、食品、电力、冶金、建材，以及畜禽养殖、水产养殖、农产品加工等行业示范推行。加快制定行业最佳可行技术导则和相应法规，使我国工业行业污染防治实现跨越式的发展。设立专项资金支持环保新技术、新工艺、新产品的示范推广。完善政策环境、融资环境，以政府采购、以奖代补等多种方式加速环保高技术转化及其产业化发展。

10.3 创新技术商业化模式，推进技术推广与应用

技术商业化模式是指通过商业模式的开发解决大气污染防治技术成果转化过程中面临的问题，从而跨越"技术鸿沟"，实现技术商业化的落地应用，推动大气污染防治技术由知识形态转化为物质形态的生产力，是充分发挥技术创新驱动大气污染防治的重要保障。

1. 建立和完善科技成果管理制度体系，促进形成市场导向的大气污染防治技术转移体系

一是推动完善高校、科研机构的科技成果管理制度。给予大气污染防治技术主要来源的相关科研单位对科技成果处置、使用和收益的完全自主决定权，探索建立符合科技成果转移、转化规律的市场定价机制，引入协议定价、挂牌交易、拍卖等定价方式；推动建立适应科技创新和成果转化规律的事业单位科技成果类无形资产管理制度体系；建议主管部门深入高校、科研机构，特别是针对各单位领导班子成员和科研人员，进一步加强对科技成果转化相关法律法规的宣讲和解读；会同专业服务机构，搭建政策咨询平台和高校、科研机构之间的业务交流平台；加强对各单位政策落实情况的督导，充分发挥成果转化典型

案例的示范带动作用。

二是建立健全科技成果转移、转化收入分配和激励制度。鼓励和引导大气污染防治技术来源单位根据科技成果转化相关法律法规制定创新性收入分配和激励制度，如综合现金奖励、技术入股、科研人员持股平台等制度强化人员激励；建立高校、科研机构担任领导职务的科技人员获得科技成果转化有关奖励的公开公示制度；建议将激励对象所组成的持股平台纳入递延纳税政策的适用范围，同时进一步研究将股权分红奖励和单位自行实施转化的收益分红奖励政策纳入科技人员现金奖励个税优惠政策的适用范围。

三是突出企业主体，强化企业在科技研发和产学研合作中的主体作用。充分发挥企业在研发方向选择、项目实施和成果应用中的主导作用。支持引导大气污染治理企业与高校、科研院所联合建立研发平台、技术转移机构、技术创新联盟、学生科研实践基地等。

四是促进信息公开，建立、完善科技报告制度和科技成果信息系统，优化科技成果交易相关服务平台，向社会公布相关科技项目实施情况及科技成果和相关知识产权信息，提供科技成果信息查询、筛选等公益服务，促进大气污染防治技术的商业化转移。

2. 促进技术和资本要素的融合发展，推动技术商业化融资模式创新

一是推动科技成果资本化，建立全生命周期的资本支持体系。充分认识资本对于技术商业化的关键作用，资本不仅能提供资金，还能在战略规划、市场开拓等方面给予企业支持，加速技术商业化。结合技术商业化及商业化主体发展阶段，建立完善的天使投资、创业投资、风险投资、私募股权投资、股票市场融资等全生命周期资本支持体系，如初创期企业积极对接风险投资方，成长期企业积极引入私募股投资方，以获取资金和战略资源的支持，通过技术与资本的协同，促进自身商业模式的完善和市场拓展。完善投资机构退出渠道，提升资本支持的积极性。

二是创新金融支持方式，丰富技术商业化的融资模式。完善行业政策和绿色金融体系，增强绿色金融对大气污染防治技术商业化的支持力度；完善绿色信贷及债券融资机制，在技术商业化过程中的一些重要标杆性项目融资中可尝试绿色信贷融资；积极引导融资租赁公司加大对技术创新主体融资的支持力度；探索建立知识产权证券化、知识产权质押、预期收益质押、科技保险等新型融资方式。

三是建立行业联盟，搭建大气污染防治技术和资本协同创新机制。围绕大气污染防治技术商业化的需求要素，引导技术研发单位、技术商业化主体、银行、金融租赁机构、股权投资机构、券商等机构搭建大气污染防治行业联盟，推进形成技术和资本协同创新机制，实现多方共赢。成熟企业，如上市公司可尝试与专业股权投资机构联合成立产业投资机构，以孵化相关领域的初创企业，推动技术商业化。核心产品为可分割设备的企业，可与融资租赁公司建立战略合作关系，共同开发市场。应收账款压力较大的企业，可与金融租赁或保理公司开展业务合作。

四是搭建企业产融结合体系。商业化主体应当积极引进横跨环保产业和金融专业的综合性人才，通过优化自身的融资模式及成功的资本运作推动企业自身发展，从而推动更多技术成功实现商业化。

3. 与互联网、物联网等新兴技术结合，推动技术商业化盈利模式与服务模式创新

2015 年 3 月，李克强总理提出制定"互联网+"行动计划，推动互联网、云计算、大数据、物联网等与现代制造业相结合，引导互联网企业拓展国际市场，促进各个行业的健康发展。近年来，我国不断投入大量的人力、物力和财力，出台了一系列政策，加速推动环保物联网的发展。引导大气污染防治技术与互联网、物联网等新兴技术的融合应用，推动大气污染防治技术商业化模式的创新，从而为政府部门和企业单位的大气污染防治工作提供了技术和数据支撑，结合国家大数据建设要求，运用云平台和大数据分析技术，科学分析、预警大气污染的变化趋势，对内部污染和外部污染影响进行量化分析，为政府大气污染防治工作提供了科学有效的决策支撑，提升了企业节能减排的智慧化水平。

引导互联网、物联网技术与大气监测技术的融合应用，提升大气污染第三方监测服务水平。充分利用互联网及物联网技术，按照网格化布点及物联网实现环境空气自动检测，提高环境监管能力。建设城市站、背景站、区域站统一布局的国家空气质量监测网络，加强监测数据质量管理，客观反映空气质量状况。

引导大数据、云计算等技术在大气污染分析预警方面的融合应用，提升大气污染防治服务模式创新。利用大数据分析系统、云计算平台可综合分析大量卫星数据、地面物联网监测点数据，提前布置预警工作，靶向追踪污染源。采用电子眼监控污染源；加强建设，整合智能传感器、物联网和云计算技术实时监测空气中的 PM_{10}、$PM_{2.5}$ 等颗粒物；在公共场所安装移动电视终端，及时跟进并发布空气质量信息；通过互联网、手机信息播报等提供空气信息查询服务。

建议企业在深刻洞察当前大气污染防治市场需求的基础上，积极跟踪新一代通信技术、物联网、大数据、云计算等新兴技术的本质特点和发展趋势，以解决当前需求为导向，精准定位自身技术与新兴技术结合可解决的实际问题；与主流互联网公司建立长期战略合作伙伴，以开放、共享的理念加强对外合作，充分发挥自身污染防治技术与互联网技术的双重优势，借助自身对大气污染防治市场的把握及互联网的流量优势共同开发市场；强化新一代通信技术、互联网、大数据等新兴技术人才的引进和人才队伍的打造。

4. 创新科技中介服务方式，搭建技术需求方与供给方的"桥梁"

技术商业化需要技术市场中介的推动。近年来，我国的科技中介服务从无到有，取得了一定进步，但是科技中介基本功能仍不完善，缺乏统一的技术市场网络和科技成果信息网络，在服务方向上没有明确定位，只能起到联络沟通的作用，无法对成果进行深层次的评估和咨询。技术中介服务是搭建技术需求方与供给方的重要"桥梁"。技术中介可为企业的技术难题寻找具体的解决方案，也可为技术供给方制定转移转化的方案，还可为其提供技术商业化的相关咨询服务，不仅有利于高校、科研院所输出科技成果，也有利于企业

寻找技术解决方案。

　　一方面，要加强对技术中介服务能力的提升。技术中介服务可为技术需求方或供给方提供全方位的服务体系，一般有供需对接、管控预期、设计转化方式、合同条款谈判、监督合同履行等各个环节，对技术中介服务提供方的能力要求较高。其最关键的核心能力有两个：一是对需要转化的科技成果有鉴别力，对需要解决的技术难题有较强的分析能力，需要团队人员对技术有深入的认识和理解，是技术服务或项目对接的基础前提；二是需要较强的组织协调能力，在技术需求方和供给方双方交流、谈判，促进双赢合作的达成时，需要很强的沟通协调能力。围绕两个核心能力的培育，不断提升中介服务水平，加快促进大气污染防治技术商业化进程。

　　另一方面，要加强对技术中介服务机构的扶持力度。据调研，当前技术中介服务行业尚处于起步探索阶段，耗费的人力、物力较大，未形成成熟的商业模式，仅靠技术中介佣金难以生存发展，需要政策扶持和政府财政补贴，企业所在地科技部门对这样的机构应当给予扶持。

10.4　基于园区不同发展阶段制定差异化政策，提高政策的针对性

　　环保产业园无论是由政府、企业，还是由科研机构主导建设的，政府部门都是环保产业园建设的重要主体，是园区建设规划实施的统一领导者、管理者和协调者，在园区建设的保障体系中处于引导地位。在环保产业园的建设中，政府应在落实国家和地方已有的产业政策、技术改造管理政策的基础上，对投资环保产业园建设的投资者在基础设施建设与使用、土地使用、税费征收及项目审批等方面给予适当的优惠和政策倾斜。企业作为环保产业园最重要的组成部分，其发展状态直接决定园区甚至环保产业的发展水平；科研机构作为园区中最主要的服务型组织，是提升环保技术水平的中坚力量。总体而言，政府、园区、企业、科研机构是决定环保产业园发展状态和发展水平的核心因素。由于园区不同阶段所处的环境不同、发展水平不同，所面临的问题及应对措施也会有所差异，因此应分阶段制定有针对性的政策，以推动园区环保产业的发展。

　　环保产业园区不同发展阶段的政策作用力分析显示，环保产业园不同的发展阶段对政策的需求不同。在起步阶段，园区以招商引资为主，通过政策引导促进企业在环保产业园区落户，评价分析结果显示，科技创新支持政策、财政引导资金、自主创新基金、土地优惠政策、园区产业发展规划、园区基础设施建设对推进园区发展的作用力最强；在成长阶段，以鼓励企业创新发展、降低企业发展成本、引导企业做大做强、提高园区影响力为主，评价分析结果显示，财政引导资金、税收减免政策、土地优惠政策、信贷支持政策、风险投资政策、创业投资基金、园区产业发展规划、园区品牌创建与宣传、园区基础设施建设等政策对园区发展的作用力最强；在成熟阶段，以鼓励园区内企业对外服务、促进企业影

响力和园区自我良性发展为主，评价分析结果显示，税收减免政策、信贷支持政策、对外贸易政策、知识产权保护政策、园区企业信用体系建设、园区品牌创建与宣传、园区基础设施建设、创新创业孵化器和研发基地建设等政策对园区发展的作用力相对较大；在转型阶段，政策作用力整体而言相对偏弱，税收减免政策、信贷支持政策、园区产业发展规划等政策的作用力相对较大。

1. 起步阶段以规划引导、基础设施支撑和招商引资等引导性政策为重点，引导环保企业集聚发展

一是制定合理的产业规划，引导相关联的企业向规划的产业集聚。由于环保产业具有半公益性质，各地环保产业集群往往先由政府主导，尤其是在其发展的初级阶段，此时环保产业园内的企业较少，尚未能实现规模化效应，产品生产与本地联系较少，企业之间的联系松散且不稳定。地方政府应根据地区特殊的比较优势、供给和需求结构、文化氛围等，制定合理的产业规划和空间布局，提高企业发展预期，引导相关联的企业向规划空间集聚，加强政府战略影响，增强园区发展的影响力。

二是打造有利于产业集聚的硬件环境。园区在起步阶段各项基础设施均不完善，尚未形成适宜企业生存发展的环境支撑。因此，园区政府应加强主导作用，加大财政在基础设施建设方面的投入，加快交通、电力、排污、通信等基础设施的建设，建设企业发展的产业带、产业园区等园区企业发展的必要载体，以及企业孵化器、重点实验室、技术认证中心和创新创业基础平台等环保企业创新源泉，创造和提供企业集聚的外部环境，吸引环保企业、人才在园区聚集和扎堆。

三是营造良好的政策环境，集聚龙头企业与科研力量，引导企业落户。龙头企业是集群发展的核心，是集群得以发展壮大的关键。政府应全力支持骨干企业发挥龙头集聚作用，以吸引企业和人才落户为重点，引导社会资源向园区和龙头企业集聚，综合运用财税、金融、土地等政策措施，加大园区的宣传力度，注重行业协会等辅助机构的引入和培养，推动龙头企业和关联企业向园区集聚。鼓励龙头企业对其上下游企业、配套企业进行重组改造，逐步衍生和吸引更多的相关企业集聚，延长园区环保产业链条，通过集聚效应降低综合成本，提高龙头企业的竞争力。同时，要注重科研机构和科技创新人才的引入和培养，为环保企业的创新发展提供科研平台与力量。

2. 成长阶段以鼓励企业创新发展、降低企业发展成本、引导企业做大做强等服务性政策为重点，扶持企业做大做强

一是加大研发投入，提升集群企业的科技创新能力和技术转化能力。财政资金支持是政府参与扶持创新创业活动最主要的直接投入方式，也是衡量园区创新创业能力的关键指标。而环保产业具有半公益性，环境技术创新、环境产品开发与成果又具有较大风险，导致环保企业自主创新动力不足。政府应持续加大财政资金投入，通过设立自主创新基金等方式加大对环境技术研发、开发和转化的扶持力度，提高科研成果转化率，使其成为环保产业园创新创业的有力杠杆，进一步激发园区企业的自主创新热情，改善企业自主创新的外部环境，提升环保企业的竞争力。

二是降低企业经营成本，拓宽融资渠道，以政策扶持企业发展。环保企业由于轻资产、高风险、规模小、抵押物少等原因，普遍面临融资难的困境，这阻碍着企业的快速发展。在政府层面，应制定信贷支持政策，加强园区信用体系建设，进行园区企业信用评级，基于评级结果以低息贷款或融资担保的方式支持园区小型高科技企业发展。此外，还应制定税收减免政策，合理降税减负，进一步减轻环保企业的经营负担，促进双创活动的进行；同时，进一步加大园区品牌创建与宣传，吸引产业链上下游企业入驻园区，围绕产业链部署创新链，依托创新链提升价值链，提升创新创业能力，促进园区企业做大做强。

三是加强平台建设，提升企业发展的服务水平。发展阶段是环保产业园发展最快的时期，也是最关键的时期。在这一阶段，环保产业园的快速发展需要来自政府、金融机构、科研机构等多方机构及时输送的"营养"，这是园区创新网络建设和集群效应发挥的重要前提。园区政府通过搭建各类融资渠道、信息服务平台、创新创业平台，进一步完善基础设施建设等，合理地调动市场资源，为园区信息交流、资源流动提供必要的渠道，为环保产业园区的发展保驾护航。

3. 成熟阶段以鼓励园区内的企业对外服务、促进企业影响力和园区有序发展等规范性政策为重点，促进环保企业和园区的自我良性发展

一是推动园区的市场运行并加快园区的国际化发展步伐，鼓励园区内的企业提升对外服务能力。在这一阶段，环保产业园的各项规章制度经过较长时间的运行已逐渐修改完善并且稳定下来，园区的发展速度也有所放缓，政府可以适当地简政放权，通过市场化运营来进一步激发园区活力、提升园区的运行效率。除此之外，随着环保产业园的发展逐渐壮大，区域市场甚至国内市场已经饱和，环保产业研发也容易形成"瓶颈"，为进一步刺激市场需求，政府可以利用自身的资源优势，通过政府合作、政府担保等形式协助园区企业打开国际市场，促进环保产品和环保技术的国际流动。

二是推动企业提升环保技术水平，优化产业链条，提高企业市场影响力。在成熟期，随着环保产业园的发展速度逐渐放缓，环保企业在发展阶段的持续性高增长速度难以为继。在这一阶段，政府层面应提高与预期创新有关的资产或者设备折旧率，继续实施税收减免政策和信贷支持政策，推动环保企业积极转变增长方式，鼓励企业加大研发投入力度，加强知识产权保护，进一步提升企业科研实力，鼓励企业通过技术引进、联合开发等形式提升企业的技术水平。企业环保技术水平的提高，有利于改善园区产品结构、优化产业链条。

三是整合企业资源并提升园区管理效率，促进园区自我规范、有序发展。环保产业园前期已经在科研、平台建设、资金支持等方面积累了丰富的资源和经验，而在此阶段应当重新制定发展规划，进一步根据新阶段的战略布局对园区的资源优势进行优化布局，从而使资源优势的潜力可以得到进一步发挥。除此之外，随着园区规模的逐渐扩大，园区的机构设置、产业结构也逐渐变得纷繁复杂，园区应当充分利用互联网的平台优势，以规范性政策为重点，促进自我良性发展，优化管理模式，提升园区的管理效率。

4．转型阶段以促进企业技术创新和产业升级为重点，帮助企业实现转型发展

在集群转型期，由于企业发展的后劲不足、收入和利润下降，现金流可能短缺，政府应该采用财政补贴、财政贴息及税额抵免等政策，促使园区内的企业在原核心产业的基础上升级或出现新的核心业务，促进集群内产品结构的转化和升级，成为园区新的经济增长点，从而适应经济发展的需要。

10.5 实施财税激励政策，合理降低企业发展成本

1．加大财政资金投入，拓宽资金支持范围

一是重点支持园区基础设施建设。环保产业园内的交通、电力、排污、通信、物流等基础设施建设属于"公共产品"，主要依靠财政投入。积极争取中央财政专项资金和省市财政资金，加大园区基础设施投入，提高基础设施配套能力，为园区企业创造良好的硬件环境，有利于吸引更多的环保企业、人才在园区聚集。

二是重点支持成果应用、转化与示范推广。通常处于创新创业种子期的理论基础研究主要依托高校和科研院所来完成。在我国科研与开发、中间试验、技术产业化投资方面的科技投入比例为 1：1：10，而国际上通常是 1：10：100，显然中间试验和技术产业化的投资短缺是我国成果转化慢的重要原因。因此，在园区层面应重点支持成果的研制、开发、转化等具有潜在市场价值的环节，支持园区内高新技术环保企业的"孵化器"建设，进一步提高技术成果转化率。另外，应拓宽投资渠道，加大吸引非政府投资加入中间试验和产业化环节，使中间试验和产业化投资适应科技发展和转化的要求，切实解决科技成果转化遇到的资金"瓶颈"问题，从而加快成果的研制、开发和转化过程。建议在现有的财政生态环保专项资金及预算内的基本建设资金中，加强对先进环保技术的示范推广支持力度，向先进环保技术示范项目予以倾斜支持。同时，基础研究为应用研究提供的理论支持和技术支持也可以借助产、学、研联合的方式在环保产业园区建立科研基地加以实现，为基础研究提供更广阔的市场环境。因此，加大财政资金对中试与产业化和重大科研项目的投入，对于环保产业园技术水平的提高和孵化器作用至关重要。

三是加大对科技创新人才的资金支持力度。制定领军人才和企业创新创业团队资金支持政策，重点对环保学术技术带头人、拔尖人才和科技创业人才及海归创业人才给予资金支持，对重大科技成果或者科技成果转化取得巨大社会经济效益的企业和人员给予奖励，形成吸引、培养和激励高素质创新人才的良好机制，调动园区企业科技人员的创新热情。

2. 优化资金支持方式，提高资金使用效益

一是中间试验和重大科研项目采用"前补助"，对科技创新研究成功的企业项目给予"后奖励"，通过"前补助＋后奖励"的方式支持综合环境服务模式的示范。设立环保产业发展专项资金，重点支持中间试验和重大科研项目与环保先进技术的示范应用（首台套），对于使用环保先进技术的新建、改扩建减排工程或设施等项目实施"前补助"，对于科技创新研究成功的企业项目给予"后奖励"，鼓励企业先行先试，增强科技创新能力。采取"前补助＋后奖励"的方式支持以环境质量改善为导向的环境综合治理服务，对采用综合环境服务使环境质量改善和污染物减排获回报的重大环保工程示范项目给予一次性资金补助，对项目建成后并稳定运行半年以上、环境质量有明显改善的，给予环境服务企业一次性运营奖励。

二是以政策性融资或贴息的方式支持环保企业研发新技术、新产品。政府引导设立自主创新基金或环保产业投资基金，改变过去完全无偿补助的方式，采用无息或低息贷款的方式支持一些较成熟的项目，作为企业进行技术成果转化和产业化阶段的启动资金，或采用参股方式支持中小企业研发新技术、新产品。运用贴息、担保等政策倾斜方式，搭建大额度、中长期贷款通道，建立环保投资项目风险补偿基金，"四两拨千斤"地引导、构筑新兴的银企合作关系，引导银行资金投向高成长性及暂时处于资金困境但具有广阔市场年前景的环保企业和项目，降低企业技术创新风险。

三是实施政府采购以支持环保企业技术创新。制定和实施园区内企业自主研发、科技含量高、附加值高的产品和环境综合服务的政府采购政策，运用经济手段对技术、产品落后的企业进行淘汰，利用采购规模优势和政策导向的作用，让拥有先进技术和服务的环保企业在短时间内提高市场占有率，提高投资研发活动回报率，提升企业自身研发的成本补偿能力和再投资能力，创造企业持续的竞争优势，形成创新带动型的发展模式。

3. 完善税收优惠政策，激励企业加大自主创新力度

一是全面贯彻落实国家、省关于企业发展的各项税收优惠政策。我国环保产业可分为环保技术与设备（产品）、环境服务和资源综合利用三部分，环保企业享受的税收优惠政策主要包括免税、即征即退、税收抵免、税收减免、加计扣除、减计收入、加速折旧、低税率等。环保产业园的政府部门应全面落实企业购置并使用环境保护、节能节水专用设备的所得税优惠政策，科技型中小企业研究开发费用税前加计扣除及对从事污染防治的第三方企业比照高新技术企业实行所得税优惠政策。

二是统筹规划设计，有针对性地制定园区税收优惠政策。税收作为政府宏观调控的重要经济杠杆，在促进经济发展、优化资源配置、调节产业结构等方面发挥了举足轻重的作用。生态保护与环境治理以公益性为主的特征决定了环保产业发展主要依靠政策驱动。税收优惠政策对生态环境治理与环保产业的发展至关重要。建议针对突出问题，把握关键环节，统筹规划，系统设计，鼓励环保企业不断加大环保技术研发投入、增加环保设施投资、

提高运营服务水平，推动环保产业高质量发展。完善环保技术研发与成果转化税收优惠政策，鼓励企业做大做强。加强推动环保设施改造与更新的税收优惠政策制定。根据各环保产业园的实际情况，研究制定奖励及税收返还等政策。

三是建立动态的税收优惠政策评估与管理机制。财政税务部门要与工商部门、金融部门、环保部门、科技部门协调配合，定期调研税收优惠实施效果，对于实践中出现的问题要及时汇总和反馈，为政策的调整与优化奠定基础。同时，借鉴国内外经验，制定一个科学的指标体系，开展税收优惠政策绩效评价工作，对其社会效益做出合理评估，有针对性地制定和调整税收优惠政策措施。对于成本远大于收益、作用微弱的税收优惠政策要及时废止和清理，以免违背市场规律，影响公平竞争。

10.6　制定创新创业金融政策，拓宽企业融资渠道

1. 研究制定金融信贷支持政策，解决中小企业融资难问题

一是加强环保企业信用体系建设。中小型环保科技企业轻资产、高风险、规模小、缺少抵押物等原因导致融资困难，阻碍了企业的快速发展。依托行业中介组织在园区建立企业信用信息平台，建立信用信息数据库，以工商、税务信息和企业信用评级为基础，对园区内环保企业的技术服务质量、资信、环保项目等进行抽查与评估，并公开信用评价等级，在信贷等业务合作中有选择地广泛征询相关部门对服务对象的信用记录，从而为金融企业提供参考，缓解因信息不对称造成的企业融资难问题，为中小企业融资创造一个良好的外部环境。

二是加强银行信贷的支持力度。对于中小环保企业来说，由于企业规模小，距离公司上市的标准差距大，企业很难通过债券、股票、基金、风险投资等手段获得自主创新资金，企业融资渠道仍以银行贷款为主，融资渠道非常单一。有条件的园区应积极发展绿色金融创新，支持各类商业银行和金融机构在园区设立针对环保科技企业创新创业融资支持的工作部门，强化对科技型中小企业贷款的分账考核和专项指导，提高授信额度，扩大抵押贷款的抵押物种类范围，增加个人抵押贷款的上限，简化其贷款手续，为科技创业主体提供灵活多样的融资方式和信贷支持。鼓励园区内的金融机构积极创新金融产品，针对环境保护项目的公益性特点和环保企业小而散的特点，开发贷款周期长、贷款方式灵活、满足客户多样化融资需求的绿色金融产品。

三是创新环保产业融资担保方式。加大对金融担保的财政投入和引导，促进政府主导的融资担保和再担保体系的发展，鼓励银行创新贷款抵押品，建立环保产业融资担保基金，切实解决企业"担保难"和"抵押难"的问题。开展排污权、特许经营权、政府购买服务协议、环境服务合同权益、专利权、碳资产及环境权益质（抵）押等融资担保服务，为环保企业融资提供担保支持，助推企业做大做强，解决中小环保企业融资难题。

2. 创新和构建多元化、市场化的融资渠道，助推园区企业成长壮大

一是采用市场化方式设立环保产业投资基金。在具备条件的环保产业园区大力发展产业投资基金，是贯彻全面深化改革战略的重要工作之一。设立环保产业投资基金，将为环保产业提供直接的强有力的资金保障，将改变长期以来环保产业以企业自筹资金为主的单一融资渠道，有效缓解了制约环保企业发展投资不足的问题，是解决中小企业融资难的有效途径。环保产业投资基金应按照市场化运作、专业化管理，所有权、管理权、托管权分离，基金设立、投资管理、退出等按照市场规则运作原则，由财政资金和社会资金按照一定比例投入。财政资金来源于符合预算支出管理制度要求的预算资金。社会资金来自银行等金融机构和社会资本等。借鉴国内外相关基金的经验，环保产业投资基金采用有限合伙方式，将投资与管理分离，不参与基金的日常工作和投资决策，并在适当的时间采用股权转让方式确保资金退出。重点支持纳入《战略性新兴产业重点产品和服务指导目录》的技术和服务，投资处于起步期、种子期的创业较早的初创环保企业，弥补一般创业资金不足等问题，推进污染防治新技术、新工艺及清洁生产新技术、循环经济支撑技术等成果转化与推广应用，提高我国环保产业的自主创新能力。基金具体运营管理由专业基金管理公司负责，基金管理公司由具有主导管理意向、出资最多、具备专业管理能力的普通社会出资人牵头组建，或委托专业的基金管理公司。

二是建立天使投资引导资金。通过建立天使投资引导资金、奖励优秀天使投资人等方式，鼓励更多的本土成功企业家等从事天使投资，搭建天使投资联盟的信息共享平台，拓宽天使投资人与创业者之间的沟通渠道，消除投资过程中的信息不对称问题。进一步提升天使投资人与创业者之间的互动积极性，形成鼓励大众创业、万众创新的创业氛围。探索发展股权众筹融资等新型融资方式，开展众筹融资试点，支持创业企业的新型直接融资渠道的发展。

三是设立风险投资引导基金。通过税收优惠、注册便利、政策扶持等方式，吸引各类金融企业及境内外金融投资机构设立分支机构，发展一批投资理念完善的风投公司，从而壮大股权投资机构的参与主体，丰富园区内中小企业自主创新的融资渠道。以政府引导基金为杠杆"撬动"股权投资机构的集聚，通过股权投资机构的集聚发挥出其规模效应，提升其发展潜力和增长空间。出台有吸引力的新三板资助政策，对具备上市条件的潜在企业做好针对性支持，对成功上市的企业给予资金奖励。同时，要继续加大力度发展区域性的场外交易市场、券商柜台市场，降低融资门槛，拓宽金融服务范围。对于一些运用股权交易融资、股权质押贷款、中小企业私募债等方式成功融资的科技创业企业，可以适当给予一定的税收奖励和财政补贴。另外，要创新金融配套服务，建设公益性、门槛低的平台，使更多的未上市科技创新创业企业共享融资信息，开展创业企业成长培训教育，与直接的融资平台进行有效的对接。

10.7　加大环保人才引进和支持力度，增强园区创新发展活力

在环保产业园区的发展过程中，必须高度重视教育事业，重视人力资源开发，重视人才培养，积极实施人才引进和培养战略；建立良好的用人机制，以人才战略带动企业技术创新和区域经济发展活力。另外，在注重现有人才开发的同时，还要加强对外部人才的引进。

1. 强化环保产业园和技术创新企业的招才引智，积极引进高层次人才

一是建立科学的人才引进制度。深入开展人才结构与需求分析，从人才和企业的角度出发，从人才引进一直到人才服务，针对人才需求，全程给予政策支持和机制保证。借鉴国际上通行的人才引进机制，建立以政策为指导和企业需求相结合，注重人才执业知识水平、技能水平和资格认证等科学合理的指标评价体系，在评价的基础上对引进人才进行分层分类的管理，采取不同的配套服务政策，从而有针对性地吸引人才，完善人力资源结构。使园区成为创新人才培养、共性技术和关键技术研发、创新成果孵化转化、技术交流的重要基地。

二是注重高层次人才引进。针对高层次人才，园区要为高层次创新创业人才创造良好的科研、工作和生活环境，全过程支持创新人才发展。在科研与工作方面，提供孵化器等产业载体建设，给予相应的科研资助，为其科技研究与成果转化提供资金保障，并给予相应的配套扶持资金和风险投资等。在生活方面，建立有关高层次人才的健康档案机制，为其提供个性化医疗服务；切实解决其家属的安置问题及子女的入学问题，提供一定程度的启动资金、居住型办公用房及购房资助等政策，给予一定的生活补贴、社保医疗补贴、创业补贴及科研补贴等。对其进行定期走访、交流、座谈，以及时了解需求。

三是拓展人才引进渠道。充分发挥中介平台、猎头公司的作用，与行业年会、刊物、信息平台等各类专业引才机构或个人合作，开展人才招引和园区宣传，举办创业大赛、论坛、学术研讨等各类活动，多渠道上门引才，有针对性地引进和培育园区高精尖缺人才。

2. 加强高校及科研院所与园区企业的人力资源互动，加强创新型人才培养

一是鼓励企业与高校合作培养应用型人才。加强教育培养和需求的衔接，紧密结合园区发展的需要，通过市场和高校或科研机构的合作形成产学研一体化的实践基地，为具备良好的知识技能但缺乏实践经验的青年人才提供培育创新能力、创业能力、创造能力的基地。借鉴目前中关村校办企业与高校合作培养工程硕士生的经验，探索联合培养人才模式，更大规模地开展企业与高校对应用型人才的合作培养，并将培养的范围从单纯的工程专业扩大到管理、财经等各个专业领域。鼓励学校进一步开放课堂，从而鼓励园区企业的技术人员和管理人员参加研究生课程学习或接受网络教育。借助行业协会组织架起企业和高校、科研院所之间人力资源交流的桥梁。

二是建立多元化教育模式以提升整体人才队伍质量。加强园区人才培养环节，为园区

人才提供 MPA、MBA 等在职研究生教育机会，有条件的园区应加大教育投入，设置相应的在职研究生教育补偿基金，支持在职高级人才进入高校攻读硕士研究生、在职研究生、博士研究生等学位，提高园区人才的学历，鼓励员工保持学习的习惯。

10.8　构建园区创新发展平台，增强园区创新发展支撑能力

1. 发展众创空间，帮助企业扎根生长

鼓励高校、科研院所在环保产业园设立大学生创业就业基地，为孵化企业提供办公场地、活动场地、共享设施、产品展示、观点分享、项目路演等硬件配套支撑，为创业者提供工作空间、网络空间、社交空间、共享空间，降低大众参与创新创业的成本和门槛。为在孵企业和毕业企业提供政策、法律、财务、投融资、专家咨询论证、企业管理、人力资源、市场推广和加速成长等方面的服务，开展各种形式的沙龙、训练、大赛等活动，促进创业交流和协同进步，也为人才资源对接、线上线下相结合、孵化与投资对接提供平台，以降低创业风险和创业成本。

2. 孵化培育创新型环保科技企业，促进企业做专做长

积极培育环境技术研发设计、中试熟化、创业孵化、检验检测、知识产权等各类中介服务机构。强化政府资金引导，拓宽投融资渠道，鼓励社会资本参与设立自主创新基金和创业投资基金，投资处于起步期、种子期的发展潜力大、技术创新能力强的创业较早的初创企业。构建"孵化+创投"的创业模式，推动小微企业向"专精特新"发展。

3. 建设企业加速器，培育壮大"瞪羚型"环保科技企业，支持企业做大做强

企业加速器重点支持处于成长期的科技中小企业和从科技企业孵化器中成功毕业的企业，或搭配选择市场中处于成长阶段的优秀科技中小企业，为企业做大做强提供资本、人才、市场等深层次服务。政府应加大引导资金的投入力度，吸引更多民营资本，包括银行贷款、风险投资，组成更多的市场化基金公司，如建立银行贷款担保机制，并联合担保公司、社会信用评价机构等向银行担保，为企业开通绿色贷款通道；搭建桥梁，推进天使投资、风险投资等投资机构对企业进行融资。培育壮大相关平台和中介组织，为企业提供知识产权、投融资、跨国投资、上市交易等深层次法律财务方面的服务。真正实现从团队孵化到企业孵化再到产业孵化的全链条、一体化服务，推动创新型环保产业集群发展。

参考文献

[1] 陈旭. 环保产业集聚发展动力及其评价体系研究[D]. 哈尔滨：哈尔滨工业大学，2013.

[2] Menon C. The bright side of maup: Defining new measures of industrial agglomeration[J]. Papers in Regional Science，2012，91（1）：3-28.

[3] Song Y，Lee K，Anderson W P，et al. Industrial agglomeration and transport accessibility in metropolitan seoul[J]. Journal of Geographical Systems，2012，14（3）：299-318.

[4] Gilbert B A，McDougall P P，Audretsch D B. Clusters，knowledge spillovers and new venture performance：An empirical examination[J]. Journal of Business Venturing，2008，23（4）：405-422.

[5] Bernini C. Convention industry and destination clusters：Evidence from italy[J]. Tourism Management，2009，30（6）：878-889.

[6] 彭学龙，赵小东. 政府资助研发成果商业化运用的制度激励：美国《拜杜法案》对我国的启示[J]. 电子知识产权，2005（7）：42-44.

[7] 关晓岗，张一红. 科技商业化的若干推进策略[J]. 科技管理研究，2005（3）：5-9.

[8] 赵旭. 关于新技术商业化关键影响因素的实证研究[D]. 北京：清华大学，2004.

[9] 张中华. 美国政府、大学在科技成果商业化中的作用[J]. 国家教育行政学院学报，2004（5）：96-101.

[10] 王强，全允桓. 新技术商业化项目评价的过程控制分析[J]. 科技管理研究，2004（5）：28-30.

[11] Bright J R. Practical technology forecasting[M]. Austin，Tex：Technology Futures，Inc，1970.

[12] Cooper R G. Winning at new products[M]. Reading，Mass：Addison-Wesley Publishing Co，1996.

[13] Andrew J P，Sirkin H L. 从创新到创收[J]. 哈佛商业评论，2004（2）：65.

[14] Hameri A P，Nordberg M. Tendering and contracting of new，emergin technologies[J]. Technovation，1999（19）：459-465.

[15] Hamel G. Leading the revolution：how to thrive in turbulent times by making innovation a way of life[M]. Harvard Business Review Press，2002.

[16] Afush A，Tucci C L. Internet business models and strategies：text and cases[M]. Boston：Irwin/Mcgraw-Hill，2001.

[17] Gordijn J，Akkermans H. Designing and evaluating e-business models[J]. Intelligent Systems，IEEE，2001，16（4）：11-17.

[18] Mutaz M，David avison. Business model requirements and challenges in the mobile telecommunication sector[J]. Journal of Organizational Transformation and Social Change，2011（8）：21-33.

[19] Osterwalder A，Pigneur Y，Tucci C L. Clarifying business models：origins，present，and future of the concept clarifying business models：origins，present[J]. Communications of the Association for Information

Systems, 2005 (16): 1-25.

[20] 李曼. 略论商业模式创新及其评价指标体系之构建[J]. 现代财经-天津财经大学学报, 2007, 27 (2): 55-59.

[21] 刘卫星, 丁信伟. 基于六维平衡计分卡的商业模式评价体系构建[J]. 工业技术经济, 2010, 29 (12): 131-135.

[22] 李付林, 周建其, 曾建梁, 等. 基于平衡计分卡的商业模式评价指标体系构建[J]. 价值工程, 2016, 35 (16): 24-26.

[23] Weill P, Vitale M R. Place to space: migrating to e-business model[M]. Boston: Harvard Business School Press, 2001.

[24] 王艳. 论价值连锁型商业模式[J]. 商场现代化, 2006 (454): 96-97.

[25] 李东, 王翔, 张晓玲, 等. 基于规则的商业模式研究: 功能、结构与构建方法[J]. 中国工业经济, 2010 (9): 101-111.

[26] 桑晓蕾. 房地产上市公司商业模式评价研究[D]. 青岛: 中国海洋大学, 2013.

[27] Einar R. Government instruments to support the commercialization of university research: lessons from canada[J]. Technovation, 2008, 28 (8): 506-517.

[28] 徐艳. 新兴技术引致商业模式创新并成功商业化的探索研究[D]. 北京: 北京工业大学, 2011.

[29] 李巧丽. 中小企业融资模式创新研究[D]. 杭州: 浙江大学, 2013.

[30] 牟旭方, 陈伟新, 曾钰桓, 等. EOD 模式导向下的城市滨水地区更新策略研究: 以深圳茅洲河流域为例[C]//共享与品质: 2018 中国城市规划年会论文集 (08 城市生态规划), 2018: 186-197.

[31] 陶萍, 田金信. 环境基础设施特许经营的运行机制研究[J]. 商业研究, 2007 (2): 7-10.

[32] 吕一铮, 万梅, 田金平, 等. 工业园区环境污染第三方治理发展实践新趋势[J]. 中国环境管理, 2021, 13 (6): 24-31.

[33] 董战峰, 董玮, 田淑英, 等. 我国环境污染第三方治理机制改革路线图[J]. 中国环境管理, 2016, 8 (4): 52-59, 107.

[34] 柴一然. 永清环保合同环境服务之路的启示[J]. 金融经济, 2017 (24): 36-38.

[35] 颜新华. 环保模式 4.0 版: 区域环境整体打包治理服务[N]. 中国电力报, 2017-03-11 (10).

[36] 牟灏文. 白泥湿法烟气脱硫在井神公司的应用[J]. 纯碱工业, 2015 (5): 3-8.

[37] 熊英莹, 谭厚章. 湿式毛细相变凝聚技术对微细颗粒物的脱除机理研究[C]//2014 中国环境科学学会学术年会 (第六章). [出版者不详]. 2014: 374-378.

[38] 马鸿志. 物联网技术在中国环境保护方面的应用研究[C]. 中国环境科学学会, 2018: 44-47.

[39] 李屹. 环保物联网技术应用研究综述[J]. 中国电子科学研究院学报, 2019, 14 (12): 1249-1252.

[40] 郇娜, 王艳华, 吴佳, 等. "一带一路"背景下我国大气环保产业"走出去"的对策研究[J]. 中国工程科学, 2019, 21 (4): 39-46.

[41] 王世汶, 杨亮, 常杪. 绿色"一带一路"背景下我国环保产业如何"走出去"[J]. 中国发展观察, 2020 (1): 57-60.

[42] 熊彼特. 经济发展理论[M]. 北京: 华夏出版社, 2015: 34.

[43] 屠建飞, 冯志敏. 基于技术创新链的行业技术创新平台[J]. 科技与管理, 2010 (1): 37-39.

[44] Amidon D M. Innovation Strategy for the Knowledge Economy: The Ken Awakening[J]. Long Range

Planning，1997，31（2）：325-326.

[45] 陈国宏. 经济全球化与我国的技术发展战略[M]. 北京：经济科学出版社，2002.

[46] 王春法. 国家创新体系与东亚经济增长前景[M]. 北京：中国社会科学出版社，2002.

[47] Wonglimpiyarat J. Management of government research and development towards commercialization[J]. International Journal of Management Practice，2007，2（3）：214-225.

[48] Omta S W F，van Kooten O，Pannekoek L. Critical success factors for entrepreneurial innovation in the dutch glasshouse industry[C]//Annual World Food and Agribusiness Forum，Symposium and Case Conference. 2005，15：25-28.

[49] 卢东宁. 农业技术创新链的超循环理论与机理研究[J]. 农业现代化研究，2011，32（4）：453-456.

[50] 邬娜，傅泽强，王艳华，等. 大气环保产业链分析与对策建议[J]. 环境工程技术学报，2018，8（3）：319-325.

[51] 周婵. 基于技术链的战略性新兴产业集群创新效率研究[D]. 北京：北京工业大学，2015.

[52] 朱俊蓉. 产业链、价值链、创新链三链融合实证研究[D]. 成都：西华大学，2015.

[53] 张正良. 论企业创新链的系统结构[J]. 求索，2005（7）：40-41.

[54] 马圆圆. 产业链技术创新的模式与政府行为研究[D]. 武汉：武汉理工大学，2013.

[55] 杨忠，李嘉，巫强. 创新链研究：内涵、效应及方向[J]. 南京大学学报（哲学·人文科学·社会科学），2019，56（5）：62-70，159.

[56] 许斌丰. 技术创新链视角下长三角三省一市区域创新系统协同研究[D]. 合肥：中国科学技术大学，2018.

[57] 卢东宁. 农业技术创新链循环研究[M]. 北京：中国社会科学出版社，2008：47- 48.

[58] 李金华. 中国战略性新兴产业空间布局现状与前景[J]. 学术研究，2015（10）：76-84，160.

[59] 易斌，黄滨辉，李宝娟. 砥砺奋进：中国环保产业发展 40 年[J]. 中国环保产业，2019（1）：13-20.

[60] 王文兴，柴发合，任阵海，等. 新中国成立 70 年来我国大气污染防治历程、成就与经验[J]. 环境科学研究，2019，32（10）：1621-1635.

[61] 曾定洲. 高价值专利的筛选[J]. 科技创新与应用，2019（14）：4-6.

[62] 邹玉琳. 江苏大气污染的影响因素研究[D]. 南京：东南大学，2017.

[63] 贺德方. 对科技成果及科技成果转化若干基本概念的辨析与思考[J]. 中国软科学，2011（11）：1-7.

[64] 杨振中. 山西省科技成果转化效率及对策研究[D]. 太原：太原理工大学，2017.

[65] 陆扬. 科技成果转化效率评估与政策优化研究[D]. 南昌：南昌航空大学，2018.

[66] 中国环境科学学会. 环境保护优秀科研成果后评估研究报告[R]. 中国环境科学学会，2019.

[67] 苏小惠. 基于低碳技术视角探究中国低碳经济发展[J]. 山西师范大学学报（社会科学版），2011（4）：30-31.

[68] 中国环境保护产业协会，生态环境部环境规划院，中国环境保护产业协会环保产业政策与集聚区专业委员会. 2021 中国环保产业分析报告[R]. 北京：2021.

[69] 白硕. 加入 WTO 与我国农业技术创新的战略选择[J]. 农村技术经济，2003（2）：32-35.

[70] 常向阳，赵明. 我国农业技术扩散体系现状与创新：基于产业链角度的重构[J]. 生产力研究，2004（2）：44-46.

[71] 王凯. 中国农业产业链管理的理论与实践研究[M]. 北京：中国农业出版社，2004：34.

[72] 辜胜阻，黄永明. 后危机时期中小企业转型升级之道[J]. 统计与决策，2010（1）：170-172.

[73] 罗胤晨，谷人旭，王春萌. 经济地理学视角下西方产业集群研究的演进及其新动向[J]. 世界地理研究，2016，25（6）：96-108.

[74] Tichy G Clusters. Less dispensable and more risky than ever[M]. London：Pion Limited，1998：226-237.

[75] 吕拉昌，魏也华. 产业集群理论的争论、困惑与评论[J]. 人文地理，2007（4）：21-26.

[76] 罗茜，皮宗平. 环保产业创新集群形成路径研究：宜兴环保科技工业园的实例分析[J]. 科技进步与对策，2010（22）：85-90.

[77] 王月波. 环保产业园区发展的环境、驱动及阶段分析[D]. 石家庄：河北经贸大学，2018.

[78] 付永红. 环保产业集聚绩效影响因素研究[D]. 南京：南京财经大学，2011.

[79] 李明惠，雷良海，孙爱香. 基于产业集群生命周期理论的政府政策研究[J]. 中国科技论坛，2010（10）：40-45.

[80] 赵丽洲，丁长青. 基于生命周期视角的产业集群技术创新能力研究[J]. 统计与决策，2009（15）：165-166.

[81] 薛白. 区位决策视角下的集群生命周期分析[J]. 产业经济研究，2007（3）：44-49，67.

[82] 陈晓涛. 产业集群的衰退机理及升级趋势研究[J]. 科技进步与对策，2007（2）：72-74.

[83] 辛璐，卢静，徐志杰，等. 促进环保产业园区创新创业机制政策作用力研究[J]. 环境保护科学，2021，47（1）：1-9.

[84] 杜跃平，王林雪，段利民. 科技创新创业政策环境研究[M]. 北京：企业管理出版社，2016.

[85] 辛璐，赵云皓，陶亚，等. 促进环保产业园创新创业发展政策调查分析：以国家环境服务业华南集聚区为例[J]. 中国环保产业，2020（8）：6-14.

[86] 蒋海勇. 发展低碳经济的公共财政政策链研究[J]. 开放导报，2011（2）：57-60.

[87] 李武军，黄炳南. 基于政策链范式的我国低碳经济政策研究[J]. 中州学刊，2010，5（179）：35-38.

[88] 宋丹妮. 基于汽车工业系统的政策链模型构建与分析[J]. 经济师，2007（9）：24-25.

[89] 辛璐，赵云皓，徐顺青，等. 促进环保产业发展的环境政策制度链研究[J]. 中国人口•资源与环境，2014，24（S3）：97-99.

[90] Francis C C K，Winston T H K，Feichin T T. An analytical framework for science parks and technology districts with an application to singapore[J]. Journal of Business Venturing，2005，20（2）：217-239.

[91] Link A N，Scott J T. The growth of research triangle park[J]. Small Business Economics，2003，20（2）：167-175.

[92] Cooper A C. The role of incubator organizations in the founding of growth-oriented firms[J]. Journal of Business Venturing，1985，34（3）：94-116.

[93] Caxtells M，Hall P. Technopoles of the world：the making of 21st century industrial complexes[M]. London：Routledge，1994.

[94] Storeya J D，Tetherb S B. Public policy measures to support new technology-based firms in the european union[J]. Research Policy，1998，26（9）：1037-1057.

[95] Dijk V P M. Government policies with respect to an information technology cluster in bangalore india[J]. European Journal of Development Research，2003，15（2）：93-108.

[96] 夏光华. 我国高新技术的商业化过程研究[J]. 科技管理研究，2018，38（18）：79-83.

[97] 马鸿志. 物联网技术在中国环境保护方面的应用研究[C]. 中国环境科学学会，2018：44-47.

[98] 彭双，顾新，吴绍波. 技术创新链的结构、形成与运行[J]. 科技进步与对策，2012，9（29）：4-7.

[99] 靳秕，李屹，王政. 我国上市环保公司 2017 年经营业绩盘点[J]. 中国环保产业，2018（11）：4.

[100] 陈柳钦. 产业集群发展中地方政府的角色[J]. 甘肃行政学院学报，2009（1）：99-105.

[101] 张计超. 促进我国环境保护的财政政策研究[D]. 合肥：安徽大学出版社，2013.

[102] 段永亮. 我国节能环保产业运营机制创新研究[J]. 安徽农业科学，2011，39（6）：3582-3584，3587.

[103] 房巧玲，刘长翠，肖振东. 环境保护支出绩效评价指标体系构建研究[J]. 审计研究，2010，26（3）：22-27.